최고의 반려견을 위한 트레이닝북
긍정강화의 힘을 적용한 5주 프로그램

최고의 반려견을 위한 트레이닝북
긍정강화의 힘을 적용한 5주 프로그램

2024년 8월 10일 초판 인쇄
2024년 8월 15일 초판 발행

지은이 다운 실비아 스테이시위츠, 래리 케이
옮긴이 김주원 | 교정교열 정난진 | 펴낸이 이찬규
펴낸곳 북코리아 | 등록번호 제03-01240호
주소 13209 경기도 성남시 중원구 사기막골로45번길 14 우림2차 A동 1007호
전화 02-704-7840 | 팩스 02-704-7848
이메일 ibookorea@naver.com | 홈페이지 www.북코리아.kr
ISBN 978-89-6324-420-4 (13490)
값 23,000원

* 본서의 무단복제를 금하며, 잘못된 책은 구입처에서 바꾸어 드립니다.

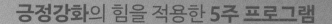

긍정강화의 힘을 적용한 **5주 프로그램**

Training the Best Dog Ever

최고의
반려견을 위한
트레이닝북

다운 실비아 스테이시위츠, 래리 케이 지음
김주원 옮김

북콘리아

일러두기

이 책에서는 원서에 표현된 'dog'를 상황에 따라 '반려견' 또는 '개'로 번역했다.
'개'라는 단어가 주는 부정적 어감을 배제하고 편견 없이 읽어주길 바란다.

나의 아이들
코틀랜트와 블레이즈, 그리고 막내 페이지에게.
너희들에 대한 사랑과 소중함은
내가 이루어낸 것이며 그것들은 나의 모든 결정체란다.
너희들의 어머니로서 살 수 있다는 것이
나에게는 가장 큰 축복이었고 위대한 선물이었다.
- 다운 실비아 스테이시위츠

나의 부모님 리마 케이와 사울 케이
그리고 나의 반려견 히긴스.
이 책의 가장 중요한 핵심인 사랑과 친절은
모두 다 여러분에게서 배운 것입니다.
- 래리 케이

"최고의 교육 행동과 지침들"

- 미국반려견작가협회

"역대 첫 번째로 반려견의 삶과 올바른 사회화를 담은 책"

- 반려견교육가협회

"대단한 책! 많은 반려견 교육서를 읽었지만, 이 책은 그 이상입니다.
그동안 읽어온 교본 중 가장 유익한 책."

- 스티브 데일, 『스티브 데일의 반려견 세계』, 트리뷴 미디어 서비스

"안심할 수 있고 따뜻하게,
반려견이 행복하게 무리없이 잘 적응할 수 있도록
단단한 기초를 확립해준다."

- 캐서린 메이어, 수의학 박사, 전 미국동물행동수의학협회 회장

편집자의 선택 : "포괄적이고 긍정강화 교육의 원리를
쉽게 따라 할 수 있게 해주는 지침서"

- The Bark

"핵심적이고 섬세하며 긍정교육 방식을 추구하는 보호자들에게
완벽한 프로그램이다."

- 조엘 월튼, 공인 반려견 교육가(CPDT),
『강아지들을 위한 긍정강화 교육작업』의 저자

추천의 글

38년 동안 반려동물의 재활과 피트니스 분야에 몸담고 일하면서 지난해 김주원 트레이너에게 반려견 피트니스와 보건에 대한 특별 연수를 진행했습니다. 반려견 트레이닝과 피트니스에 관한 그녀의 해박한 지식을 자신하기에 이 책을 강력히 추천하고 싶습니다. 그리고 그녀와 함께 일하게 되어서 무척 행운이라고 생각합니다.

- Debbie (Gross) Torraca, DPT, MSPT, CCRP, CCMT,
Board-Certified Orthopedic Clinical Specialist Emeritus

"성공적인 교육은 좋은 계획에서부터 시작된다"는 저자의 의견에 전적으로 동의합니다. 반려견과 소통이 잘 안 되어 지금 이 순간에도 힘들어하는 사람들에게 이 책을 권합니다. 『최고의 반려견을 위한 트레이닝북』은 반려견과 함께하는 일상에서 일어나는 모든 문제를 해결할 수 있도록 소상하게 일러줍니다.

- (사)한국애견협회 사무총장 박애경

반려견과 평생을 함께하고자 한다면 이 책과 시작했으면 한다. 개에 대한 이해가 전무하다면 오히려 더 좋을 조언 같은 책, 혹은 이미 함께하고 있다면 반려견과의 관계에 돈독하고도 더 의미 있는 가이드가 되어줄 책이며, 반려견을 반려하고 있는 사람이라면 반려견과의 관계를 다시 한번 정립해보는 생각을 가지게 하는 훌륭한 책이다. 지루하지 않고 쉽게 읽히지만 내용은 너무 알찬 최고의 반려견을 위한 트레이닝북이니 모두가 반드시 읽었으면 한다.

- University of Tennessee CCFT & Culture and Arts / Ph.D. 김소영

'개를 올바르게 이해하는 것'은 반려견을 데려오기 전에 보호자가 기본적으로 갖춰야 할 필수자격이다. 이 책은 보호자가 개를 올바르게 이해할 수 있도록 하는 첫걸음이 될 것이다. 자격을 제대로 갖추고 싶은가? 그렇다면 이 책을 강력 추천한다.

- 위드티처 내표훈련사 정원희 CCFT

많은 사람이 강아지를 입양한 후 문제가 생겨야 공부하기 시작한다. 이 책은 반려견을 입양하기 전 보호자의 성향에 맞는 반려견을 선택하는 데 도움이 될 뿐더러 반려견을 교육하는 방법까지 알려준다. 강아지를 입양하기를 희망한 다면 반드시 읽어야 할 책이다.

- 독클래스 대표 구종환

반려인 천만 시대에 수의 임상에서 여전히 가장 흔한 질문은 배뇨/배변과 기초복종 트레이닝입니다. 이 책은 반려동물의 기초 트레이닝에 대해 체계적으로 정리한 길잡이 같은 책이라서 많은 반려인과 수의사 및 트레이너들에게 큰 도움이 될 것 같습니다.

- 수의학박사 현창백(VIP 동물의료센터)

이 책은 반려견 행동 교육을 위한 최고의 지침서가 될 것으로 확신합니다. 반려견의 교육을 위한 다양한 방법이 있지만 동물복지적으로 스트레스 없이 교육하는 방법에 대한 요구가 크게 대두되고 있는 시점에 이 책이 현명한 길잡이 역할을 해줄 것으로 기대됩니다. 『최고의 반려견을 위한 트레이닝북』이라는 제목과 같이 반려인이 '긍정강화의 힘을 적용한 5주 프로그램'으로 자신의 반려견이 상호교감과 공감이 잘되는 예절 바른 개로 변화하는 방법을 습득할 수 있을 것으로 생각됩니다. 원저자인 다운 실비아 스테이시위츠와 래리 케이가 저술한 이 책은 미국반려견작가협회에 의해 '최고의 교육 및 행동' 상을 수상하고 반려견교육가협회로부터 '개의 삶과 사회화 기술들' 상을 수상한 우수한 서적이라 국내 반려인들에게도 큰 도움이 될 것으로 생각됩니다. 번역서로서 반려견 행동 전문가이신 김주원 하나인 핏독 대표님이 직접 번역해 원저의 의미와 용어가 정확히 해석되고 전달될 수 있어 이 책에 대한 기대감이 더 크다고 할 수 있습니다. 반려견의 행동 교육을 긍정강화의 힘으로 스트레스 없이 진행하는 방법을 고민하시는 반려인들에게 이 책을 적극 추천 드립니다.

- 한국동물매개심리치료학회 회장 김옥진

와우! 이 책은 우리의 작은 친구들과 보호자들에게 보석과도 같은 것이네요. 그리고 이 책의 내용들, 특히 실제 있었던 이야기들을 읽었을 때, 그 속에 인생의 교훈이 있기에 마음에 깊이 와닿았습니다. 한국에 있는 마음씨 따뜻한 분들이 이해하기 쉽게 이 책을 번역한 김주원 대표에게 엄지를 올립니다.

- David Kvacantiradze CEO, Ortoto

10여 년 전 미국의 서점에서 이 책을 만났는데, 반려동물 코너에서 단연 눈에 띄었다. '언젠가 우리나라에도 이러한 서적이 출간되었으면 좋겠다'고 생각하며 아쉬워했는데, 이렇게 만나게 되어 무척 반갑다. 트레이닝의 기초를 쌓고 반려견과의 유대감을 증진하는 데 분명히 큰 도움이 되리라 믿는다.

- 알렉스 KPA KOREA Manager, AHA Founder

은퇴 후 멋지고 보람찬 중년의 삶을 위하여 반려견 훈련사 자격증을 어렵게 취득해 사랑하는 아내와 열 살, 열한 살이 된 강아지 두 녀석과 행복한 날들을 보내고 있습니다. 우연한 기회에 반려견 피트니스에 관한 김주원 선생님의 강의를 듣고 사람과 마찬가지로 반려견도 건강을 위해 운동이 필요하다는 것을 깨달았습니다. 그리하여 지금도 산책을 병행하며 행복한 하루하루를 건강한 모습으로 지내고 있습니다. 이 책을 읽어보니 우리 개들에게 소홀했던 부분과 무심코 지나쳤던 부분들이 떠올라서 아쉬운 부분이 없지 않았지만 새로 반려견을 맞이하실 분들에게 꼭 필요한 책이라 생각되어 추천합니다.

- 꼬미&밍키 아빠 강호범

놀랍고 고마운 책. 나의 강아지 하니를 키우면서 힘들고 좌절했던 순간들에 키워드를 제시하며 자신감을 준 책. 나아가 개들과 함께 살아가는 놀라운 세상을 위해 반드시 읽어야 하는 세심하고 구체적인 지침서다.

- 하니 보호자 정니콜

버려진 네 발 천사를 우연히 맞이해 얕은 지식으로 누구나 해줄 수 있는 것들부터 시작했지만, 깊어가는 사랑만큼 많은 것이 변했습니다. 지금까지 거쳐왔던 많은 변화 중 제가 줄 수 있는 최고의 사랑이 이 책에 담겨 있습니다.

- 팡팡이 보호자 손혜진

이 책은 반려동물 가족이 있는 모든 사람들에게 그들의 사랑스러운 개와 교감하는 방법에 대해 쉽게 잘 설명하고 있습니다. 저는 2010년 미국 플로리다 수의과대학 부속동물병원 한방학과와 재활학과에서 1년간 방문연수원(visiting practitioner)으로 일했던 적이 있습니다. 그 당시 미국에서 반려동물 가족과 더 행복하게 지내는 법을 알려주고 개들의 사소한 행동 하나하나를 긍정강화 교육법을 통해 교정해주는 많은 센터나 개인 레슨을 하는 선생님들을 만나면서 이런 지침서가 있었으면 좋겠다고 생각한 적이 있습니다. 귀국해서 한참을 잊고 지냈는데, 이 책을 통해 그때의 감동이 떠올랐습니다. 이 책은 반려동물 가족을 둔 모든 분들께 꼭 필요한 책이라고 확신합니다.

- VIP 동물한방재활의학센터 원장 신사경(Sakyeng Shin, DVM, MS, Ph. D.(c), CCRT, CVA, CVCH, CVFT, CTCVMP)

반려견과 함께 살고 계신가요? 반려견과 함께 살 예정이신가요? 이 책 한 권에 보호자님과 반려견이 행복하게 살아가실 수 있도록 정말 많은 교육 방법이 담겨 있습니다. 이 책이 보호자님 가정에 행복을 전해드릴 겁니다.

- 반려견 트레이너(KPA-CTP) 김현호

강압이 아닌 정적 강화 트레이닝을 선택해야 하는 이유에 대해 누가 읽더라도 잘 이해할 수 있도록 쉽게 설명되어 있으며, 단순한 트레이닝 방법만 알려주는 것이 아니라 실생활에서 효과 있고, 응용할 수 있는 방법에 관해 이야기하는 책입니다. 이 책은 미래에 반려견을 키우기로 마음먹은 사람이라면 무조건 읽어야 하며, 이미 반려견과 함께하는 사람에게도 좋은 가이드가 되어줄 수 있을 것입니다.

- 제이클리커아카데미 대표 / 트레이너 제이

개를 교육한다는 것은 보호자와 반려견 사이에 소통의 다리를 만드는 것으로 생각한다. 이 책은 과학을 바탕으로 한 교육의 기초이론부터 교육 스킬, 교육 중에 겪을 수 있는 어려움에 대해서도 매우 상세하게 이야기하고 있다. 만약 당신이 반려견 입양을 준비하고 있거나 입양한 지 얼마 되지 않았다면 이 책을 곁에 두고 반복해서 읽기를 권한다. 그들과 함께할 때 겪을 수 있는 문제를

'대화'로 해결할 수 있게 도와줄 것이다.

- KPA CTP 이규상

반려견 천만이 넘어가는 우리나라의 지금 이 시점에 꼭 필요한 유익한 책입니다. 반려견 교육에 있어서 단순한 인지행동 요소를 넘어 정서적 교감에 이르기까지 기본적인 내용들을 잘 다루어주어 트레이닝과 교육지침서로서뿐만 아니라 반려견을 처음 접하는 보호자들에게도 입문서로 권해드리고 싶은 책입니다.

- 수의사, 연암대학교 교수 엄세욱

이 책은 전문 훈련사부터 일반 보호자까지 많은 생각과 깨우침을 주는 책이다. 긍정강화를 위해 어떤 마음가짐을 가지며 교감하고 노력해야 하는지가 잘 서술되어 있는데, 간단한 교육부터 배변, 사회화에 이르기까지 긍정강화에 대한 모든 방법이 상세히 설명되어 있다. 부디 이 책을 읽고 많은 독자가 자신의 반려견과 올바른 공감을 통해 진정한 가족이 되길 바란다.

- 넌나의가족 반려견센터 대표 이현우

원반견 전문 양성가로, 플레이어로 20년 이상 몸담으면서 여러 상황과 시대의 흐름이 반려견 문화에 어떤 영향을 끼쳤는지 직접 체감하고 실감했다. 지금 반려견 인구 천만 시대가 도래했는데, 아마도 전문가들에게 맡긴다면 나쁘지는 않겠지만 무엇보다 동행인 보호자가 생활 전반에 걸쳐 가정교육을 해줄 수 있다면 그야말로 더할 나위 없는 모습이 될 것이다. 그에 따라 보호자가 알아야 할 모든 부분들을 다룬 이 책을 읽으면서 '아, 이 시대에 정말로 필요한 책이 나왔구나'라는 생각에 평소 친분이 있던 김주원 대표님에게 감사한 마음이 절로 들었다. 많은 분들에게 읽어보실 것을 추천드리며 나 또한 더 나은 반려문화를 이끌고 더 나아가 세계대회도 우리나라의 반려문화에 자부심을 가지고 출전할 수 있을 것이다.

- 천안 CTC 소장 조영종

긍정강화 트레이닝과 관련된 책 중 보호자의 눈높이에 맞게 가장 현실적인 방안들을 제시해주는 길잡이이며, 트레이닝의 기계적인 기술의 기본기를 다져주는 데 훌륭한 가이드가 되어줄 것이라 생각된다.

- 한국반려동물교육평생교육원 소장 원이상

반려견을 '잘' 키우려면 그들을 잘 이해해야 한다고 생각합니다. 반려견의 눈을 바라보면 우리는 행복을 느낄 수 있습니다. 이 책은 쉽고 재미있게 우리의 가족인 강아지를 '반려함'에 초점을 맞추고 있습니다. 따뜻한 시각으로 우리의 반려견을 바라보고 이들과 함께하는 방법을 초보자도 쉽게 알 수 있으리라 생각합니다.

- 오마이멍멍 대표 / 반려동물문화학과 교수 남수정(CCFT)

좋은 사람이 되기 위해 노력했더니, 좋은 스승을 만나 더욱 더 반려견에 대한 지식을 쌓을 수 있는 계기가 되었습니다. 김주원 스승님의 반려견을 사랑하는 따뜻한 마음과 수십 년 동안 읽고 배우고 경험한 것을 이 책을 읽음으로써 짧은 시간에 내 것으로 만들 수 있을 것이고 많은 반려인과 수의사, 훈련사뿐만 아니라 애견미용사에게도 반려견의 견체에 대한 이해 및 트레이닝을 통한 스트레스가 없는 그루밍을 원하신다면 이 책을 적극 추천드립니다.

- 벨라루시애견미용학원(동탄점) 대표원장 이동헌

반려견과 함께 살고자 하는 모든 사람들의 가이드가 될 수 있는 책.
긍정강화 트레이닝을 제일 성공적으로 설명한 책.
김주원 대표님이 선택하신 이유가 있다.

- 더그라운드 서울 대표 박승용

이 책은 정보의 홍수 속에 반려견 훈련에 대한 수많은 의견과 지식들이 난무하고 있는 요즘, 반려견 긍정강화 교육에 대해 세세하고 친절하게 학습할 수 있는 길라잡이 역할을 해줄 것이다. 이 책을 통해 반려견과의 하루가 더욱 빛날 수 있길!

- 반려마루 교육행사팀 주임 박지은

한국어판 서문: 래리 케이의 환영 인사

환영합니다!

이 책의 작가들과 번역자는 전문 트레이너들로서 여러분처럼 개들을 무척 사랑하는 보호자들입니다. 이 책의 인지도와 수상 경력이 미국 내에서 최고의 반려견 트레이닝에 대한 안내 지침서로 활용되었듯이 한국의 반려견들과 보호자들에게도 도움이 된다면 매우 기쁘고 감사할 것입니다.

북코리아 출판사와 김주원 번역자에게 한국에서 대표적인 트레이닝 방식으로 긍정강화 교육법을 지지해준 것에 대해서도 감사를 표합니다. 그야말로 한국에 긍정강화 트레이닝을 소개할 수 있게 되어 영광이고, 개들이 함께 기쁨을 나누는 더 사랑스러운 동반자들로의 관계로 변화하는 것에 일조한다면 작가로서 더할 나위 없이 기쁠 것입니다.

1장에서 배우는 과학과 긍정강화 트레이닝 기술은 개들의 삶과 마찬가지로 우리의 삶도 향상시킵니다. 교육을 통해 개들은 사람과 함께 살아가는 방법을 배우며 문제를 일으키지 않고 편안한 삶을 보장받을 수 있습니다. 무엇보다 긍정적 교육을 받은 개들은 사람과 더 많은 유대감을 갖고 사랑과 우정, 웃음과 재미를 나눈다고 믿습니다.

개들은 보상과 안전이 어떤 식으로 주어지는지를 이해해야 하므로 그들에게 교육은 입양 후 처음 집 안에 발을 들이는 순간부터 행해져야 합니다. 이점에 대해 2장에서는 일어날 수 있는 모든 경우의 수에서 성공할 수 있도록 자세히 소개하고 있습니다. 이 책의 핵심은 3장부터 소개하는 단계별 트레이닝 프로그램을 이행하는 것이고, 프로그램 과정들을 통해 반려견과 함께하는 삶을 즐길 수 있도록 도움을 줄 것입니다. 그뿐만 아니라 반려견의 문제행동을 해결하고 피치 못할 실수를 고칠 수 있도록 도움도 줄 것입니다.

제가 여러분에게 이렇게 말할 수 있는 것은 나 또한 무수한 경험을 통해 이제는 반려견 트레이닝과 관련하여 광범위하게 반려견과 보호자들을 도울 수 있게 되었기 때문입니다. 현재 나의 사랑스러운 반려견들도 첫 만남 당시엔 유기견들이었습니다. 하지만 그들은 이제 TV와 소셜미디어에서 자기들의 솜씨를 뽐내며 행복한 나날을 보내고 있습니다. 그동안 제가 열정을 가지고 교육한 많은 유기견은 새로운 삶을 얻게 되었고 동시에 그들을 입양한 사람들에게 행복을 가져다줍니다.

그렇다면 긍정강화 교육방식이 사회를 어떻게 변화시킬까요? 이것은 중요한 질문입니다. 우리는 동물들을 좀 더 인도적으로 대하는 것이 사회를 발전시킬 수 있다는 답을 알고 있습니다.

여러분도 자신의 반려견들을 교육하고 트레이닝할 때 사랑과 교감을 만끽하고 그들을 축복하면서 위대한 삶을 함께 엮어나가기를 바랍니다.

2024년 8월
긍정으로 화답하는
래리 케이

서문: 개정판에 앞서서

지금은 고인이 된 나의 동료 다운 실비아 스테이시위츠(Dawn Sylvia-Stasiewicz)는 개들에게 필요한 교육뿐만 아니라 인간에게도 필요한 것을 아는 훌륭한 트레이너였다. 지금도 잊을 수 없는 그녀의 수업이 있는데 "앉아", "엎드려"는커녕 천방지축 날뛰는 래브라도 리트리버를 가르쳤던 날이다.

그의 보호자는 수업을 포기할 것처럼 보였지만 다운은 주저없이 그 래브라도를 교육실의 중앙으로 끌고 가서 칭찬과 함께 밝은 목소리로 루어링을 하며 앉히더니 녀석의 상태를 확인하고 작은 트릿으로 칭찬과 보상을 해주었다.

그렇게 많은 칭찬과 간헐적인 보상으로 몇 발자국씩 개와 같이 걸으며 "앉아"를 반복하며 교실 안을 다 돌았다. 다운의 교육을 지켜보던 보호자의 얼굴에서는 자신의 래브라도가 다운을 따르는 모습이 믿기지 않다는 듯한 표정이 역력했다.

다운은 사소한 발전에도 보호자를 칭찬했는데, 매주 이뤄지는 다운의 수업에서 래브라도와 보호자는 느리기는 했지만 정확하게 그들만의 유대감이 향상되는 모습을 보여주었다.

이 책을 집필하기에 앞서 매우 많은 시간을 다운과 함께 이야기를 나누었다. 그녀가 자신이 교육한 개에 관한 이야기를 했을 때는 나 역시 반려견 교육 분야의 최고 그룹에 속한 듯이 느껴졌고 그녀와도 꽤 가까워진 듯했다.

오페라 가수인 헬가 메이어 블록(영화배우 산드라 블록의 어머니)의 반려견은 도그쇼 챔피언인 브리아드종이었는데, 그 개의 긴 털을 다운의 어린 자녀들이 자기들 머리핀으로 고정했다는 이야기, 또 테드 케네디 상원의원이 주방 바닥에 앉아 자신의 사랑스런 반려견들과 아가놀이를 했다는 이야기, 비키 케네디가 오바마 전 대통령의 개 '보 오바마'를 다운에게 소개해주었다는 등 수많은 일화를 가진 그녀는 유명인들 사이에서도 꽤 명성을 얻고 있었다.

무엇보다 이 책은 반려견을 키우고자 하는 모든 사람에게 그들의 사랑스러운 개가 사람들과의 교감을 통해 발전해나가는 힘을 기를 수 있게 한다.

다운은 자신의 수업을 통해 반려견 교육방법이 수많은 사람들에게 전달되어 더 넓은 세상에서 반려견들을 위한 긍정강화 교육을 활성화시켜야 한다는 사명감이 있었다. 그래서 우리 책이 긍정강화 교육에 기여한 공로를 인정받아 미국 펫 도그 트레이너협회(이하 APDT협회)에서 '개의 삶과 사회적 기술상(Canine Life and Social Skills Award)'을 받았을 때 그녀는 너무나 행복해했다.

APDT협회의 창립자인 이언 던버 박사는 다운의 초기 스승 중의 한 사람으로 다운의 가르침 방식에서 복종과 강요, 억압과 혐오에 기반을 둔 교육 방법이 아니라 긍정강화 교육이 가져오는 우월성을 다시 한번 입증할 수 있었다.

또한 미국반려견작가협회가 '최고의 교육과 행동들'이라는 범주 내에서 이 책에 '맥스웰 메달리온'을 수여했다는 사실 또한 그녀의 교육방식이 독창적인 프로그램으로 이루어졌으며 매우 우수하고 많은 이들의 응원과 지지를 얻는 긍정강화 교육방법이라는 것을 다시 한번 입증해주는 계기가 되었다.

긍정강화 교육 효과의 예로는 단연코 다운의 가장 유명한 네 발 친구인 '보 오바마'를 보면 알 수 있을 것이다. 백악관에 입성한 초기 시절 보의 사진을 보면 산책 시 줄을 당기는 모습을 볼 수 있다. 이 시기에 사람들은 보가 올바르게 교육받지 않았거나 아니면 대통령 일가가 보를 잘 교육시키지 않는다고 말했다. 나는 이런 비판을 하는 사람들에게 무언가 말하고 싶었지만 다운은 아랑곳하지 않았다. 오히려 내게 인내심을 가지고 긍정적인 마음으로 기다리자고 조언하며 진실한 반려견 트레이너의 모습을 보여주었다.

그 뒤 결국에는 다운이 옳았음이 입증되었는데, 보가 대통령과 함께 펫스토어를 방문했을 때의 일이었다. 대통령이 어린이 기자들과 인터뷰하는 동안 보에게 "앉아", "엎드려" 등의 음성신호를 주자 보는 그에 맞게 매너 있는 모습을 보여주었다. 그뿐만 아니라 백악관 초대 손님들과 영부인이 함께하는 자리에서도 훌륭하게 성장한 멋진 보의 모습을 볼 수 있었다.

"인내심을 가지고 긍정적인 마음으로 임하세요"라고 말했던 다운이 옳았던 것이다.

5주 이상의 교육 시간을 보내본 사람이라면 누구라도 이 세상에 결점 없는 개와 보호자는 없다는 것을 알게 된다. 하지만 다운의 교육방식을 접했던 나로서는 그녀가 보여준 사랑과 신뢰에 기반을 둔 관계 형성이 얼마나 중요한 것인지도 알고 있다. 과격함이나 협박이 아닌 긍정적인 요소만으로 우리의 반려견을 최고의 개로 성장시키는 확실한 방법을 말이다.

이 책에서 말하는 5주 교육 프로그램을 그대로 이행하다 보면 여러분과 반려견은 자연스레 긍정의 기술들을 터득하게 되고, 함께 행복한 삶을 누릴 수 있도록 발전해나갈 것이다. 나아가 보호자와 반려견이 서로 사랑함으로써 웃음이 가득한 삶이 펼쳐질 것이다.

여러분 모두가 행복한 보호자와 반려견으로 살아갈 수 있길 바란다.

2012년 3월
긍정으로 화답하는
래리 케이

목차

기초 요건들

기본 프로그램

다음 단계들

부록

들어가며: 어느 날 걸려온 한 통의 전화

어느 날 주방에서 아프리카종의 회색 앵무새인 모드와 함께 있었는데 테드 케네디 상원의원의 부인인 비키 케네디로부터 전화가 걸려왔다.

그녀는 대뜸 "다운 선생님, 테스트해 줬으면 하는 개가 있는데, 포르투갈 워터도그이고 며칠 후 워싱턴 DC로 이사 올 예정이에요. 시간 되실까요?"라고 말하는 것이었다.

솔직히 비키 케네디 부인이 다른 개를 봐달라는 것에 놀랐다. 왜냐하면 이미 눈에 넣어도 아프지 않을 사랑스러운 까만 곱슬털을 가진 포르투갈 워터도그 세 마리와 함께였으니 말이다. 그 세 마리의 개는 우리가 있는 버지니아주에서 작년에 교육을 마쳤다. 사실 그들 부부와의 인연은 그들에게 텍사스주에서 전문 번식업을 하는 나의 지인 아트와 말타스턴으로부터 개들을 입양할 수 있도록 도와주었고 그 덕분에 그 사랑스러운 개들의 교육도 맡게 되었을 때부터 시작되었다.

케네디 상원의원과 비키가 세 마리 중 막내 포르투갈 워터도그를 입양했을 때였다. 그들은 그 강아지를 '용감한 선장' 또

케네디 상원의원과 그의 아내 비키가 반려견 스플래시(Splash), 써니(Sunny)와 함께 매사추세츠주 하이애니스포트 해안에서 항해를 마친 뒤 돌아오고 있다.

는 '캐피'라고 불렀고, 이후 새로운 강아지를 입양할 생각은 없어 보였던 터라 그녀의 전화를 받았을 때 나는 좀 의아했다.

비키는 계속해서 말했다. "우리가 키울 개가 아니에요. 아직은 그 강아지가 어디에서 살게 될지 모르지만… 그 강아지가 가족, 특히 아이들과 잘 어울릴 수 있을지 궁금해요."

그녀에게 일단 알겠다고 말한 뒤 전

화를 끊으려던 순간, 비키가 급하게 "다운 선생님, 당분간 이 이야기는 우리만 알아야 해요. 아셨죠?"라고 덧붙였다.

며칠 후 나는 외곽에 있는 우리 집에서 댈러스 힐튼으로 직접 운전해 케네디 상원의원의 비서와 함께 '찰리'라는 개를 만났다. 그 당시 내가 찰리에 대해 알고 있었던 유일한 정보는 5개월령이라는 것과 캐피와 한 배에서 태어난 형제라는 것뿐이었다. 원래 이 강아지는 다른 가족에게 입양되었지만 그 가정에 있는 나이 많은 다른 포르투갈 워터도그와 잘 지내지 못하여 다시 텍사스에 있는 브리더에게 파양되어 돌아온 강아지였다.

나는 찰리를 받아서 차에 태우고 조각 난 치아를 치료하기 위해 전남편의 치과로 향했다. 치료를 받는 동안 찰리를 크레이트에 넣어 사무실 뒤편에 있는 휴게실에 데려가 문을 닫아두었는데, 찰리는 차 안에서도 조용했지만 방 안에서도 매우 조용했다.

나는 찰리가 크레이트에서 나오면 어떤 모습일지 많이 궁금했는데, 크레이트 문을 열자마자 찰리는 바로 고개를 내밀었다. 대부분의 다른 개들은 크레이트 안에 있는 채로 이동하고 나서 밖으로 나오면 주변을 살피고 주저하는 등 적응 시간이 필요한데, 찰리는 좀 달랐다. 목줄을 채워 바깥에서 배변 산책을 하며 사무실 주위를 걸어보았는데, 직원들이 쓰다듬어줄 때는 행복한 표정으로 걸음을 멈추기도 했다. 치과 치료를 받는 동안에는 기계 소리에 놀라지 않을까 걱정했지만 찰리는 그냥 바닥에 가만히 엎드린 채 내가 준 장난감을 열심히 씹으며 치료가 끝날 때까지 얌전히 기다리는 것이었다.

그 후 찰리의 교육이 진행되었고 이 개는 내 마음에 바로 들어왔는데 반려견 트레이너이자 동물을 사랑하는 사람으로서 많은 이들의 반려견들을 다 소중히 대했지만 이 개에게는 매우 특별한 감정이 들었다. 착하고 귀여우면서 학습도 빠른 강아지였고 내 수업에 들어오는 다른 반려견들(한 번에 약 12마리)과도 잘 지냈을 뿐만 아니라 무엇보다 나의 개들, 이웃 개들 그리고 나의 두 앵무새와도 너무 잘 지냈다. 특히 나의 앵무새들은 개들에 대해 좋고 싫음이 분명한데, 찰리에게는 바로 무장해제를 해버리는 것이었다. 그도 그럴 것이 찰리는 새장 주변에서 냄새를 잘 맡았는데, 나의 앵무새 '모드'는 그 행동을 정말 좋아했다. 심지어 새장 아래로 내려와 부리를 창살 사이로 내밀어 냄새 맡는 찰리에게 입맞춤할 듯한 모양새를 보이기도 했다. 모드는 찰리에게 사료를 던지고 찰리는 그것을 바닥에 구르며 받아먹으면서 둘은 같이 놀았다.

몇 주 뒤 비키가 찰리에 대해 물어봤

을 때 나는 "너무 멋진 강아지예요"라고 답해주었고, 가족들, 특히 아이들과는 완벽하게 잘 지낼 수 있을 것으로 확신한다고 말하며 만약 입양 갈 곳의 가족이 원치 않는다면 내가 찰리를 입양하고 싶다고까지 언급했다.

그러자 비키는 아주 조심스럽게 찰리의 입양을 고려하는 가족이 다름 아닌 대통령 일가라고 말해주었다.

이런 말을 들었을 때 어떤 사람들은 더 고심할지도 모르겠지만, 나는 전혀 그렇지 않았다. 평소와 다름없이 그냥 내 일의 일부분일 뿐 특별히 다르다고 생각하지 않았다. 찰리가 입양 갈 가정이라는 것 외에 어떤 의미도 둘 필요가 없었으니까. 결국 찰리는 입양이 되었고, 이름도 '보'로 바뀌었다.

내가 전문 트레이너가 된 이유는 개들에 대한 나의 변함없이 깊은 사랑 때문이었다. 어린 시절과 10대의 시간들을 보내면서 나는 미래의 나의 가족이 개들에 대한 따뜻한 마음과 깊은 사랑을 가질 것, 그리고 그 집은 아이들과 동물들로 가득할 것이라는 꿈을 꾸었다.

그리고 1982년 열세 살이나 연상인 사람과 사랑에 빠져서 결혼했다. 당시에 그는 워싱턴 DC 근처의 소위 잘나가는 치과 의사였는데, 결혼하면서 살림과 아이들을 돌봄과 동시에 그의 치과 일도 도와주기 위해 집의 1층에 개업했다.

그리고 4년 후 코틀랜트라는 이름의 아름다운 딸과 14개월 후에는 둘째 딸 페이지를 출산했는데, 아이들이 터울이 그다지 많지 않다 보니 어떨 때는 종일 기저귀 갈아주는 것이 하루의 일과였고 꽤 고되기도 했다.

1986년부터 1993년까지는 육아에 전념했던 기간이었는데, 쉽지 않은 스케줄 속에서도 나름 원하던 꿈을 이루었다 생각했고 기쁨과 행복감으로 하루하루를 보냈다. 집은 아이들과 동물들로 가득했는데, 5마리의 개를 한 번에 다 키운 적도 있었다. 그동안 키운 견종들은 보스턴테리어, 포메라니안, 포르투갈 워터도그, 보더콜리, 플랫 코티드 리트리버, 아이리시 스패니얼, 자이언트 슈나우저와 이비전하운드 등이었다. 그리고 2마리의 담비와 여러 마리의 반려 쥐, 토끼, 햄스터, 4마리의 샴고양이, '줄'과 '모드'라는 앵무새도 2마리 있었는데 줄은 옐로 네이프 아마존종이고 모드는 아프리칸 그레이종이었다. 한 번에 그들의 이름을 다 외우는 것은 어려웠는데, 지금 생각해보면 어떻게 그 많은 동물들을 다 관리했는지 놀랍기만 하다. 심지어 내가 나의 아기 페이지를 돌보는 동안 보스턴테리어인 재즈는 자기의 강아지들을 돌볼 때도 있었는데 그야말로 슈퍼우먼으로서 지낸 나날의 연속이었다. 아침마다 아이들의 밥을 먹인 뒤에 개들과 새들, 고양이들의 밥을 주고 그런 다음 유모차에 아이들을 싣고 개의 목줄을 채우고 나서 동네를 한 바퀴 아니면 아이들을 학교에 보내고 나서는 집으로 돌아온 뒤 크레이트에 개들을 넣고 나서는 남편 사무실로 일하러 가기도 했다. 아침부터 저녁까지 끊임없이 움직였고, 바쁘지만 열정적이고 한편으로는 광적이지만 훌륭하기도 했던 삶에 만족하고 있었다. 가족 위주의 삶을 유지하면서 도그쇼에 출전하기도 했고 파트타임으로 반려견 교실을 운영하거나 그들을 위탁관리해주기도 했으며 그곳에서 얻은 수입으로 도그쇼 출전과 세미나 교육에도 참석했다.

그렇게 바쁘게 살아가던 중 1995년 어느 날 아침, 남편으로부터 나와의 결혼 생활을 더 이상 원치 않는다는 말을 듣게 되었다. 그리고 나서는 망연자실히 주방 식탁에 홀로 앉아 앞으로 해결해야 할 고민들을 마음속으로 열거하기 시작했다. 그 당시 나에게는 5세와 6세 그리고 7세인 아이들이 있었지만 더 이상 재정적 안정이 제공되지 않을 것이므로 생활을 유지하기 위해 이른 시일 내에 돈을 벌지 않으면 안되었다. 동시에 직업에 대한 고민과 매일 아침 아이들을 두고 나가야 하는 것이 도무지 예측되지 않았다.

그럼에도 반려견들과 같이 살아오면서 그들의 교육에 대한 재능이 있다는 것을 알고 있었고, 주변에서 특히 아이들이 있는 가족들에게 입양된 개가 즐겁고, 온순하고, 잘 지낼 수 있도록 키우는 방법을 가르치는 지도사라는 입소문도 나던 차였다. 그러한 것들이 나에게 사업을 시작할 수 있게끔 자신감을 심어주었고, 수업을 하기 위해 작지만 교육실도 마련했다. 조금은 두렵기도 했지만 즐거운 한때였다. 나는 나의 교실을 '긍정의 반려견 케어'라 이름 지었고, 나중에는 '가치 있는 반려견 교육'이라고 바꾸었다. 그리고 나의 명성은 계속 쌓여갔고 고객 수는 점점 많아졌다. 그 후 워싱턴 DC에서 외곽에 있는 집으로 이주했는데 그곳은 개들을 교육시키고 위탁관리도 할 수 있는 완벽한 장소였으며, 살기에도 정말 좋은 곳이었다.

교육과정에 아이들을 참여하도록 한 나의 아이디어는 정말 잘 맞아떨어졌다. 그들에게 많은 것들을 가르치는 특별한 경험이었는데, 개들이나 아이들에게나 무척 유익한 경험이었다. 언제부터인가 나는 나의 아이들도 참여시켰는데, 어찌나 좋아하던지 그 기억이 아직도 생생하다. 아이들이 학교에 가고 없을 때 수업을 했고, 학교에서 데려온 뒤에는 또 다른 수업을 진행했다. 저녁에 전남편이 저녁 식사를 하러 아이들을 데리고 나가면 더 많은 수업을 할 수도 있었다. 사업은 계속 번창했는데, 도그쇼에 개들을 참여시키기도 했고 퍼피 클래스를 만들어 보호자들이 어린 강아지들을 잘 키울 수 있도록 지도하기도 했다. 오래지 않아 나의 교육 서비스는 워싱턴 DC 정계의 가족들에게도 소문이 났는데, 솔직히 말하면 그러한 사실에 내가 특별히 들뜨지는 않았다는 것이다. 왜냐하면 가족들을 교육할 때 내가 가장 중요하게 생각하는 부분들은 첫째로 그들이 자기 개를 위한 교육에 성실히 임할 자세가 되어 있는지, 두 번째로는 개와 함께 행복하고 안전한 가족을 구성할 의지가 있는지였기 때문이다. 실제로 케네디 상원의원과 그의 아내 비키를 수개월 동안 교육하면서 그들이 누구인지도 몰랐다. 내가 그들의 배경을 알게 된 것은 수업료를 수표로 받았을 때였는데, 수표 상단에 '에드워드 무어 케네디'라고 인쇄되어 있었고 배변시키기와 음식 급여에 대해 전화로 수업 시간을 맞추었던 사람이 그의 아내인 비키였다는 것도 그때 알게 되었다.

나중에는 백악관으로 교육을 하러 가기도 했지만, 그렇더라도 매번 하는 또 다른 교육의 하나였을 뿐이다.

2010년 3월
다운 실비아 스테이시위츠

기초 요건들

1장

교육에 대한 나의 접근

20년 넘게 세 아이의 엄마, 그리고 전문 트레이너로서 나는 육아를 하면서 배운 것들이 개의 교육에도 잘 적용될 수 있다는 것을 알게 되었다. 이 책은 개들을 위한 긍정강화 접근 방식에 근거를 둔 나의 교육 체계를 독자들과 나누기 위함이다. 시저 밀란이 TV 프로그램인 「도그 위스퍼러」에서 사용한 것 같은 예전의 교육 방법과 달리 긍정강화 교육법은 처벌의 형태가 물리적 힘 또는 그보다 더 나쁜 강압적 형식에 의해 행해지는 것이 아니라 개가 잘하는 행동에 보상을 해줌으로써 그들에게 좋은 행동을 학습하게 하는 것이 핵심 취지다. 긍정강화 교육법은 개들을 사랑하고 존경하면서 마치 나의 아이들 교육하는 것과 비슷한 방식으로 보상도 하고 엄격하게도

한다. 긍정강화 교육에서 가장 기본적으로 생각해야 할 것은 개라는 동물이 안정과 사랑을 갈구하면서 숨을 쉬고 살아있는 우주의 창조물이라는 것이다. 개는 우리와 마찬가지로 고통을 느낄 수 있는데, 그 고통을 줄여주는 것은 우리의 몫이다.

나의 직업적 판단에서 보면 긍정강화 교육법은 반려견 보호자가 아이들이 많은 대가족이건 나 홀로 가정이건 간에 상관없이 최고의 교육방법이라는 것이다. 현재 많은 개들이

예전의 방식으로 교육되고 있는데, 대체로 처벌에 기반한 교육과 초크체인을 활용하는 등 물리적인 방식으로 지도하는 것이다. 그러한 혐오적인 처벌 기술들은 개가 하는 '나쁜' 행동에만 집중하고 일련의 처벌 과정들을 거치면서 벌을 받지 않기 위해 무엇을 해야 하는지 개 스스로 터득하게 하는 것이다. 고백하자면 나 또한 그런 교육방식을 실행한 적도 있었다. 그러다가 어느 순간에 긍정강화 교육법이 그 모든 것을 제칠 수 있는 최고의 교육방법이라는 것을 깨닫게 되었다.

이 책을 통해 긍정강화 교육법을 바른 교육으로 받아들이고 충분한 확신을 가지면서 5주 동안 꾸준히 실행한다면 여러분의 반려견은 밝고 열정으로 가득 찬 건강한 개가 될 것임을 확신한다. 만약 예전의 방식으로 교육이 되었더라도 긍정강화 교육법으로 다시 교육받기를 원한다면 그 또한 얼마든지 가능하며 그런 결심을 한

여러분에게 깊은 경의를 표한다. 그러한 교육방식이 옳다는 것을 여러 번 체험했고, 긍정강화 교육방식으로 인간의 생각에 재활이 불가능하여 안락사가 거론되는 이른바 '죽음의 대기조'로 불리는 개들의 생명을 구한 경우도 다반사였다.

이 책에서 나는 나의 학생들을 지도하는 것과 똑같은 방식으로 안내할 것인데, 여러분의 가족과 반려견이 다 같이 준비할 수 있도록 소개하는 것부터 시작할 것이다. 그리고 나서 5주 기본 과정이 시작되고 배변 교육을 포함해 "앉아", "이리와", "기다려" 등의 기본 교육을 진행할 것이다. 그런 다음 여러 가지 트릭을 같이 해보면서 그들을 점점 더 재미있고 호기심을 유지할 수 있게 만들어주고, 마지막에는 외부 환경에 노출되었을 때 잘 적응할 수 있는 방법을 알려주고 공원, 길, 방문객 등 새로운 환경도 잘 받아들일 수 있게 교육할 것이다.

교육은 왜 해야 할까?

첫 번째로 가장 중요하게 반려견의 행동을 조절하는 사람이 여러분이기 때문에 교육하고자 하는 것과 필자인 나 역시 교육의 필요성에 대해 매우 중요하다는 것을 인식하고, 특히 긍정강화 방식으로 하는 교육이 그들과 교감할 수 있는 최고의 방법이기 때문이다. 보호자와 정말 교감이 잘 되어있는 능숙한 반려견은 자신감이 넘쳐나

고 행복한 삶을 누리면서 인간사회 속에서 성공적으로 살 수 있다. 반려견들을 교육하지 않는 것은 아이들에게 책 읽기를 가르치지 않는 것과 같고, 그것이 추천할 만한 방법이 아니라는 것은 상식적으로 다 알고 있을 것이다. 만약 어떤 동물이 자기가 속한 세계와 교류하지 못한다거나 반려견이 교육을 받지 않았다면 매우 제한된 삶을 살 가능성이 높은데, 그렇다면 그들이 행복하고도 안전하게 살 수 있도록 어떻게 이끌 수 있을까? 반려견은 보호자로부터 교육을 받는 동안 정성을 들이거나 안 들이거나 상관없이 그로부터 모든 것을 학습한다. 그들은 우리가 하는 것이 옳은지 그른지는 알지 못하지만, 여러 번의 시행착오를 거쳐 무엇이 위험하고 기분 좋게 하는 것과 그렇지 않은 것, 또 안전한 것 등을 알기 위해 노력한다. 바로 여러분을 통해 세상에서 적응하는 법을 배우기 때문에 그들을 처음 만난 날부터 교육은 시작되어야 한다. 내가 원하는 것을 해주었다면 보상과 칭찬을 해주고 개는 그것을 또 얻기 위해 내가 좋아하는 행동을 다시 할

것이다. 또한 여러분은 교육받는 개가 보상을 받은 동작이 무엇인지 찾아내려고 노력하는 모습을 볼 수 있을 것이다.

안정감이 있는 개는 안전한 반려견이 될 가능성이 크다. 미국 질병통제예방센터에 따르면 해마다 4,500만 명이 개에게 물리고 그중 200만 명은 아이라고 하며 그 가운데 40만 명 가까이 의학적 처치가 요구되는 상황이라고 한다. 대다수의 피해자가 그들 가족의 반려견 또는 친구의 반려견에게 물리는데, 교육을 잘 받은 개라면 누군가를 공격하거나 물 확률이 낮아진다.

개들을 교육하다 보면 우리 자신 역시 좀 더 나은 인간으로 발전할 기회가 되는데, 그들을 교육하면서 우리 자신에게도 좋은 가치를 주입할 수 있게 해주기 때문이다. 만약 아이들이 있다면 아이들을 교육과정에 참여하게 하는 것은 매우 좋은 생각이고, 그러한 과정들을 통해 개들이 아이들과 함께 있는 것을 즐길 뿐만 아니라 아이들에게도 안전, 책임, 돌봄 그리고 좋은 친구가 되기 위해 어떠한 노력을 기울여야 하는지를 가르쳐줄 수 있다.

다시 말하자면 교육은 개와 내가 교감을 나누는 최고의 방법이다. 완벽에 가까울 정도로 교감을 나누는 보호자들은 이러한 관계가 인생에서 형언할 수 없는 선물을 가져다줌을 알고 있다. 케네디 상원의원과 그의 반려견들이 함께 있는 것을

보면 그들 사이가 매우 특별하다는 것을 알 수 있는데, 특히 그중 '스플래시'라고 불리는 반려견은 케네디 의원에게 정말로 특별한 존재라는 것을 알 수 있었다. 그들의 관계는 캐피톨힐에서 거의 전설적이었다. 그의 개 세 마리가 우리 집에서 위탁관리를 받고 나면 항상 데려다주었는데, 그는 일하는 중이거나 누군가와 대화하는 중에도 우리를 보면 매우 반겨주었다. 그리고 그가 자신의 반려견들과 놀아줄 때는 아이처럼 바닥에 쭈그리고 앉아서 함께 즐기기도 했다. 또 어느 날 저녁에는 스플래시를 데리러 상원의원이 공항에서 집으로 가는 중에 들렀는데 두 생명체가 너무 반가운 나머지 서로 부둥켜안고 뒹구는 것이었다. 나의 딸 페이지가 아래층에서 무슨 소동이 난 줄 알고 뛰어내려왔는데, 내가 "케네디 상원의원이야. 인사드려야지" 하자 자기가 TV에서 자주 봤던 사람이 지금 바닥에서 개랑 놀고 있다는 게 믿어지지 않는 듯 멍한 표정으로 있다가 다시 위층으로 올라간 적도 있었다.

나에게는 '넷'이라는 고객이 있었는데, 그는 '잭'이라는 황색 래브라도 리트리버의 보호자였고 나에게 위탁관리를 여러 번 맡긴 적도 있었다. 그 둘은 너무 가까워서 잭은 넷이 데리러 올 때마다 이미 감을 잡은 듯했다. 왜냐하면 넷이 데리러 오는 시간대가 되면 잭은 현관 주변을 맴돌거나 서성거리기 시작했으며, 어떨 때는 자기 가방을 물고 문까지 가져간 적도 있었다. 그러면 여지없이 5분쯤 뒤에 벨이 울리고 넷이 문 앞에서 기다리고 있는 것이었다. 내가 보기에도 너무나 신기하여 어느 날 잭을 시험해보려고 일부러 집에 갈 것처럼 잭의 가방을 일찍 내놓았는데, 놀랍게도 잭은 절대로 가져가지 않았다. 또 내가 넷한테 데리러 오는 시간을 불규칙적으로 해달라고 제안했을 때도 있었는데, 그때마다 잭은 보호자가 오는 시간을 정확하게 맞히는 것이었다. 잭이 어떻게 알았는지는 나도 잘 모르겠지만, 위의 두 가지 경우에 비춰볼 때도 반려견과 인간의 강력한 관계가 인생에서 매우 특별한 경험이 될 것임은 확실하다.

왜 긍정강화 교육방식이어야 하는가?

우리의 개들을 교육해야 하는 이상적인 방법으로 혐오처벌 방식이 아닌 긍정강화(Positive Reinforcement) 방식이라는 것을 체계적으로 발전시킨 사람은 동물행동 박사이자 수의사였던 이언 던버였다. 그가 말한 대로 무섭고 고통스러운 방식의 처벌 교육은 바람직하지 않기 때문에 구태여 그것을 이행할 이유가 없다는 것이다. 오히려 그들에게 보상을 조절하는 것 자체가 충분히 처벌의 의미로 활용될 수 있으므로 물리적인 처벌보다 훨씬 더 효율적이라는 것이다.

예전 교육방식인 혐오처벌 방법에 기준하여 만약 긍정강화 교육방식으로 개들이 학습되면 어떤 변화가 나타나는지 나의 경험을 이야기해보겠다. 나의 고객 중 '피터'라는 보호자가 있었다. 그의 개는 오스트레일리안 셰퍼드종으로 줄여서 '오씨'라고도 불리는 견종인데, 어느 날 피터는 심란한 마음으로 나의 수업에 참여하게 되었다. 반려견의 이름은 '월러바이'이고, 문제는 점프하는 것을 멈추지 않는다는 것이었다. 그동안 월러바이의 점핑을 멈추기 위해 수단과 방법을 가리지 않고 동원했지만, 월러바이는 아랑곳하지 않고 시도 때도 없이 점프한다는 것이었다. 피터는 혐오자극 처벌 기술을 사용하도록 배웠는데, 월러바이가 점프할 때마다 그의 가슴을 자기 무릎으로 쳐서 그 행동을 멈추도록 시도했지만 그다지 효과가 없었다. 여전히 쉬지 않고 점핑을 했으며, 그 행동이 나쁜 것인지조차 전혀 감을 잡지 못했다. 참고로 일부 특정 개들은 점핑하는 것 자체를 좋아하기도 한다. 피터가 무릎으로 자기 가슴을 치기는 했어도 아무 뜻 없이 놀리는 정도로만 받아들이는 것이었다. 나는 그의 이야기를 듣고 피터가 월러바이에게 바람직하지 않은 행위를 하는 대신 오히려 월러바이가 잘하는 것에 집중하여 보상을 주고 활용하는 것을 배우도록 월러바이 같이 지속적으로 점핑하는 개들에게 매우 효율적인 긍정강화 교육 방법을 실행하기로 했다.

첫째로, 피터에게 월러바이가 앉아 있을 때만 아는 척하도록 했다. 그래서 피터는 이전과 달리 월러바이가 점프를 하더라도 그것에 대해 아무런 반응을 보이지 않았다. 마치 월러바이의 존재가 없는 것처럼 행동했고, 심지어 등을 돌리면서 아무런 관심도 기울이지 않았다. 그러나 만약 월러바이가 점프하지 않고 가만히 얌전하게 앉아 있으면 엄청나게 기쁜 일이 벌어지는데, 바로 '트릿(잘게 썬 간식)'이라는 선물을 받는 것이다. 그것도 흔한 트릿이 아닌 월러바이가 가장 좋아하는 맛있는 것이 가득 들어 있는 '콩(Kong)'이라는 씹는 장난감을 얻게 된다. 이 장난감은 견고한 고무로 만들어졌고 가운데에 구멍이 나 있어서 그사이를 맛있는 것들로 가득 채울 수 있다. 반면에 점프를 하면 트릿 보상은 주어지지 않는데, 시간이 가면서 월러바이는 이 명확한 패턴을 익히게 되었다. 점프를 하면 트릿이 없고 앉으니깐 트릿이 막 나온다는 원칙을 터득한 것이다. 이것을 깨닫게 하기까지 5주간의 수업이 이루어졌으며, 집에서도 이와 같은 방법으로 교육을 해준 피터의 인내심 또한 한몫을 했다. 마침내 월러바이는 점프하는 것을 멈추었는데, 몇 주가 지난 어느 날 피터가 다시 수업에 왔다. 월러바이가 점프를 다시 한다면서 좀 당황해하는 것이었다. 나는 피터에게 우리가 연습했던 콩을 활용한 교육을 지속적으로 했는지 물어보았고, 그는 "글쎄… 가끔요"라고 대답했다.

나는 "그렇지요! 보시는 바와 같이 지속적이지 않은 교육은 좋은 행동이 무너지게 되는 가장 흔한 이유입니다"라고 답변을 해준 뒤 이번에는 피터에게 다른 기술을 시도해보도록 제안했다. 이번에는 반대로 월러바이에게 점프를 하도록 만드는 것이다. 월러바이가 원래 잘하는 점프라는

'나쁜 행동'에 오히려 보상을 주는 것이다. 나는 피터에게 월러바이가 점프를 제일 안 할 것 같은 상황에서 점프를 하도록 유도하라고 했다. 심지어는 수업 중간에 우리가 다른 교육을 하고 있을 때도 점프를 시키라고 하고, 그럴 때마다 피터는 칭찬과 트릿으로 보상을 해주었다. 만약 피터의 지시 없이 점프를 한다면 칭찬도 보상도 없고 아무런 반응도 보이지 않게 했는데, 그때 흥미로운 상황이 일어났다. 월러바이는 피터의 점프하기 지시를 예상했고, 당연히 보상을 기대하면서 피터의 점프 신호를 기다리는 것이었다. 그러고 나더니 오래지 않아 "월러바이, 캥거루"라는 신호에 점프하면 보상이 주어진다는 것을 알게 되었고, 피터는 점프하는 것의 통제가 가능해지면서 월러바이의 충동조절을 할 수 있게 되었을 뿐만 아니라 오히려 나쁜 행동을 통해 서로 즐기고 재미있는 트릭으로 바꾸는 데 성공한 것이다.

피터의 경우에서 보았듯이 처음에는 월러바이가 점프하지 못하도록 무릎으로 가슴을 쳤는데, 이것을 쉽게 가르칠 수 있을지는 몰라도 이러한 물리적 처벌이 과연 꼭 필요한 것인지 여러분에게 묻고 싶다. 왜냐하면 재발을 방지하거나 또는 즉시 일어나는 행동을 감소시키기 위해 보상을 지연한다든지 억제하는 것도 처벌이 될 수 있기 때문이다. 예를 들어 피터는 목적

을 이루기 위해 월러바이에게 벌을 주었는데, 시키지 않았는데도 월러바이가 점프를 할 때는 칭찬 또는 트릿이라는 보상을 주지 않았다. 그리고 월러바이에게 등을 돌리고 가버리면서 아무런 반응을 하지 않았다. 즉, 보상을 주지 않는 것 자체가 처벌이 되었기 때문이다. 이것을 또 다른 말로 '부정처벌(Negative Reinforcement)'이라고도 일컫는데, 보상을 전혀 받지 못했으므로 월러바이는 처벌을 받은 셈이다. 또 다른 부정처벌의 예로 아이들의 벌 받기가 있다. 예를 들면 벽 보고 서 있기, 아무것도 안 하기, 저녁 시간에 TV 시청 시간 줄이기 등이 바로 그러한 것들인데 이는 그들이 가지고 있는 권한들이 박탈되는 것이다.

처벌의 다른 방식으로 우리가 '긍정처벌(Positive Reinforcement)'이라고 부르는 교육방식이 있다. 이것은 피터가 월러바이에게 했던 물리적인 처벌방식을 적용하는 교육방법으로 월러바이가 점프하려고 했을 때 무릎으로 가슴을 치는 것이다. 아이에게 비유하자면 옳지 않은 행동을 했을 때 엉덩이를 때린다거나 소리를 지르는 것 등이다. 이와 같은 상황에서 아이에게 일종의 보상은 엉덩이를 맞지 않는 것인데, 이를 '부정강화(Negative Reinforcement)'라고 한다. (아동 전문 교육 분야에서는 그것에 대해 다른 용어가 있을지도 모르겠다.)

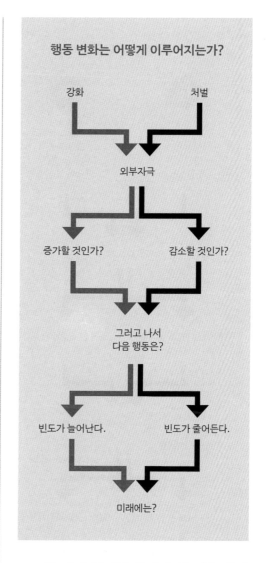

행동 변화는 어떻게 이루어지는가?

강화   처벌

외부자극

증가할 것인가?   감소할 것인가?

그러고 나서 다음 행동은?

빈도가 늘어난다.   빈도가 줄어든다.

미래에는?

한 가지 분명히 알아야 할 것은 개의 교육에서는 부정 또는 긍정 개념이 나쁨과 좋음의 의미가 아니라는 것이다. 여기에서 '부정'이란 없어지는 것을 뜻하고, '긍정'은 더해지는 것을 말한다. 즉 긍정강화는 강화물이나 보상을 주는 것을 의미하고, 부정처벌은 보상을 주지 않는 것이다. 긍정

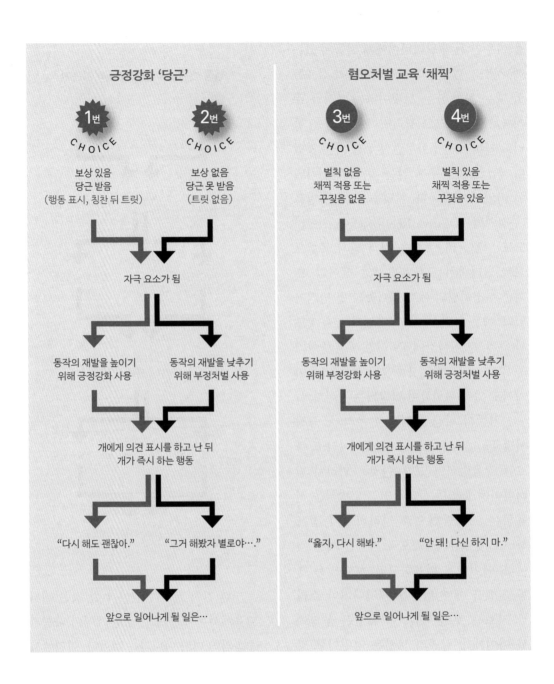

긍정강화 '당근'		혐오처벌 교육 '채찍'	
1번 CHOICE	**2번** CHOICE	**3번** CHOICE	**4번** CHOICE
보상 있음 당근 받음 (행동 표시, 칭찬 뒤 트릿)	보상 없음 당근 못 받음 (트릿 없음)	벌칙 없음 채찍 적용 또는 꾸짖음 없음	벌칙 있음 채찍 적용 또는 꾸짖음 있음

자극 요소가 됨

자극 요소가 됨

| 동작의 재발을 높이기 위해 긍정강화 사용 | 동작의 재발을 낮추기 위해 부정처벌 사용 | 동작의 재발을 높이기 위해 부정강화 사용 | 동작의 재발을 낮추기 위해 긍정처벌 사용 |

개에게 의견 표시를 하고 난 뒤 개가 즉시 하는 행동

개에게 의견 표시를 하고 난 뒤 개가 즉시 하는 행동

| "다시 해도 괜찮아." | "그거 해봤자 별로야…." | "옳지, 다시 해봐." | "안 돼! 다신 하지 마." |

앞으로 일어나게 될 일은…

앞으로 일어나게 될 일은…

강화 교육은 보상에 기반을 두고 있으므로 보상을 주는 긍정강화 교육인지 또는 보상을 주지 않는 부정처벌 교육방식이 있다고 보면 될 것이다.

그러나 개에 대한 예전의 교육방식은 처벌에 기반을 두고 있다. 초크체인을 잡아당긴다든지 날카롭게 꾸짖는 것 같은 긍정처벌, 반대로 초크체인 사용이나 소리를 지르지도 않고 벌도 주지 않는 부정강화 방식도 있다.

부정과 긍정의 차이점을 이해하기에는 좀 혼란스러울 수 있으므로 피터와 월러바이의 경우를 예로 들어보자. 피터는 월러바이의 행동을 가지고 "나는 네가 점프하는 게 좋아. 좀 더 해도 돼"라고 전략적으로 말해줌으로써 월러바이의 행동을 변화시킬 목적으로 긍정강화 방식을 사용한 사례인데, 즉 보상을 줌으로써 월러바이의 행동 재발을 강화시킨 것이다. 그러고 난 뒤 피터는 또 부정처벌 방식으로 월러바이에게 벌을 내렸다. 그것은 피터의 신호 없이 만약 월러바이가 점프를 한다면 칭찬 또는 트릿이라는 보상을 주지 않는 것이다. 즉, "네 맘대로 점프해도 좋아. 그러나 나의 신호 없이 하면 보상은 줄 수 없어"라는 의미다.

피터가 예전의 혐오처벌 방식을 지속했다면 어떻게 되었을지 상상해보자. 월러바이는 피터를 향해 점프를 계속 할 것이고 피터는 행동을 취하여 벌을 주는 긍정처벌, 즉 물리적 또는 음성적인 질책으로 월러바이를 가르치려 했을 것이다. 이러한 처벌은 월러바이에게 "점프하지 마"라고 말하기 위한 목적이 될 것이다. 그러나 만약 월러바이가 점프를 안 하면 어떻게 될

까? 피터는 행동이나 보상을 취할 필요를 못 느낄 것이다. 다시 말하자면 보상도 이뤄지지 않고 벌도 없지만 피터는 월러바이가 좋은 행동을 자꾸 하도록 강화시키는 시도를 할 것이다. 피터는 월러바이에게 "점프 안 하는 것이 좋은 거야"라고 알려주려고 하지만 오히려 점프하지 않으면 그대로 보상 없이 지나치고 점프하면 혼을 내는 방식으로 월러바이를 교육하려 하는 것이고 보상 없이 좋은 행동들을 강화시키려는 시도를 한다는 것이다.

나의 전문적 의견에 비추어본다면 위와 같은 논리에는 분명히 모순이 생긴다. 피터는 월러바이가 점프하지 않았을 때 옳은 행동을 했다고 표현하지 않았다. 그리고 피터가 원하는 것이 점프하지 않는 것이라고 알려주지도 않았다. 월러바이 스스로 제거 과정에 의해 무엇을 해야 할지를 이해해야 했는데, 설사 올바르게 했음에도 피터에게서는 아무런 표현도 나오지 않았다. 여기서 잠깐 쥐의 예를 들어보자. 미로 너머에 치즈가 있는데 쥐는 그것을 얻기 위해 미로를 지나는 과정을 거쳐야 한다. 혐오처벌 방식으로 교육된 개들 또한 쥐의 미로와 마찬가지로 모든 것을 오직 스스로 이해해야 하며 추상적인 사고가 요구되는데, 이런 방식은 평범한 개들의 두뇌가 감당할 수 없을 것이다.

게다가 동물들에게 '채찍'이라는 벌을

지나치게 가하면 포기해버리거나 반항하는 등 자기 고유의 에너지를 상실하게 된다. 예전 방식으로 훈련했던 트레이너들은 오히려 개가 자포자기 한 상태에서 교육하는 것을 기대한다. 왜냐하면 그들은 동물들이 굴복해 약해진 순간이 자신들이 추구하는 행동을 만들 수 있는 적절한 때라고 생각하기 때문이다. 그러나 위와 같은 접근법은 심각한 문제행동견의 극단적 상황이 펼쳐졌을 때 시저 밀란처럼 매우 숙련되고 경험 있는 트레이너의 관리하에서는 효과적일 수 있을지도 모르겠지만 일반적인 보호자가 다루게 된다면 위험한 무기가 될 수 있으며, 더욱이 아이들이 함께하게 된다면 그 상황은 매우 심각해질 것이다.

실제로 미국동물행동수의사회(AVSAB)는 시저 밀란의 혐오처벌 방식을 사용하는 가족들에게 매우 큰 우려를 표명한다. 최근 AVSAB가 기술한 내용에 따르면, 왜 그러한 자극 방식이 비효율적이고 특히 전문 지식이 없는 일반인이 다루게 될 때 위험한지 그 이유로 아홉 가지를 꼽는다. 그들은 그렇게 하면 사고의 촉발점이 될 수 있고, 공격적인 행동을 야기할 수 있다고 경고한다. 그리고 그러한 교육은 개를 두려움에 빠지게 하며, 두려움을 해소할 수 있는 여지를 아예 차단시켜 결국 바로 물어버리는 등의 공격을 가할지도 모른다는 것이다.

무리의 리더가 된다는 것은 무슨 뜻일까?

혐오처벌 방식을 사용하는 다수의 전통 트레이너들은 긍정강화 교육방식을 행하는 트레이너들이 무리의 심리를 이해하지 못한다고 주장한다. 그들은 개들이 자신들을 통제하고 지시하는 강력한 리더를 원한다고 한다. 예전의 트레이너들은 "만약 여러분이 알파도그, 즉 무리의 리더로 인식되지 않는다면 개는 오히려 자기가 리더가 되어야 한다는 당위성을 가지고 여러분을 통제하려고 할 것"이라고 주장한다.

개들이 리더가 누구인지를 파악하려고 하는 것은 사실이다. 그러나 전통 트레이너들은 개가 따르는 유일한 리더십을 혐오방법으로 교정하거나, 초크체인을 확 당길 수도 있고, 아니면 개를 배가 보이게 뒤집어 눕혀서 복종하게 하는 것이라고 하고, 그것은 트레이너들을 우두머리 역할을 하게 한다고 한다. 그러나 그것이 오히려 그들을 함정에 빠뜨린다.

좋은 리더란 존경을 받기 위해 센 역할을 하지 않아도 된다. 그것은 개의 사회나 인간의 사회 둘 다에 통용된다. 우리의 개들도 마찬가지로 충성을 얻기 위해 지배를 해야 하는 것은 아니다. 개들은 음식, 따뜻한 보금자리, 그리고 안전을 보장해줄 수 있는 리더를 기꺼이 따르고 싶어 한다. 그리고 관대하고 공정한 리더를 원한다.

무리의 좋은 리더는 많은 즐거움과 사회적인 경험을 제공해줄 수 있는 존재라는 것을 알아야 한다.

"개에게 폭력을 사용하지 마세요"

나는 사람들이 '트레이닝' 또는 '교육'이라는 명목하에 동물을 괴롭히는 경우, 특히 아이들이 만약 그렇게 할 때 벌어지게 될 일들에 대해 우려하지 않을 수 없다. 단연코 말하지만 비누가 더러움을 씻어내듯이 긍정강화 교육이 우리의 가족과 사회를 강화시키고, 폭력의 고리를 끊을 수 있는 해결 방법이라고 생각한다. 안타깝게도 동물에게 폭력을 행사하는 이들은 사람들에게도 똑같이 행할 수 있다는 것이 매우 일반적인 사실이다.

미국동물애호가협회(American Humane Association)는 인간의 폭력과 동물에 대한 잔인성의 상관관계를 '연결고리'라고 이름하여 그에 대한 연구에 착수했다. 영화 또는 TV 프로그램에 나온 동물들에 대해 "다친 동물들은 아무도 없었다"라는 주제하에 반론과 논쟁을 제시한 협회인데, 어린 시절에 폭력적인 범죄자들이 비폭력적인 가해자들보다 확실하게 반려동물들에게 잔인한 행동을 한 경우가 더 많았다는 것이다. 또 동물을 학대하는 행위는 아동학대 또는 아동관리에 소홀한 전력이 있는 가정에서 압도적으로 많이 행해진다고 덧붙인다.

만약 여러분의 아이 또는 아이의 친구가 동물을 의도적으로 해친다든지 학대한다면 즉각적으로 그 아이와 부모에게 여러분이 할 수 있는 행동을 취해야 한다고 본다. 또는 동물이 학대당하는 것을 보았다고 이야기하는 아이가 있다면 여러분은 동물 보호를 위해 가능한 한 모든 행동을 취할 것임을 확신시켜주고 그 아이의 따뜻한 마음을 칭찬해주어야 한다. 그리고 아이에게 동물을 학대했거나 아니면 다치게 한 적이 있는지 물어보고 만약 그렇다고 한다면 아이의 솔직함을 인정해주고 개가 두려워하지 않게 쓰다듬어주는 방법을 가르쳐주도록 한다. 동물을 다치게 하는 것은 절대로 용납되지 않는 행동이라는 것을 아이에게 잘 가르쳐주어 그 부분에 대해 잘 인지한다면 칭찬해주도록 한다.

예전 방식으로 트레이닝된 개의 재교육

'에보니'와 나는 한때 예전 방식으로 교육을 받았어도 잘못된 행동을 지적하기보다 좋은 행동을 강화하는 것에 초점을 맞추는 긍정적인 방식으로 재교육이 성공할 수 있다는 것도 보여주었다. 나 또한 처음에는 지금 이렇게 반대하는 혐오처벌 방식을 대입하여 교육하도록 배웠는데, 그 당시에는 다른 교육방식을 찾을 수 없었기 때문이다. 그것이 그 당시 일반적으로 행해진 교육이었지만, 아이러니하게도 에보니가 그것이 잘못되었다는 것을 가르쳐주기 전까지 나는 아무런 의문도 품지 않았다.

에보니에 대해 소개하자면, 나의 첫 번째 포르투갈 워터도그인데 1980년대 후반 도그쇼에 출전하기 위해 쇼도그가 되기 위한 교육을 받았다. 그러던 중 에보니의 한쪽 엉덩이에 형성장애가 생겼고 유전적인 점진적 망막위축증을 보였는데, 그런 상태에서 도그쇼에 나가 우승하고 번식한다는 것은 있을 수 없는 일이었고 윤리적으로도 그렇게 하면 안 되는 것이었다.

대신에 나는 에보니를 오비디언스, 즉 보호자나 핸들러의 지시에 따라 그들의 신호에 맞춰 행동하는 것을 보여주는 대회에 출전시켰다. 대회 준비를 잘 하기 위해 다른 많은 트레이너들의 수업에도 참여시키고 개인수업도 받았지만, 수업에 들인 시간을 고려했을 때 에보니의 대회 점수는 만족할 만한 수준은 아니었다. 그럼에도 혹시 모를 가능성을 위해 지속적으로 수업을 진행했고, 미국애견클럽에서 진행하는 대회에 여러 번 출전도 했다. 그러다가 조금씩 나아지고 있다는 생각이 들었을 즈음 에보니가 무언가에 특이 반응을 보인다는 것을 알게 되었는데, 초크체인을 무지 싫어했을 뿐만 아니라 느릿느릿 걸으면서 다리 사이로 꼬리를 늘어뜨린 채 연습하거나 대회에 임하는 것이었다. 그 모습을 보면서 나는 에보니가 즐기는 것이 아니라 오히려 그 반대였다는 것을 알게 되었다.

1991년 가여운 에보니를 대회에 더 이상 출전시키지 않기로 결정하고 나서 모든 트레이닝 수업을 멈추고 나니 에보니는 괴로움에서 벗어날 수 있었다. 그 대신에 대회 관람은 지속하기로 했는데 당시 나의 세 아이는 다 어렸고 한 차에 다 같이 타고 기저귀 가방과 개들, 또 개들의 물품들을 차에 다 싣고 대회장으로 갔다. 아이들은 그곳에서도 잘 놀았고 나는 쇼를 구경하면서 필기도 열심히 했다. 대회가 끝나면 그곳에서 소위 잘나가는 트레이너들과 대화를 나누면서 개들을 교육하는 방식 등에 대한 아이디어도 얻곤 했다. 특히 그중에 '조안 우드아드'라는 엄청난 트레이너를 만나게 되었는데, 그녀의 골든리트리버와 에어데일테리어는 정말로 아름다운 기량을 펼쳐줬다. 그러나 무엇보다 놀란 것은 그곳에서 만난 개들 중 누구도 초크체인이 채워지지 않았는데 나는 그런 모습을 처음 봤다. 경기가 끝나자마자 조안을 따라가 "대회 진행하시는 걸 잘 봤어요. 초크체인도 안 하고 개들이 정말 잘하네요, 세상에"라고 말해주었는데, 조안은 웃으면서 에보니의 목줄을 가리키며 "저건 사용하면 안 돼요"라고 말하고 나서 바로 "저희 개들이 하는 것을 좋아해주셔서 감사합니다"라고 말하며 홀연히 가버려 내심 당황스러웠다. 지금은 그녀가 초크체인을 사용했던 사람 중 하나인 나에게 왜 자신의 시간을 낭비하지 않기를 원했는지 이해하게 되었다.

하여튼 그럼에도 불구하고 나는 포기하지 않고 그녀의 마음을 얻을 때까지 계속 쇼마다 쫓아다녔는데, 마침내 그녀는 나에게 개의 교육은 작은 움직임만으로도 이루어진다는 것을 설명해주었고, 소규모지만 이전과는 다른 교육방식으로 더 효율

적으로 하고 있는 트레이닝 클럽을 소개해주었다.

그리고 급기야 그다음 주에 나는 에보니를 차에 태워서 긍정강화 트레이닝 기법을 활용하는 조안의 수업에 참여하게 되었다. 그곳에서 느꼈던 것은 내가 왠지 비주류 그룹에 들어간 것 같았는데, 여러 면에서 실제로 그렇기도 했다. 하지만 그곳에서 배운 트레이닝 방식은 기존에 익숙했던 방식 또는 다른 이들을 교육해온 방식보다는 한 단계 뛰어넘는 것이었고, 그런 방식으로 배운 개들이 집중도 정말 잘하고 잘 행동해주고 행복해한다는 사실에 무척 놀랐다. 초크체인 사용이나 물리적인 힘을 가하는 것이 아닌 다양한 장난감이나 트릿들을 활용하는 것이 크게 다른 점이었는데, 원래 예전에 행했던 처벌 위주의 교육 수업에서 트릿을 사용하지 않았던 이유는 보호자들을 약하게 보일 수도 있고 개들을 버릇없게 만들지도 모른다는 사고에서 비롯되었다.

그 후 조안의 긍정강화 수업에 참여할수록 더 많은 것을 배울 수 있었고 그 방식을 나의 반려견들에게도 적용했는데, 바로 이해하고 따라주었다. 특히 에보니는 이전과는 완전히 다른 개가 되었고 에너지도 넘치고 즐거워하는 모습을 많이 보여주었을 뿐만 아니라 교육에도 아주 적극적으로 임해주었다. 특히 교육할 때 리드줄

을 사용했는데, 그것을 듣기만 해도 너무 좋아하는 것이었다. 이전에는 에보니 목에 리드줄을 갖다 대면 무표정하고 무기력한 모습으로 반응했는데, 추측하건대 아마도 그것을 대면 자기 목을 줄로 당기면서 더 잘하라고 윽박지를 것임을 알고 있었기 때문에 그러지 않았을까 하는 생각이 든다. 하지만 긍정강화 방법으로 교육을 시작한 이후부터는 리드줄을 잡으면 활기차게 벌떡 일어나서 나에게 다가온다. 이제 나는 과거의 방식으로는 절대로 교육하지 않을 것이다.

그 당시에 이언 던버 박사가 긍정강화 교육을 적극적으로 수용하는 회원들로 이뤄진 '반려견교육가협회(APDT)'라는 기관을 설립했다. 나는 1994년 APDT 콘퍼런스에 처음 참가했고, 그곳에서 미국 전역에서 활동하는 열정적이고 실력 있는 많은 트레이너를 만나 매우 다양한 것을 깨닫게 되었다. 그리고 1979년에 출간된 이언 던버 박사의 대표 저서인 『개의 행동』을 읽고 중요한 부분에 표시도 해놓았는데, 직접 그의 사인을 받기 위해 그 책을 콘퍼런스에 가져가기도 했다. 그러고 나서 그 이후 던버 박사는 긍정강화 교육방법에 대해 나에게 많은 조언을 해주었으며 많은 생각을 교류했고, 특히 아이들이 있는 가정에서 반려견의 트레이닝을 어떻게 해야 할지에 대해 많이 고민하고 의견을 나누기

도 했다. 이렇게 여러모로 나를 도와준 던버 박사와 나의 첫 번째 긍정강화 트레이너였던 조안 우드아드에게 매우 감사할 따름이다.

특히 나는 일곱 살이 채 되기도 전에 신장질환으로 진단받고 나서 6개월 만인 1995년 무지개다리를 건넌 에보니에게 너무나도 감사함을 느낀다. 에보니는 나에게 빠른 학습자로서의 자질을 인내하며 보여주었고, 좋은 행동에 대해 보상받는 것이 얼마나 행복한지를 알게 해주었다.

문제견 회복시키기

가끔 개가 너무 두려워하거나 마음의 상처가 너무 커서 회복이 불가능한 상태도 있지만, 그럼에도 불구하고 만약 갱생시킬 수 있다면 긍정강화 교육만이 탁월한 선택이라고 확신한다.

최근 우리 주변에서 벌어진 일들 중 가장 많은 사회적 관심을 모은 동물학대의 극치를 보여주는 예가 있다. 마이클 빅의 개들인데, 지금도 믿기 힘든 이야기다. 그는 애틀랜타 팔콘의 쿼터백이었는데, 투견에 깊이 관여했다는 것이 밝혀졌다. 총 47마리의 개가 구조되었고, 버지니아주 동부의 지방법원이 지명한 보호 특별 전문가들은 그중 22마리는 갱생이 불가능하다고 평가했다. 그에 반대하는 많은 미국의 동

물보호단체, 구조단체, 인도주의 단체들, 그리고 전문가들의 옹호 아래 22마리 핏불들의 안락사에 대한 비난이 걷잡을 수 없게 되었을 때 베스트 프렌즈 애니멀 소사이어티는 그 개들을 재평가할 수 있게 해달라는 청원을 법원에 신청했다. 그리고 마침내 연방법원에서 지명한 특별 전문가의 지속적인 감독하에 그 개들을 갱생 회복시킬 기회를 허락받게 되었다.

베스트 프렌즈의 트레이너들은 유타주의 캐납이라는 곳에서 오직 긍정강화 교육방식으로 갱생 프로그램을 진행했다. 지금은 '22마리의 위대한 승리견'이라고 불리지만, 이 핏불들이 베스트 프렌즈의 보호소에 처음 도착했을 당시에는 매우 위협적이고 공격적이었으며 세상과 완전하게 단절되어 있는 상태였다. 그곳의 관리자인 존 가르시아에 따르면, "긍정강화 교육을 통해 개들은 사람들을 믿게 되었고, 세상은 관대하고 자비로운 사람들로 넘쳐나는 안전한 곳이라는 것을 알게 되었다"고 한다. 또 22마리의 승리견을 위한 갱생 프로그램의 책임교육자인 앤 앨럼스는 "이 개들에게 혐오처벌 교육방식을 사용했더라면 갱생에 실패했을 뿐만 아니라 미미한 행동 문제들의 발생과 더불어 문제들이 훨씬 더 악화되었을 것"이라고 말한다. 현재 개들 중 일부는 '좋은 시민견(Canine Good Citizen-CGC)' 자격증을 받았으며, 일반가정에 입양되기도 했다.

필수요소들: 인내심과 실행

이 책에 소개한 교육 프로그램은 준비과정, 기본과정 그리고 고급 트릭 교육과정 등을 포함하는데, 그 과정들을 시작하기 전에 여러분의 반려견에게 긍정강화 교육을 도입하려는 결심에 무한한 박수를 보낸다. 또한 이 교육방법이 그리 쉽지만은 않다는 것도 말해주고 싶다. 실제로 모든 교육 프로그램이 다 그렇듯이 이 프로그램 또한 개에게 많은 것이 요구되고, 핸들러에게도 몇 가지를 요구한다. 주로 인내심과 지속적인 연습인데, 개들이 우리 인생에 들어오는 그 순간부터 함께하는 모든 상호작용은 교육의 기회이고 시작이라는 것을 생각하는 데서부터 출발하라고 말하고 싶다. 이 책의 중간중간에 인내심과 지속성을 가지고 여러분이 학습한 것은 무엇인지 물어보는 등 집중적인 내용을 다루면서 내가 부여하는 과제들도 충실히 이행해주기를 바란다. 그리고 운동, 빗질, 쓰다듬기 등 노는 시간 또한 포함된다는 것도 알려주고 싶다.

지속적이고 인내심이 요구되는 연습을 거치면서 생기발랄하고 학습효과가 좋은 개가 될 것인지, 아니면 불안해하고 좌절하게 될 것인지 차이점을 만들게 될 것이다. 인내심을 가지고 하는 연습은 개들에게 좋은 행동들은 인정되며 보상을 얻게 되고, 재요청될 것임을 알게 해준다. 또한 연습과정을 통해 여러분의 사랑과 보살핌을 받을 자격이 있는 좋은 반려견이라는 것을 끊임없이 인지하게 되고, 이런 인내심이 동반된 연습을 통해 매우 중요한 교감이 형성될 것이다.

나는 이러한 지속적이고 끈기 있는 연습이 여러분에게 보람을 가져다줄 것을 확신하고 인내심을 가질수록 자신감 또한 얻게 될 것임을 확신하는데, 자녀들에게도 마찬가지일 것이다. 이 과정들의 과제와 교육을 진행할 때 자녀들도 함께 참여시킬 것을 권장한다. 성공적인 교육 경험은 아이들에게 책임감을 가지게 하며 실행과 성실함이 무엇인지 가르쳐주기 때문이다. 자녀들이 개를 가르칠 때 요구되는 지속적인 작업과 시간의 양 그리고 더딘 학습으로 좌절하게 될 때, 만약 힘겨운 일들을 참아내면 언젠가는 반드시 보답받는 순간이 오리라고 말해줄 것이다. 나는 어린아이를 포함한 그들의 가족들이 반려견을 교육하는 과정을 통해 변화되는 모습을 굉장히 많이 봐왔다. 그러므로 이 과정은 우리 자신에 대해 배울 기회이기도 하며, 좀 더 배려하게 되고 이해심을 키워나가면서 실수에도 굴하지 않고 도전하며 웃을 수 있는 시간이 될 것이다.

이제 교육을 시작해보고 이 책에 나와 있는 내용을 따라 한다면 좋은 결과가 있을 것이다. 더불어 밝고 즐겁고 더할 나위 없이 잘 적응하고 살아가는 최고의 친구가 옆에 있어주므로 가늠할 수 없는 풍요로운 삶이 여러분 앞에 펼쳐질 것이다.

자, 다음 단계로 넘어가보자.

2장

교육 준비

반려견을 입양하기 전에 이 책을 읽도록 권장하는데, 그들을 교육하기 위해 첫 번째로 고려해야 할 가장 기본적인 것들을 다루기 때문이다. 여러분은 왜 반려견 입양을 생각했는가? 만약에 열정과 사랑을 쏟을 새로운 생명을 벌써 입양했더라도 이 문제에 대해 자신에게 물어봐야 한다.

반려견을 키우는 '올바른' 이유로는 여러분이 반려 동반자를 원하고 있다는 것, 그리고 그 동반자를 돌볼 수 있을 뿐만 아니라 더불어 잘 키울 수 있는 충분한 시간과 여건이 여러분에게 있다는 것을 확신하는 시점이 될 것이다.

즉 좋은 보호자가 되기 위해 요구되는 의무를 전적으로 이해해야 하고, 그러기 위한 준비를 갖추어야 한다. 그리고 무

엇보다 여러분에게 자기의 생존과 복지를 의존하는 이 동물들의 안전한 성장을 위해 언제나 마음 한켠을 내어줄 수 있어야 할 뿐만 아니라 양육을 위한 재정적 뒷받침도 필수로 따라야 한다는 것을 인식해야 한다. 여기에서 꼭 한 가지 분명히 해야 할 것은 설사 너무나도 절실히 반려견을 원한다고 해도 그 시기가 여러분이 반려견을 키울 수 있는 시기는 아니라는 것이다. 여러분의 삶에서 혹시라도 감정적으로 힘든 상

황 때문에 또는 외로움이나 우울증을 완화시키기 위한 목적으로 입양할 생각이라면 입양하기 전에 여러분이 지금보다 훨씬 더 부담하게 될 책임을 감당할 수 있을지 다시 생각해보라고 조언하고 싶다. 물론 누구나 반려견에게서 따뜻함을 바라는 것은 자연스러운 일이지만, 다른 존재로부터 충족감 또는 인정을 받기 위한 목적으로 그들을 키운다는 것은 그리 현명한 생각이 아니기 때문이다.

여러분 자신은 준비되지 않았는데 자녀가 원해서 입양하고자 한다면 그 또한 절대적으로 반대하고 싶다. 자녀들이 여러분과 사전에 약속이 되었다 할지라도 막상 입양해서 데려오면 결국 그 개를 돌볼 책임자는 여러분이 될 것이기 때문이다.

또 현재 집에 있는 반려견을 위해 반려 친구를 만들어주는 것을 고민 중이라면, 전문 트레이너들이 말하는 두 번째 반려견 신드롬이 발생하지 않도록 주의하자. 두 번째 반려견이 입양되면 지금 있는 반려견을 소홀히 대할지도 모르고 또 새로 입양된 개와 일대일로 같이 있는 시간이 더 요구되지만, 만약 그것이 어렵다면 입양된 반려견은 여러분보다는 현재 있는 개와 오히려 더 가까워질 것이다. 이것이 바로 두 번째 반려견 신드롬으로, 이런 일이 생기게 되면 새로 입양된 개의 교육이 실패할 뿐만 아니라 교감 형성 또한 문제를 일으킬 수 있다.

위와 같은 문제들에 대해 심사숙고를 거쳐 수차례 고민한 뒤에 마침내 입양을 결심했다면 그때는 정말 축하한다는 말을 해주고 싶다. 우리 가정과 가족에게 반려견을 데리고 오는 결심은 가장 흥분되고 보람 있고 충만한 선택 중 하나이기 때문이다.

나에게 맞는 개 선택하기

반려견을 키우려는 가족들은 자신들에게 어울리는 개를 선택하는 것이 까다로울 수 있다고 말한다. 많은 요인을 고려해야 하는데, 이미 교육이 되어 있는 성견을 입양할 것인지 아니면 털 알레르기가 문제 되지는 않는지, 문제가 된다면 털이 거의 날리지 않는 견종을 고려해야 한다. 또는 믹스견의 발랄함이 좋은지, 아니면 나의 왕성한 라이프스타일을 고려할 때 매주 함께 활동해줄 견종이 맞을지, 또는 여행을 자주 다닌다면 비행기에 태울 수 있는 작은 견종이 알맞을 수 있을지도 모르겠다. 대형견에 대한 애정이 있다면 넓은 공간이 필요하고 작은 개들보다 식사량이 많으므로 그런 비용을 감당할 수 있는지 등에 대해서도 생각하고 결정해야 한다.

이런 모든 것을 꼼꼼히 따져본 뒤에 우리 가족에게 맞는 개를 선택했다면 그 다음에는 어디에서 데려올 것인지를 고려해야 한다. 즉, 유기견 보호소에서 입양할 것인지 아니면 브리더를 통해 데려올지를 선택해야 한다.

보호소에서 입양하기

만약 여러분이 우리 가족 최고의 친구를 유기견 보호소에서 입양하려 한다면 나는 먼저 그런 결심을 해준 당신에게 감사함을 표현하고 싶다. 미국동물복지협회에

따르면 매일 평균 1만 5천에서 2만 마리의 개와 고양이가 미국 전역의 보호소에 들어온다고 한다. 이렇게나 많은 귀엽고 사랑스러운 동물들이 새로운 집으로 가기를 기다린다. 그리고 너무나도 절실하게 새출발을 원한다.

보호소에 가면 수십 마리 또는 수백 마리의 사랑스러운 강아지들과 개들이 한꺼번에 당신을 향하여 머리를 흔드는 것을 보게 된다. 그렇기 때문에 신중히 생각하고 방문해야 할 것이다. 입양을 결심한 개와 입양 전에 감정적 교류를 나누고 싶다 하더라도 합리적인 사고와 이성적 판단으로 절차를 거쳐서 다가가도록 하자. 무슨 말인가 하면 현재 입양을 고려 중인 개의 성장 과정과 배경을 최대한 파악하고 이해하며, 그 개가 사람들이나 다른 개들과 사회화가 잘되고 쉽게 가정에 적응할 수 있는지 등을 파악해야 한다. 유기견 중에 형제들하고 같이 유기되었는지 물어보고, 만약 그렇다면 그 형제들을 위해 여러분이 할 수 있는 일을 심사숙고해야 할 수도

견종 고유의 독특한 매력이 모든 사람에게 똑같이 적용되는 것은 아니다.

있다. 또 이전의 보호자로부터 버림받은 개인지 또는 길에서 살았던 개인지도 알아보고, 만약 버려졌다면 이유가 무엇인지도 물어봐야 한다. 가끔 말도 안 되는 이야기이지만, 다 커버려 더 이상 귀엽지 않아 버림받는 경우도 있다. 또한 입양을 생각하는 개가 배변과 크레이트 교육이 되었는지도 알아보고, 사람들과의 융화 또는 으르렁거림, 음식이나 장난감에 대한 소유욕이 어느 정도인지도 살펴본다. 특히 개가 장난감 또는 신발을 물고 있을 때 뺏으면 어떻게 반응하는지, 아이들과는 어떤지, 누구를 문 적은 없는지, 누가 만질 때나 안았을 때 반응은 어떤지도 체크하자.

여러분이 예비 반려견에 관하여 물어보지 못할 질문들은 없으며, 입양하는 순간 평생을 책임져야 할 의무도 같이 주어진다는 것을 꼭 명심하자. 어떤 보호소들은 동물행동가나 행동 전문가 또는 숙련된 전문 트레이너가 버려지거나 파양된 모든 개를 일일이 평가하는 시스템을 갖추고 있지만, 그 외 다른 많은 보호소와 구조단체들은 비참할 정도로 재정이 좋지 않은 것도 사실이다. 또 헌신적인 봉사자들이 버려진 동물들의 급증하는 숫자에 한숨을 쉬며 문제를 완화시키기 위해 고군분투한다 하더라도 모든 개를 개별적으로 일일이 평가하는 것은 사실상 불가능한 일이다. 이런 경우 입양을 결심했을 때 가능하면 경

험이 많은 전문가와 함께 가서 마음에 둔 개를 평가해달라는 것도 현명한 선택일 수 있다. 설사 비용을 지불해야 할지라도 충분히 가치 있는 지출이다.

브리더를 통한 입양

순혈종을 원한다면 첫째로, 좋은 브리더와 그렇지 않은 브리더 사이에는 엄청난 차이가 있다는 것이다. 일부 부도덕한 업자들이 현금에 눈이 어두워 강아지들을 만들어내는 공장식 농장을 운영한다. 주변의 많은 펫스토어들이 강아지 농장에서 데려와 판매하는데, 일단 브리더에게 직접 가서 보고 입양하는 것이 최고의 선택이다. 왜냐하면 그렇게 잔인하고 도덕심 없는 사업체를 나도 모르게 지원하는 실수를 범할 수 있기 때문이다. 그러므로 사전조사를 하는 것이 중요하고, 그때를 위해 고려해야 할 사항들을 아래에 설명하니 참조하도록 한다. 브리더가 자기 시설이 노출되는 것을 원치 않거나, 동시에 여러 견종 또는 형제견들도 판매하는 경우, 전화로 오래 이야기하는 것을 원치 않는 경우, 또는 과거에 입양한 보호자들의 이름이나 전화

번호를 알려주지 않는다면 강아지 공장일 확률이 높다. 번식업이 규제하에 있다 하더라도 강아지 공장이나 농장을 운영하는 업자들은 모두 비인도적이고 회피해야 할 대상임에는 틀림없다. 그러므로 좋은 마음씨를 가진 브리더들을 찾기 위해 애써야 하고, 만일 특정 견종의 브리더들을 찾는다면 지역에서 내가 원하는 견종과 관련된 동아리 사람들과 교류하고 기관에서 하는 도그쇼 또는 오비디언스 대회에 가보는 것도 하나의 방법이다.

또 다른 방법으로는 수의사들에게 물어볼 수 있는데, 아마도 도움 받을 가능성이 있는 기관이나 사람들의 이름을 말해줄 것이다. 미국켄넬클럽(AKC)은 브리더 교육, 등록, 견사 표준과 검열을 포함해 우수한 번식을 지원하는 폭넓은 프로그램들을 제공한다. AKC의 K9 보건 기관은 번식 관련 주의사항의 포괄적인 목록을 제공하고, 매우 폭넓은 온라인 도서관 검색도 가능하다.

브리더에게서 입양하는 것이 얼핏 많은 비용이 들어 보일 수 있지만, 개를 위한 평생 동안의 관리비용을 고려해본다면 그리 크지 않은 투자라고 생각하면 좋겠다. 또 브리더가 나에게 알려주거나 제공해주는 정보들을 생각해볼 때 가치 있는 소비이기도 한데, 혈통서와 수의사의 상세한 기록들과 모든 건강학적인 요소들을 브리더가 다 알려줘야 하기 때문이다. 대부분은 강아지의 피하에 안전하게 등록번호가 있는 마이크로칩을 심는다. 좋은 브리더들은 개에게 언제 무엇을 급여해야 할지를 알려줄 뿐만 아니라 강아지가 어떤 알레르기가 있는지도 알려주고 잘 키울 수 있는 방법들도 가르쳐준다. 이와 같이 훌륭한 브리더들을 만나서 개에 대해 물어보면 행복하고 건강하게 키우는 목적에 기반하여 많은 설명을 해줄 것이다. 그곳의 강아지들은 성격이 매우 밝고 사회화도 잘되어 있고 방문객도 좋아하고 깨끗하고 적절한 온도가 유지되는 곳에서 성장하게 되는데, 좋은 브리더들은 강아지가 최소 7주가 되기까지는 아무리 사정한다 해도 입양시키지 않을 것이다. 왜냐하면 강아지들은 생후 7주까지 모견과 형제견들과 함께 훨씬 더 많은 사회화를 거치면서 주된 발달이 이뤄지기 때문이다. 그러므로 이것은 매우 중요한 사항이다.

입양자가 좋은 브리더들을 찾느라 애써왔듯이 그들 또한 입양자에게 기대하는 것이 여러 가지 있으므로 먼저 여러분의 상황이나 입장에 대해 물어볼 것이다. 예를 들어 개들에 대한 입양자의 지식과 경험은 어느 정도인지, 입양자의 거주 장소가 반려견을 키우기에 안전하고 적절한 곳인지, 일반적인 복지와 교육에 대한 실행력은 어떤지 등이다. 그들은 입양자의 경험에 비추어 그 가정에 어울리는 성격의 강아지를 선별할 것이다. 또 입양자가 다른 반려견을 키우는 중이라면 수의사의 추천서를, 만약 그렇지 않으면 다른 사람들의 추천서를 요구할 수도 있다. 일반적으로 입양하기 전에 한 번 이상 입양자 가족 전체가 와서 강아지와 시간을 보내야 하고, 상황에 따라 출산 전에 강아지의 어미를 만나게 하여 모견이 입양자들을 편안히 느낄 수 있도록 해준다.

여기서 끝나는 게 아니다. 만약 입양자가 어떤 이유로 강아지를 더 이상 키울 수 없게 될 때 그 개를 브리더에게 다시 보낸다는 계약서를 작성하게 하는데, 대부분의 브리더는 1년 이내에 다시 돌아왔을 때는 입양비를 환불해주기도 한다. 입양자와 입양된 강아지는 브리더의 명성과 연관된 부분이어서 브리더는 강아지의 발달, 행동 그리고 건강과 관련하여 입양자와 계속 연락을 유지하고자 할 것이다.

자, 일단 입양자가 브리더를 선택하고 나면 인내심을 가지고 기다려야 한다. 올바른 브리더들은 입양이 가능한 강아지들이 항상 있지 않고, 일반적으로 한 견종이나 두 견종에 특화되어 있으며, 또 전형적으로 그들 가정에서 새끼들을 낳게 하기 때문이다. 이러한 일련의 과정들이 있어 시간이 소요되는데, 긴 안목으로 본다면 이렇게 기다리는 것이 입양자의 원활한 반려 생활을 위해 훨씬 가치가 있을 것이다.

교육 목표와 계획

지금 글을 쓰기 위해 앉아 있는 동안 보더콜리종인 '보즈'(2세)가 내 발 위에 웅크리고 앉아 있다. 지난봄에는 사랑하는 자이언트 슈나우저 '색슨'을 암으로 떠나보내야 했다. 반려동물과 이별한 사람은 누구나 고통을 겪고 무너지는 것 같은 슬픔으로 이루 말할 수 없이 괴롭다. 내 삶이 있는 날까지 나는 색슨을 그리워하게 될 것이다. 그런 슬픔 속에 8개월 정도 지나서 새로이 반려견을 입양해야겠다고 생각했고, 특히 이비전하운드종인 브리오를 위해서도 그렇게 해야겠다고 결심했다. 왜냐하면 브리오는 누군가를 이끈다기보다는 오히려 따라다니는 매우 수동적인 개였기 때문이다. 그러나 솔직히 고백하건대 나는 색슨의 죽음에 대한 슬픔을 여전히 지닌 채로 새롭게 입양하는 개의 평생을 책임질 준비가 아직 확실하게 되어있지는 않았다. 그리고 단지 브리오에게 친구를 만들어주기 위한 목적으로 두 번째 개를 입양하는 것이 현명한 선택이 아니라는 것 또한 잘 알고 있었다. 그리하여 많은 고민을 하던 중에 보더콜리 보즈가 자기 가족을 찾을 때까지 일시적으로만 우리 집에서 임시보호를 해주기로 결심했다. 보즈는 원래 어떤 가정에서 키워졌는데, 개인 사정에 의해 파양된 개였다. 나는 다른 개한테 해주듯이 보즈에게 모든 것을 해주었는데, 크레이트와 침대, 새 그릇들, 장난감 놀이의 즐거움, 그 외 필요한 물품들, 나와 개인적으로 보내는 시간, 많은 애정 등등이었다. 임시 보호자가 되는 것은 결코 쉬운 일이 아니고 또 아무나 할 수 있는 일이 아니긴 하지만, 이전에 여러 반려견을 키워본 경험이 있거나 또다시 입양하려고 고민 중이라면 여러분과 개, 둘 다에게 완벽한 선택이 될 수도 있다.

아무튼 나는 보즈가 평생 행복해질 수 있는 가정을 찾을 때까지 함께 있기로 했고 데리고 와야겠다고 결심한 순간부터 교육하기로 마음먹고 임시보호 첫날부터 바로 시작했다. 누구라도 나 같은 상황이라면 그렇게 했을 거라고 생각한다. 반려

성공적인 교육은
좋은 계획에서부터 시작된다.

견으로 선택하는 순간부터 바로 교육을 준비해야 하는 시간임에도 많은 트레이너는 처음에 입양하자마자 교육하지 말고 가족들과 교감을 나누는 시간이 있어야 한다고 믿고 있다. 하지만 나는 반대로 즉시 교육을 시작할 것을 주장하는데, 왜냐하면 긍정강화 방식을 사용하게 되면 그 자체가 교감하는 시간이 되기 때문이다. 긍정강화 방식으로 키운다는 것은 개가 보살핌을 받고 자기가 잘하는 것에 칭찬과 보상이 이뤄진다는 것을 알게 해주기 때문이다. 만약 나중에 교육을 시작한다면 안타깝지만 미래에 행동 문제가 발생할 확률이 더 높아진다. 교육받지 못한 개는 점프하거나 짖는 등 잘못된 행동에 의해 나름의 시행착오를 거치면서 자기가 원하는 것을 얻기 위해 거의 모든 것을 생활하면서 스스로 터득하게 되는데, 그러다가 나중에 교육을 재시도하거나 아예 새로 시작하게 되면 혼란에 빠지고 불안해한다. 입장을 바꿔서 상상해보면 이해될 것이다. 반려견이 가장 행복해지는 경우는 입양한 새로운 가정이 교육을 당연시하고, 삶의 일상적인 부분으로 생각하고 그곳에서 바로 첫날부터 배우는 것이다. 간단히 말하여 입양가정이 끈

기 있고 확고하고 공정해질 준비가 되어 있어야 한다는 것이다.

성공적인 교육은 좋은 계획이 수반되어야 하는데, 명확한 목표를 설정하면서부터 시작된다. 나는 장기적인 목표에 집중하기 위해 지속적으로 상기할 수 있도록 냉장고에 교육계획과 목표가 적힌 메모지를 붙여놓는다. 수많은 학생이 말해왔고 나 자신도 알게 된 것이지만, 교육목표를 향한 작업과정은 순간순간 목표를 계속 생각하면서 나의 인생에서 목표를 달성했다는 자신감을 가질 기회를 가져다주고 개들에게도 자신감을 갖게 해주는 기회가 된다.

반려견을 위한 교육목표는 무엇인가?

나는 운동선수들이 프리드로나 홈런 치는 것을 일부러 상상한다고 들었다. 아마도 그러한 행동들이 목표에 더 가까이 다가갈 수 있게 하기 때문일 텐데, 나 또한 반려견의 미래에 대해 상상해볼 것을 권한다. 완전하게 교육이 잘되어 있는 개를 그려보는 것도 목표에 한 걸음 다가가는 방법이 될 수 있기 때문이다. 먼저 집에서 좋아하는 행동은 무엇이고 여러분은 어떻게 생각하는지, 그리고 다른 사람들이 가정을 방문했을 때 개가 어떻게 반응하는지, 함께 놀 때는 어떤지 아니면 다른 개들하고 놀 때는 어떤지, 산책할 때의 행동과 반려견 놀

이터에서의 행동, 그리고 집에 갈 때의 행동 등을 살피도록 한다.

그리고 다음 단계를 위해 준비해보자. 여러분이 원하는 행동을 하는 반려견과 함께할 미래를 꿈꾸며 교육목표를 정한다. 교육을 시작하고 나서 내가 얼마나 많이 발전하는지 느끼면서 점점 더 상상했던 목표에 하루하루 다가가는 것을 느낄 수 있게 될 것이다. 새로운 습관에 익숙해지는 데는 5주 정도 소요되므로 5주 교육 프로그램을 제안하는 이유가 그중 하나인데, 이 프로그램은 특히 여러분과 반려견에게 매우 유용하다. 개와 마찬가지로 여러분도 새로운 습관을 익혀야 하기 때문에 최소 5주 동안 여러분을 계속 이끌어주는 '나만의 목표'들을 선정하는 것이 좋다.

활기차고 사회화도 잘되어 있으면서 교육도 잘 받은 반려견을 상상해보자.

체크리스트: 목표 설정하기

아래는 목표 설정을 위해 도움이 되는 체크 항목들이다. 현재 나에게 가장 중요한 것은 무엇인지 알기 위해 상위 10개를 고르는 것인데, 아래의 항목들을 완벽하게 해야 한다거나 최종적인 목표라기보다는 더 집중할 수 있고 세분화하기 위한 것이니 참조하기 바란다.

집에서

☐ 나의 개는 **실내 교육**이 아주 잘되어 있다. 배변 장소를 잘 파악하고 있고 나의 신호에도 잘 이행하여 배변한다. 외출하고 싶을 때는 가르쳐준 신호를 나에게 보여준다.

☐ **크레이트**에서 지내고 그곳에 있는 것을 좋아하며, 지시에 따라 들어가고 안에서 조용히 잘 지낸다.

☐ 내가 요구할 때 **잘 순응**한다. 열정적인 것을 좋아하지만 내가 원하지 않으면 점프하지 않는다.

☐ **식사 시간**은 즐겁고 편안한 시간. 음식을 먹기 전에는 앉고, 사람들 또는 다른 동물들의 음식을 탐하지 않는다. 내가 식사 중일 때는 방해하지 않는다.

☐ **미용이나 그루밍**하는 것은 즐거운 경험이고, 빗질을 해주면 가만히 잘 있는다. 목욕시키는 데 문제가 없으며 마사지를 해주면 좋아한다.

☐ 가구를 훼손시키면 안 되는 것을 알고 **허락된 것만 씹는다.**

☐ 나와 함께 있는 것을 좋아하지만 쫓아다닐 정도로 **붙어** 있지는 않는다. 내가 외출해도 잘 지내며, 귀가할 때도 행복하고 평안하다.

트레이닝

☐ 나와 반려견은 기회가 오면 짧은 시간 동안에도 **교육하는 것**을 너무 좋아한다. 또한 그날 해야 할 교육과제를 즐거워하며, 교육하는 동안 친밀감과 교감을 함께 나눈다.

☐ 조용히 **앉아 있는 것**은 "부탁드려요"라고 말하는 것이다. 반려견은 요청받을 때 앉고 내가 앉으라고 요청하는 상황들을 잘 숙지하고 있다.

☐ **"엎드려"**와 **"기다려"** 등은 숙련되었다. 신호를 받으면 주저함 없이 바로 실행한다.

☐ 자기 **이름을 불러주는 걸** 너무 좋아하고 내가 부르면 주의를 나에게 돌린다.

☐ **"이리 와"**는 이미 숙련되었다. 부르면 즉시 나에게 온다.

☐ **노는 시간**은 나와 반려견에게 재미있는 시간이다. 다른 이들이 함께해도 모두 안전하다. 개에게 가지고 있는 장난감을 달라고 하면 바로 실행한다.

☐ **트릭**은 우리가 하는 교육과정 중 매우 재미있는 부분이다. 반려견은 트릭들을 할 수 있고, 우리는 즐겁고 자신감이 있다. 다른 사람들에게 나의 개가 하는 트릭들을 보여주는 것을 좋아한다.

사회화

☐ **집에 초인종이 울릴 때** 흥미로워하지만, 허락 신호를 받을 때까지는 방문객에게 다가가지 않는다.

☐ 나는 함께 **걷는 것**이 즐겁고 평온하다. 옆에서 리드줄을 한 채 걷는 것도 좋아하고, 냄새 맡는 것을 멈추라고 하면 멈추고 다시 걷는다.

☐ **다른 개들을 만났을 때** 그 개들이 다소 거칠게 대하더라도 나의 반려견은 매너를 잘 지킨다.

☐ **낯선 소음**을 듣거나 **놀라게 될 때** 관심을 보이기는 하지만, 두려워한다든지 도망을 가거나 싸우지 않는다.

☐ **미용실**이나 **병원**을 방문할 때 만나는 전문가들을 즐겁게 대한다.

☐ **공공장소의 입장**이 허락되면 좋은 매너를 갖추고 행동하므로 나는 반려견과 어디든지 함께 다닐 수 있을 것 같다.

☐ **차를 타는 것**은 반려견이 평온함을 느낄 수 있는 시간이다. 차에 타서 나와 함께 이동하는 것을 너무 좋아한다.

올바른 사회화는 개가 새로운 장소에 있다 하더라도 안전함과 편안함을 느낄 수 있도록 해준다.

자, 이제 위의 항목에서 10가지 목표를 설정했다면 이것은 좋은 출발점으로 우리의 궁극적인 성공을 함께할 수 있도록 뒷받침해줄 것이다. 어떤 우선순위를 선택하든 올바른 순위가 될 것이라고 믿고 다른 순위들에 대해서는 아직 신경 쓰지 않아도 되며 완벽하게 만들려고 애쓰지 않아도 된다. 이 책에서 '완벽'이라는 것은 "여러분을 위해 완벽하다는 것"을 의미한다.

교육 프로그램을 이행하고 과제들을 성실하게 실행하면 좋아지겠지만, 반대로 아무 선택도 하지 않으면 결국에는 개의 사회적·정서적 욕구를 등한시하게 될 것이다. 그러므로 선택사항들을 만들고 그것에 대해 긍정적으로 생각하면서 냉장고 등 평소 잘 볼 수 있는 곳에 목표 리스트를 붙여놓고 계속 자극을 받도록 한다.

목표 계획: 일상적인 반복

스케줄에 맞추어 생활하는 것은 연령과 상관없이 여러분이 좋은 보호자이고 책임과 권한이 여러분에게 있다는 것을 알려줌과 함께 가정의 규칙을 따라야 하고 음식을 먹기 위해 개들도 노력해야 할 것을 알게 한다. 개들은 안전한 확실성을 원하는데, 머지않아 여러분과 반려견은 하루의 계획과 일상을 익히게 될 것이다.

반려견이 입양되자마자 일상적인 생활을 바로 시작하는 것이 중요하다. 왜냐하면 생활 속에서 일어나는 매 순간이 교육의 기회이므로 브리더나 보호소에 가서

개를 선택하여 데려오기 전에 여러분의 일상에 반려견과 함께하는 추가적인 새로운 스케줄부터 계획할 것을 권장한다. 어차피 일일 계획이 여러분과 반려견의 필요성에 맞춰지겠지만 식사 챙겨주기, 배변, 산책과 놀이는 매일 포함되어야 한다는 것을 명심하자.

지금부터 우리가 살펴볼 만한 일상적인 일들을 예로 들어보겠다. 앞으로 5주 교육 프로그램 과정에서 자세한 설명들과 함께 단계별로 다루게 되므로 너무 부담은 갖지 않도록 한다.

아침 일상

➤ **기상** 크레이트 안에 있는 개에게 인사하고, 크레이트 문을 열기 전에 "앉아"를 한다. 그러고 나서 크레이트 밖으로 나온 뒤 다시 "앉아"를 한다.

➤ **배변** 크레이트에서 나와 문 앞에서 "앉아"를 한다. 그리고 배변을 위해 바깥으로 나오게 하고 여러분의 신호에 따라 배변하면 트릿으로 보상한다. 다시 들어가기 전에 문 앞에서 "앉아"를 하고 아침 식사를 위해 안으로 들어간다.

➤ **아침 식사** 아침 식사를 준비하는 동안 개는 앉아서 기다린다.

➤ **강아지의 배변** 강아지를 키울 경우 배변을 위해 다시 외부로 나간다. 추후에 다루게 되는 '배변 교육 원칙'을 사용한다. 배변하고 나면 항상 트릿을 주도록 한다.

➤ **빗질** 빗 또는 브러시를 사용하여 전체적으로 빗어준다.

➤ **산책** '산책 교육 프로그램'을 활용한다.

➤ **강아지의 배변** 강아지가 크레이트에 들어가 있다가 나올 때마다 외부로 나가서 배변하도록 한다.

➤ **크레이트 시간은 낮잠 시간** 보호자가 일하러 나갈 때나 데리고 나갈 수 없을 때, 또는 집에서 무언가를 하고 있을 때 크레이트 안에 있는 것을 좋아하도록 가르쳐야 한다. 크레이트 안에서 낮잠 자는 것을 편안히 느끼게 될 때 분리불안 가능성도 줄어들게 된다.

오후 일상

➤ **인사** 새로 입양한 반려견이 크레이트 바깥으로 나올 때마다 크레이트 교육 원칙을 따르도록 한다.

➤ **배변** 배변 교육 원칙을 따른다.

➤ **교육** 규칙적으로 매일 10분 정도의 과제 시간을 만들어야 한다(매주 권장된 주제들은 5주 기본 교육 프로그램에 상세하게 기술되어 있으니 참조 바람).

➤ **강아지의 배변** 반복

➤ **사회화** 반려견의 상태에 따라 산책 또는 짧은 시간의 차량 탑승을 선택하는 것도 좋을 수 있다. 사회화 활동을 할 수 있도록 이웃이나 이웃에 사는 반려견들을 만나게 하는 것 또한 좋은 방법이고, 만약 가족 중 아이들이 있다면 반려견들이 아이들과 친화적인 시간을 보낼 수 있는 시간대이기도 하다. 사회화 활동은 이 책에 전반적으로 소개된다.

▶ **집에서 휴식** 빗질, 쓰다듬기, 개와 함께 교감 나누기 등 평온한 것들을 해보자.

▶ **강아지의 배변** 나에게도, 강아지에게도 익숙하게 만들자.

▶ **크레이트 낮잠** 다시 한번 강조하지만, 목적은 반려견이 크레이트에 있는 것을 좋아하게 하는 것이지 처벌이나 쫓듯이 크레이트에 들어가게 하는 것이 아니다. 크레이트에 들어가는 것은 기분 좋은 일임을 인식시켜주는 것이 중요하다.

저녁 일상

▶ **인사** 새로 입양한 반려견이 크레이트 바깥으로 나올 때마다 크레이트 교육 원칙을 따르도록 한다. 그러나 오후에 크레이트에 있는 시간은 짧을 수도 있다.

▶ **배변** 크레이트에서 나오고 나서 어떻게 배변 행동으로 진행시키는지 관찰한다. 배변 장소로 가는 도중 "앉아"를 실행해도 좋다.

▶ **저녁 식사** 아침 식사와 마찬가지 방법으로 행한다.

▶ **강아지의 배변** 배변 교육의 원칙을 따른다.

▶ **산책** 여러분의 주도하에 반려견과 여러분을 위한 특별한 시간 또는 사회화를 위한 시간이 될 수 있다.

▶ **강아지의 배변** 배변 교육의 완성에 점점 가까워짐

▶ **가족과의 시간** 다양한 활동을 해보고 10분 동안 반려견을 지켜보는 시간을 유지한다. 이때 아이가 보조 역할로 함께 참여하는 것도 좋은 방법이다. 모든 가족과 친밀해지는 것은 중요하지만, 아이들과 함께 있을 때는 어른이 항상 감독해야 한다는 것을 잊지 말자.

▶ **배변** 취침 시간 전에 배변 시간이 있다는 것을 반려견에게 습관화시킨다.

야간 일상

▶ **크레이트** 휴식을 위해 크레이트 안에 들어가게 한다. 오늘 충분히 운동했다면 수면도 더 잘 취할 수 있을 것이고 여러분도 마찬가지로 좋은 취침을 하게 될 것이다. 나는 매일 나의 반려견에게 감사와 축복의 말을 해준다.

새벽 일상

▶ **강아지의 배변** 강아지의 새벽 배변은 결국 줄어들 것이다.

반려견의 스케줄과 트레이닝 기록들

교육목표를 달성하기 위해 노트나 기록장에 발달과정이나 스케줄을 기록하는 것을 강력히 추천하는데, 이는 그들의 발달에 관해 기록하고, 강화하기와 자연적인 신체 리듬을 찾아내기 위해 초기의 문제 부분들과 일정한 패턴을 찾아낼 수 있도록 도와주기 때문이다. 예를 들어, 의도적인 배변 활동이 더 이상 필요하지 않게 될 때와 배변 신호 표현 등을 더 빨리 알게 되면서 적절한 교육이 가능하도록 만들어주기도 한다. 또 작지만 향상된 부분들을 찾아내는 것은 자신감과 신뢰를 줄 것이다. 반려견이 나이가 들어가고 자연적인 패턴이 변화되면 새로운 패턴과 행동들을 찾아낼 필요가 있으므로 기록을 다시 시작해야 한다.

앞부분에서도 언급했듯이 살아가면서 여러분 스스로 그들의 교육을 일상화로 적응시켜야 하는데, 어떤 때는 오후 산책에 타인의 도움을 받거나 강아지 유치원 같은 곳을 활용할 수도 있을 것이다. 특히 만약 3시간마다 소변을 봐야 하는 강아지가 있다면 더욱더 그럴 것이지만, 언제나 반려견이 더 나은 행동을 할 수 있도록 가족들을 포함한 많은 이들이 돌봐줘야 한다.

또 한 가지, 가족과 함께 검토해야 할 주중 과제를 작성하는 것이 좋다. 부록 3에 나와 있는 것처럼 매주 할 수 있는 교육기록을 찾아본다. 매주 기록되는 교육일지는 가치 있는 새로운 기술에 집중할 수 있도록 도와주며, 기술이나 사회화 발달과 관련하여 반려견의 발전을 기록하기 위한 공간이 되기도 한다. 밤잠을 자는 습관부터 낮잠, 또는 새벽에 깨기, 소변, 대변, 배변 실수, 걷기, 놀이, 먹는 트릿 그리고 식사와 심지어 물 마시는 것까지 일일이 다 적을 것을 권장한다. 만약 몇 시에 먹고 물을 마시는지 안다면 언제 다시 배변할 것인지 예상하는 것은 꽤 쉬울 것이다. 성공과 더불어 실수도 기입한다. 강아지나 노령견, 또는 재입양 다 상관없이 5주의 알찬 교육 프로그램을 위해 모든 것을 기록하는 것은 권장할 만한 방법이다.

가족과 가정에서의 여러 가지 준비

집, 마당 그리고 자동차 등은 입양하기 전에 준비하는 것이 최선이다. 이미 반려견을 키우고 있다 하더라도 위에 적힌 상황들이나 안전하지 않은 부분들을 수정할 기회로도 활용할 수 있다. 이 시기는 가정의 새로운 규칙들을 다른 가족들과 함께 토론할 때인데, 만약 베이비시터 또는 가사도우미 등 정기적인 방문객이 있다면 그들 또한 반려견을 맞이하기 전에 준비되어 있어야 한다.

체크리스트: 집 주변 살피기

반려견을 새로 맞이하는 것은 목줄 또는 장난감 같은 용품들을 사는 것 외에 집을 안전하게 만들기 위해 살펴보는 것도 포함된다. 가족 중 아이가 있다면 개와 상호 교류를 할 수 있게 하고, 개가 갈 수 없는 방이나 구역을 설정한다. 예를 들면 마당이나 정원의 특정 출입금지 구역이 있다면 울타리 등을 설치해서 들어가지 못하게 막는다. 반려견이 집에 이주하기 전에 아래의 체크 항목들을 확인하고, 이미 키우고 있는 반려견이 있다면 집안을 다시 점검해보자.

장비와 용품들

반려견이 사용하는 기본 장비와 용품들은 그리 비싸지 않을뿐더러 다양하게 구입할 수 있지만, 취향에 따라 최고의 브리더에게 지불한 비용보다 오히려 장비나 용품비용으로 더 지출할 수 있다. 그리고 그 범위는 어디까지나 선택적이다. 아래에 나오는 용품들은 기본적으로 구비해야 할 목록들이다.

☐ **평평한 버클 칼라** 목 칼라에 인식표를 부착하는 것은 개가 유니폼을 입는 것과 같은데, 가죽 또는 섬유로 만들어진 평평한 버클 칼라를 추천한다. 처음에는 가벼운 고양이 칼라로 시작해도 좋은데, 반려견이 일단 목 칼라에 익숙하도록 집에서 계속 착용하며 더 두껍거나 무거운 칼라는 외부에서 걸을 때 차도록 한다.

평평한 버클 목줄과 리드줄

□ **반려견 인식표** 보호자 이름, 반려견 이름, 그리고 전화번호를 적어야 한다. 내가 거주하는 곳의 지역 법은 현재의 접종 정보 자료도 표시할 것을 요구한다. 만약 별장, 예를 들어 주말 별장이나 해안가 별장에 잠시 기거 중이라면 그 지역의 보호자 전화번호가 적혀있는 인식표도 같이 부착해준다.

□ **교육용 목줄**(선택사항) 나는 초크칼라나 프롱칼라 사용을 반대하는데, 잘못 사용되거나 불필요한 상처를 낼 수 있기 때문이다. '젠틀리더'라는 말고삐 같이 생긴 헤드 칼라는 조심히 사용하는 것을 권장하는데, 만약 잘못 사용하면 개를 다치게 할 수 있으므로 제조자의 지시를 잘 따라야 한다. 11장 '행동 문제'에서 젠틀리더의 사용을 다루게 될 것이다.

젠틀리더 교육용
헤드 칼라

□ **마틴게일 목줄 또는 그레이하운드 목줄**(선택사항) 보호자의 개가 그레이하운드처럼 좁은 머리를 가지고 있다면 이 목줄이 필요할지도 모른다. 그러나 산책할 때만 사용해야

마틴게일 목줄 또는
그레이하운드 목줄

하며, 그렇지 않으면 무언가에 목줄이 걸릴 수 있기 때문이다. 추가 고리가 있어서 만약 개가 당기면 목 주변을 조일 수 있으므로 주의해야 하지만, 적절하게 채운다면 질식할 위험은 없을 것이다.

□ **하네스**(선택사항) 많은 보호자들은 리드줄을 하네스에 채우면 걸을 때 제지하기가 더 쉽다고 한다. 추가로 나는 리드줄이 하네스 뒤쪽 고리에 채워지는 것보다는 가슴 쪽 고리에 채워지는 것을 더 선호한다. 많은 견종은 리드줄이 등 위에 부착되면 잡아당겨도 좋다는 신호로 착각할 수 있기에 가슴 쪽에 리드줄을 채워서 개가 당겼을 때 여러분 쪽으로 향하게 된다면 훨씬 나을 수 있다. 또한 하네스가 편안히 착용되도록 하고 피부에 상처가 나지 않도록 점검한다.

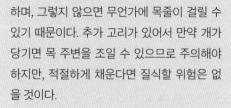

바디 하네스

□ **리드줄** 나는 180cm 정도의 리드줄을 선호하는데, 특히 달리기 또는 걷기운동을 하는 동안 나의 허리벨트에 묶여있을 때 개가 좀 더 자유롭기 때문이다. '플렉시'처럼 다시 돌아오게 만드는 리드줄 같은 것을 고려 중이라면 일단 5주 프로그램이 완성될 때까지 기다릴 것을 권장하고, 사용하기 전에 여러분의 "이리 와" 지시에 즉시 올 수 있고 옆에서 얌전히 걷는 것이 가능해야 할 것이다.

☐ **크레이트** 이 책에서 크레이트 교육에 대해 기술한 것을 읽어보고 반려견과 우리 집의 인테리어를 고려한 적절한 크레이트를 선택한다.

☐ **엑스펜** 예산이 허락되면 한 가지 더 권장하고 싶은데, '엑서사이즈펜'이라고도 한다. 이것은 놀이 구역에서 이동이 가능하며 가볍고 사용하기 쉬운데, 구역을 지정해서 설치해놓으면 개가 들락날락할 수 있다. 나중에 몸집이 커지면 해체할 수 있고, 강아지일 때는 베를린 장벽같이 방을 나누거나 구역을 설정할 수도 있다. 우리의 교육 프로그램을 같이 진행하는 동안 엑스펜을 다른 용도로도 활용할 수 있을 것이다. 반려견이 끌고 다니는 것을 막기 위해 밧줄끈으로 펜 밑에 아령을 같이 묶어놓는다.

엑스펜을 놀이틀로 사용

또는 구역을 나눌 때 사용

☐ **안전문** 이동 설치가 가능한 안전문은 공간을 차단하거나 특정한 구역에 지속적으로 있을 수 있게 해준다.

☐ **침대** 처음 입양된 어린 강아지는 침대를 씹을 수 있기 때문에 수건 또는 헌 담요같이 비용이 들지 않는 것을 선택한다.

☐ **음식 그릇과 물 그릇** 나는 높은 틀에 식기가 놓여 있는 것을 선호하지만, 처음에는 가능하다면 가볍고 단순한 것을 사용한다. 특히 다음 장에서 좀 더 자세히 다룰 텐데, 현재는 손으로 밥 주는 것을 먼저 숙련할 것을 권장한다. 손 급여가 익숙해지면 그다음에는 식기로 옮긴다. 식기는 금속 또는 도자기 그릇이 살균하기도 좋다.

☐ **음식과 트릿** 급여 선택에 대한 정보를 얻기 위해 다음 장의 급여 부분을 읽어보고 교육용 트릿들을 포함하여 하루의 급여 선택을 결정한다.

☐ **놀이를 위한 장난감** 반려견이 원하면 가지고 놀 수 있는 몇 가지 장난감을 허락하는 것은 교육의 기회가 된다. 이때 장난감을 부수거나 찢지 못하게 하는 것이 중요하다. 만약 그러다가 삼켜버리면 내장이 막혀 수술해야 할 수도 있으므로 장난감 놀이 시에는 항상 감독하도록 한다.

☐ **씹는 장난감** 씹는 것은 개의 자연스러운 충동이다. 씹으면 안 되는 것은 멀리하고 안전한 장난감을 주기적으로 줌으로써 긍정적인 행동으로 이끌 수 있다. 내가 가장 좋아하는 씹기 장난감은 콩(Kong)인데, 어린 반려견들이 매우 좋아하고 내구성

본격적인 추잉을 하기 위해 콩에 트릿 채워놓기

이 좋아서 부서지거나 찢어지지 않아서 안전하다. 콩은 트릿이나 음식으로도 채우는데, 그렇게 하면 빨리 먹는 개들은 속도를 늦추게 해준다. 반려견이 크레이트 안에 있는 동안에 주거나 보상으로 줄 수도 있다.

특별한 보상을 위해 간식이 들어간 콩을 미리 구비해놓자.

☐ **교육용 장난감** 교육하는 동안 보상으로 개에게 '대여'해주는 특별한 장난감들을 말하며, 짧은 시간 동안 가지고 놀게 한 뒤에 개에게 트릿을 주면서 돌려받는 것이다. 교육 테크닉이 필요하므로 나중에 이 부분에 대해 좀 더 다루게 될 것이다. 교육용 장난감들은 부드러운 고무 찍찍이가 될 수도 있고 특별히 호사스러운 장난감이 될 수도 있지만, 안전을 위해 항상 돌려받는 것이 중요하다. 또한 터그 장난감과 회수 장난감들은 교육을 위한 보상으로도 사용한다. 그리고 교환용 특별 장난감들을 항상 비축해두는데, 신발 같은 것('밀수품'이라고 부를 것이다)을 몰래 씹을 때 맞바꿀 수 있기도 하고 원치 않는 쫓기 행동을 멈추게 할 수도 있기 때문이다. 밀수품과 교환하기 위해서는 많이 찍찍거리고 쪼글쪼글한 특징을 가지고 있는 호사스러우면서 부서지지 않는 장난감을 추천한다. 교육의 보상목적으로 사용되므로 개가 1분 이상 씹는 장난감은 피하는 것이 좋다.

☐ **특수 교육장비와 도구들** 이 책의 과정을 훑으면서 여러 가지 장비에 대해 설명할 예정인데, "이리 와" 연습을 위한 15m의 리드줄, 트릭 교육을 위한 클리커, 그리고 허리벨트에 묶는 트릿 파우치 등을 말한다. 15m 리드줄은 개의 목줄 끝에 확실하게 묶을 수 있는 줄이면 충분하다.

트릿 파우치

☐ **털 관리** 기본 사항은 견종에 알맞은 브러시를 사용하는 것이며, 추가로 빗과 슬리커 브러시 그리고 셰이딩 블레이드가 있다. 직접 목욕시킨다면 반려견 전용 샴푸·린스를 사용하도록 한다.

☐ **발톱 관리** 선택사항이 여러 가지가 있는데, 발톱깎이나 연마석 또는 전기 발톱 손질 도구 중 반려견과 나에게 맞는 것을 고르면 된다. 혹시 너무 짧게 깎을 수도 있으므로 지혈 가루나 옥수수 가루를 준비한다.

☐ **구강 위생** 개 전용으로 나온 치약을 꼭 사용해야 하며, 부드러운 칫솔모를 사용한다. 치과적 처치는 양치와 더불어 추가로 활용할 때 도움되는 것이고, 대체물로 활용하는 것은 좋지 않다. 불량한 구강 위생은 염증을 유발하며, 염증이 혈류를 통과할 때 심장병이나 그 외의 질병을 유발할 수 있다. 사람도 구강 위생을 유

지하는 것이 중요한 것처럼 반려견의 규칙적인 양치 습관도 매우 중요하다.

☐ **배변봉투/쓰레기 처리** 마당 한쪽의 배변 구역에서 배변한다면 변을 수거하여 버린다. 만약 산책 시에 배변한다면 꼭 배변봉투에 담아서 수거해야 하고, 자연분해되는 배변봉투를 권장한다. 온라인 스토어 또는 오프라인 스토어에서도 구매가 가능하다.

☐ **구급상자** 시중에 나와 있는 구급상자를 구입하거나 스스로 구매해서 준비하는 것도 좋지만 적어도 벼룩 제거제, 과산화수소수 같은 세정액, 소독 연고, 붕대, 응급처치용 반창고, 가위와 무균 안구 세척제 등은 구비하도록 하자. 60항목 이상 구비되어 있는 구급상자도 있으니 참조한다.

응급상황에 잘 대처하여 반려견의 건강을 유지하자.

반려견을 키우는 것은 실제로 더 나은 집으로 관리할 수 있도록 해주기도 하는데, 나의 경우에는 집 또는 마당에서 문제를 일으키지 않게 하는 방법들을 항상 모색한다. 지금부터 설명하는 것들은 집안에서의 관리에서 체크해야 할 항목들이다.

☐ **신발** 대부분의 개는 캔버스나 가죽에 밴 발 냄새의 유혹을 떨치기가 어렵다. 집안에서 신발을 신고 나가는 거라면 신발장에 신발을 넣고 문은 닫아놓으며, 만약 집밖에서 신고 벗으면 개가 갈 수 없는 문 옆의 한 구역에 신발을 놓아둔다. 필요하다면 신발 주변에 엑스펜을 둘러치는 것도 좋은 생각이다.

☐ **장난감** 보송보송한 솜털 장난감이나 씹기 쉬운 장난감들은 너무나 자주 없어지는 반려견 애호품들이다. 다른 곳에 보관하고 장난감 상자, 장난감 장들도 모두 닫아놓도록 한다.

☐ **과제 노트, 지폐, 중요한 서류** "우리 집 개가 제 숙제를 망가뜨렸어요"라고 아이가 선생님에게 말하면 애교로 넘어갈 수도 있겠지만, 은행에 가서 그렇게 이야기하면 용납되지 않을 것이다. 최근에 내가 잠깐 한눈을 팔았을 때 보즈가 교육일지의 한 페이지를 씹어버리는 일이 벌어졌다. 이렇게 전문가도 실수할 수 있으며, 어떤 개들은 순식간에 이런 행동을 하기도 한다.

☐ **옷** 낮은 곳에 걸어두면 반려견들이 물고 끌고 다닐 수 있으므로 입었던 옷이나 냄새가 밴 옷은 바닥에 놓아두지 않는다.

☐ **주방** 카운터 서핑(싱크대 위에 맛있는 것이

있는지 보기 위해 점프하는 것)은 개가 좋아하는 자기만의 운동이다. 음식 찌꺼기가 싱크대 위에 남아있지 않도록 하고, 찬장 문은 닫혀 있어야 하며, 위험하거나 깨지기 쉬운 것은 개의 시야에서 안 보이게 한다. 그리고 스펀지나 고무장갑 같은 세척 도구들도 개의 입이 닿지 않는 곳에 놓아둔다. 아이들을 위하는 것과 마찬가지로 위험 요소들은 제거해야 하고, 또 잠재적으로 위험한 독성 물품들은 서랍이나 찬장 안에 넣어놓고 열 수 없도록 잠그는 것이 좋다.

☐ **쓰레기통** 반려견이 닿지 못하는 곳에 놓아두고 자주 비운다.

☐ **화장실** 변기 뚜껑은 항상 닫아놓아야 하고, 특히 물에 화학용품이 들어가 있으면 더욱더 유의해야 한다. 화장실 휴지는 풀지 못하게 하고 씹을 수도 있으니 주의해야 하며, 비누는 트릿처럼 보일 수 있으므로 개들이 볼 수 없는 곳에 놓아둔다. 신경이 많이 쓰이므로 화장실 문은 항상 닫아놓는 것이 좋다.

☐ **문 닫기** 사실 반려견을 감독할 수 없는 상황이라면 모든 문을 닫아놓는 것이 좋은데, 외부로 나가는 문은 특히 확실하게 닫아놓아야 한다는 것을 꼭 명심한다.

☐ **수건** 문 주변에 수건들을 놓아둬서 발과 털을 닦을 수 있게 한다. 비가 오기 전에 미리 연습해두면 비를 맞은 뒤에도 조금 더 빨리 말릴 수 있으므로 개가 편안해할 것이다. 대부분의 개는 앞발을 먼저 닦고 나서 뒷발을 닦아주는 것을 좋아한다.

☐ **독성물질** 대부분의 독성물질은 주방과 욕실에 있는데, 스프레이나 클리너, 알코올 같은 것들은 개의 탐색 반경 주변에 두지 않는다.

☐ **쓴맛 나는 사과향 스프레이** 개들은 일반적으로 쓴맛 나는 사과 스프레이를 싫어하는데, 쓰레기통, 싱크대 아래, 씹을 수 있는 가구 주변에 미리 부려두면 그곳에 가면 안 되는 것으로 인식할 것이다. 만약 사과향 스프레이가 없으면 핫소스와 향수를 살짝 섞어서 사용하면 되는데, 얼룩지지 않는지 확인하고 사용한다.

☐ **전기 코드** 방 안쪽 벽 아래에 좁은 통로를 설치해 그 안에 코드를 넣으면 개의 시야에서 안 보이게 된다. 만약 방에서 감독이 불가능한 경우라면 개가 전선을 찾을 수 있기 때문에 방에 혼자 놔두지 않도록 한다. 개들이 가끔 전선을 물어서 전기쇼크가 오거나 전선에 감길 수도 있으니 주의하도록 하자.

☐ **커튼 또는 블라인드 줄** 만약 블라인드나 커튼에 줄이 걸려 있다면 걸이용 막대를 설치하여 줄을 묶어둔다.

☐ **식물** 일부 식물을 주변에 놓지 않는 이유는 개가 식물을 먹고 구토나 설사를 할 수 있기 때문이다. ASPCA 홈페이지(aspca.org)에서 개를 포함한 다른 반려동물들에게 위험한 독성 식물들이 무엇인지 찾아볼 것을 권장한다.

☐ **크레이트를 놓는 장소** 너무 덥거나 춥지 않고 편안함을 느낄 수 있는 곳에 놓아야 한다.

☐ **안전문** 방문들을 닫을 수 없다면 안전문을 사용하여 구역을 차단한다. 어떤 사람들은 안전문을 지나서 들락날락하는 것을 좋아하지 않는데, 나 같은 경우에는 개의치 않고 몇 년 동안 사용해왔다. 넘어 다니는 것이 싫다면 밀면 열리는 안전문도 있으니 참조하자.

가구 규칙

반려견들이 소파 또는 의자 위에 올라가는 것에 대한 허용범위를 말하자면, 어떤 트레이너들은 개들이 가구에 올라가는 것이 보호자의 권위를 떨어뜨리는 것이라고 말하기도 하지만 나는 그 부분에 대해 동의할 수 없다. 그것은 개인의 선호도에 따라 다를 수 있으며, 그렇게 한다고 해서 나의 권위가 떨어지는 것은 아닐 것이다.

물론 많은 보호자들이 '가구 사건'에 대한 언급을 수도 없이 하는데, 나의 경우 소파에 올라가는 것을 금지했더니 내가 있을 때는 잘했지만 집에 없으면 말을 듣지 않았다. 한 번은 외출했다가 집에 조용히 들어온 적이 있었다. 그때 우리 집 개 3마리가 한꺼번에 바퀴벌레가 날듯이 후다닥 소파에서 내려오는 것을 봤다. 소파 쿠션은 다 찢어졌고 범인인 색슨의 얼굴은 솜털로 뒤덮여 있었지만, 아무것도 할 수 없었던 것은 그 행동을 직접 목격하지 않았기 때문이다. 그러고 나서 나는 소파와 가구 주변에 엑스펜을 설치했고, 남은 쿠션들은 개가 찾을 수 없는 곳에 놓아두었다. 결론은 지속적인 가구 규칙이 중요하고, 집안에서 교육하는 중이라도 개가 혼자 방에 있게 되는 상황이 만들어지면 안 된다.

마당 배치

반려견이 처음 집에 와서 마당에 나가 있을 때는 항상 주시해야 한다. 개의 안전을 위해 아래의 주의사항들을 숙지한다.

☐ **울타리** 울타리 사이가 촘촘해야 하고, 풀이나 나무와 연결된 사이에 공간은 없는지 꼼꼼히 살펴보아야 한다. 수영장은 울타리가 쳐져 있지 않다면 덮어서 보호자 없이 물속에 들어가지 않게 한다. 다른 유혹거리들도 제거하고 울타리로 구역을 설정하는 것이 중요하며, 데크 아래의 공간은 봉쇄하여 접근하지 못하도록 한다.

☐ **전기 철조망**(선택사항) 어떤 이들은 이른바 덜 보이는 것을 좋아하지만, 반려견이 어슬렁거리다가 마당 둘레에 묻혀 있거나 바닥에 있는 전기 센서들을 밟게 되면 감전을 일으킬 수도 있다. 개인적으로 나는 전기 철조망을 별로 좋아하지 않는다. 혹시라도 개가 주변을 지나는 다람쥐를 쫓다가 전기 충격을 잠깐 경험하게 되면 다시는 오지 않을 것이다. 울타리가 없는 마당이라면 보호자가 그곳에 있어야 하고, 전기 철조망이나 전기 충격 칼라를 사용해야 한다면 전압이 제대로 작동하는지 매주 꼭 확인해야 한다.

☐ **뿌리덮개와 식물** 뿌리덮개나 많은 식물은 독성이 있거나 개의 장에 좋지 않을 수도 있다. 식물들을 보존하기 위해 식물층 주변에 울타리 설치를 고려한다. 독성이 있는 모든 식물을 제거하고, ASPCA 홈페이지에 들어가 독성이 있는 350개 식물의 사신과 목록을 참조한다.

□ **오수 정화조** 덮개가 열려 있지 않도록 한다.

□ **석쇠** 사용하지 않을 때는 치워놓아야 한다.

□ **새 모이통** 개가 점프하지 못하는 높이에 설치하고, 닿지 못하는 곳에 두어야 한다.

□ **배변 구역** 집 또는 구역 내에서 우리 개가 아무 데서나 배변하기를 원치 않는다면 배변 구역을 설정해야 한다. 가장 좋은 배변 구역은 집 근처 또는 정원의 수도 호스 주변이다. 크기는 3×3m, 깊이는 5cm 정도여야 하고 흡수할 수 있는 모래가 층층이 있고 자갈이 깔려 있으면 좋은데, 자주 청소해주는 것이 좋다.

□ **베란다** 아파트에 거주하고 베란다가 있으면 배변 구역을 위해 아이용 모래 상자(모래 없음)를 구입해 인공잔디를 깔고 진짜 흙 위에 하이테크 격자판을 올려놓는다. 그리고 그 옆에 배변 주머니, 모종삽 또는 기다란 국자 같은 것들을 배치해놓고 바로 치울 수 있도록 한다.

□ **공동 구역** 만약 빌딩이나 주택 개발 지역에 거주한다면 위에서 설명한 규칙들을 다 이행하고 청소를 꼭 하도록 한다.

자동차

가족의 일상생활을 실제로 그려보라고 한다면 반려견과 함께하는 자동차 여행도 그중 하나일 것이다. 12장에서는 함께 가는 여행을 다룰 텐데 기본적으로 동물병원 가기, 친구 집에 가기, 잔일거리 처리할 때 같이 가기, 공원에 가기 등 일상의 탑승에 대해 다루게 될 것이다.

□ **뒷자리 탑승** 뒷자리에 착석해야 하고, 반려견 이동장 또는 개 전용 시트에 벨트 하네스를 채우는 것이 좋다.

□ **시트커버** 전용 시트커버를 구입하거나 담요 같은 것을 깔아서 시트의 손상을 막는다.

□ **경사로 또는 계단** 어떤 개들은 차에 탑승할 때 도움이 필요한데, 경사로나 계단을 사용해 올라가게 하거나 안아서 태운다.

□ **환기나 통풍** 에어컨 또는 선풍기를 활용하거나 창문을 열어 적절한 통풍이 되도록 한다.

□ **자동차에서 머리 내밀기** 자동차 타는 개를 연상할 때 떠오르는 이미지는 개가 창문 밖으로 머리를 내밀고 즐거운 표정을 짓는 것일 수도 있겠다. 그러나 현실은 그렇게 하면 매우 위험하니 조심하도록 한다. 그러다가 날아다니는 파편 때문에 부상을 입는 경우가 매우 많다.

가정에서 아이들이 지켜야 할 안전 수칙들

나의 아이들은 개들을 비롯하여 마치 동물의 군락 같은 곳에서 그들과 같이 자랐다. 아이들에게 게르빌루스쥐나 뱀, 고양이 등을 키우도록 허락하기는 했지만, 우리가 키웠던 반려견들은 모두 나의 반려견들이었다. 개들을 돌보는 것을 아이들도 도울 수 있도록 했지만, 주된 돌봄을 아이들에게만 맡기기에는 너무 많은 일을 요구했다.

자녀들이 "앞으로는 더 잘 돌보도록 할게요"라고 말한다 하더라도 반려견의 평생에 걸쳐 우리의 아이들은 많은 삶의 변화를 겪을 것이고 이 책에 나온 트레이닝 프로그램을 마치는 것보다 더 빨리 새로운 트렌드와 어떤 새로운 관계형성을 계속 진행하게 될 것이다.

강아지 또는 성견이 입양되어서 집에 처음 올 때 두려움을 느낄 수도 있다. 수줍어하는 개이거나 천방지축 아니면 당당한 개이든 간에 상관없이 개들의 성격 또는 성향과는 별도로 자녀들에게 가족 모두의 습관과 계획이 변화될 것임을 설명해주도록 하자. 만약 가족들과 함께 시간을 좀 보냈다면, 아니면 이미 가족들과 함께 지내온 반려견이라면 새로운 트릭들을 가르쳐보는 것도 좋은 생각이다. 아이들에게는 신뢰할 수 있는 충동 자제력이 없다는 것을 잘 알고 있다. 특히 새로운 개가 집에 왔을 때는 더욱더 흥분할 것인데, 아래 수칙들을 한번 살펴보자.

여러분을 위한 수칙: 아이들이 개와 함께 있을 때는 감시해야 한다.

자녀를 위한 수칙: 개와 놀기 위해서는 허락을 받도록 한다.

결론부터 말하자면 여러분이 하는 일은 선례를 만드는 것이고, 자녀들은 여러분이 하는 것을 본받게 된다. 집에 처음 데려오기 전에 함께 아래의 규칙들을 토론해보면 반려견과 함께 하는 생활이 훨씬 더 행복해질 수 있을 것이다.

지난해만 해도 미국에서 200만 명 이상의 아이들이 개에게 물렸다. 아이들은 커가면서 충동을 자제할 수 있겠지만, 그전까지는 자녀들도 똑같이 교육을 받아야 한다. 나는 아이들이 열한 살 또는 열두 살이 될 때까지 개의 주변에 있을 때 같이 있으면서 감독했다. 아이가 개와 둘이 있어도 될 만큼 충분히 성숙하고 숙련되었다고 느껴지는 때는 어디까지나 여러분의 몫이라는 것을 기억하자.

☐ **허락 구하기** 개와 놀기 위해서는 감독관인 여러분에게 꼭 허락을 받아야 한다.

☐ **평온해지기** 앞으로 몇 주 동안 집에서 달리기 또는 소리 지르기는 안 된다.

☐ **도움 요청** 여러분이 집에 없을 때 만약 문제가 생긴다든지 함께 있을 때 어떤 문제가 생긴다면 즉시 알리도록 해야 한다.

☐ **개의 격리** 개가 크레이트 안에 있지 않을 때 외부로 통하는 모든 문은 반드시 닫혀 있어야 한다. 감독이 안 되는 상태에서 개가 절대로 집 밖에 나가면 안 되고, 만일의 경우에 대비하여 집 바깥의 특정 구역에 안전문이나 엑스펜의 설치를 권장하며, 여러분의 허락 없이는 가림막들을 절대로 제거할 수 없다.

☐ **바닥 앉기** 어린 강아지를 다룰 때는 바닥에 앉아야 한다.

□ **체벌 금지** 개가 가끔 실수한다 할지라도 절대로 때려서는 안 된다. 개가 다칠 수 있고, 그로 인해 개가 아이를 다치게 할 수 있다.

□ **개의 수면 방해 금지** 개가 자는 중일 때 만지는 것은 금물이다. 개가 무서워할 수 있고, 그러다 보면 물 수도 있기 때문이다. 그래도 깨워야 한다면 여러분에게 꼭 물어보게 한다.

□ **급여 제한** 여러분이 곁에 있는 동안 교육의 목적이 아니라면 개가 식사 중일 때는 만지거나 먹을 것을 주는 것은 금물이다.

□ **크레이트 밖에서** 성인의 감독하에 진행되는 사회화 프로그램이 아니라면 아이는 절대로 크레이트 안에 들어가서는 안 된다.

기본 규칙을 정하는 것이 개와 여러분의 아이들을 안전하게 지켜준다.

다른 동물들과 함께 지내기

나의 딸 페이지는 열두 살이었을 때 고양이를 돌볼 수 있는 충분한 나이였는데, 자기 나름대로 조사하더니 돈을 모아 샴고양이 한 마리를 입양해서 '아일'이라고 이름 붙여 키우기 시작했다. 당시 나의 자이언트 슈나우저 색슨이 7세였는데, 우리 집의 왕으로 군림하던 시절이었다. 나는 색슨과 아일이 평화로워질 때까지 많은 시간과 인내가 필요할 것이라고 생각했고, 아래 항목들은 그들의 적응 방법들을 설명한 것이다.

□ **안전문** 처음에는 안전문을 사이에 두고 거리를 둔 뒤 상대 동물의 모습이 보여도 상호 교류가 허락되지 않는다.

□ **앉아서 인사하기** 3개월 뒤 정식으로 소개해줬다. 페이지와 나는 매일 아일을 내 무릎에 앉힌 뒤 트릿을 줬고, 색슨이 완벽하게 앉았을 때도 트릿을 주었다. 만약 아일이 날카로워진다든지 색슨이 흥분하기 시작하면 인사하기는 종료되며, 보상도 없어지게 된다.

□ **엎드려** 색슨을 내 옆에 있게 하고 "엎드려"와 "기다려"를 숙련시켰다.

□ **상호 교류 감독하기** 1주일간 감독하에 집중과정을 마친 뒤 색슨과 아일은 내가 지켜보는 동안 서로 주변을 맴돌 수 있었다.

□ **자유로운 교류** 둘의 사회성에 대한 감독이 종료되었고, 색슨과 놀기 시작하면서 아일은 개처럼 자라게 되어 그들 사이에 끈끈한 정이 생겼다.

나는 인내심을 가지고 긍정강화 교육으로 개들을 관리해왔는데, 대부분의 개는 다른 반려동물과 안전하게 공존하는 데 시간이 좀 걸린다. 나는 현재 보즈를 브리오와 내가 위탁하고 있는 다른 개들로부터 대부분 분리시켜놓고 있다. 보즈는 나하고만 있을 때는 얌전하지만, 다른 개들과 같이 있으면 과도하게 흥분하고 그들을 이끌려고 한다. 물론 보더콜리이다 보니 천성이 그렇다 해도 말이다. 보즈를 다른 개들에게 소개할 때는 그전에 보즈를 브리오와 함께 있게 하면서 먼저 익숙해지도록 유도한다. 2층에서 밥을 먹게 하고 항상 줄에 채워 묶어놓는 것은 트레이닝 기술의 일종으로 반려견이 처음 집에 왔을 때 활용할 것을 추천한다. 다음 장에서 이 부분에 대해 좀 더 다룰 것이다.

나는 또 다른 행동들을 실험하곤 하는데, 예를 들면 의자로 분리시킨 뒤 같은 방에서 밥을 준다. 물론 주의한다 해도 항상 실수할 수 있긴 하다.

결론은 일단 반려견이 여러분의 집에 처음 오면 다른 반려동물과 편안해지기까지 몇 주 또는 몇 달이 걸릴 수도 있다. 마찬가지로 다른 반려동물 또한 처음 온 개에게 익숙하기까지는 시간이 걸릴 수 있지만, 올바른 감독과 단계별 과정들을 거치면 큰 무리는 없을 것이다. 한 가지 분명히 지켜야 할 것은 동물들을 서로에게 소개할 때 인내심이 수반되어야 한다. 그리고 주의한다 해도 항상 실수할 수 있다는 것도 잊지 말자.

반려견의 건강

수의사와 미용사는 개의 건강을 지키기 위해 중요한 역할을 한다. 개를 입양해서 집으로 데려가기 전에 수의사의 진찰을 받아볼 것을 권장한다.

또한 수의사가 기본 매너를 지키는지, 면밀한 검사를 하는지도 살펴보고, 시설은 깨끗한지, 직원은 친절하고 도움이 되는지, 여러분이 사는 지역에서 합당한 비용인지, 응급서비스를 제공하는지, 또는 주변에 24시 동물병원이 있는지 등을 포함하여 다른 보호자들에게도 의견을 물어보도록 하자. 그리고 무엇보다 응급상황 시 언제라도 바로 갈 수 있도록 집 주변에 신뢰할 수 있는 수의사를 찾아봐야 한다.

응급상황에 사용할 비상약품 상자를 구비해야 하는데, 앞에서도 언급했듯이 비상약품 상자를 잘 준비해놓는다.

또 한 가지는 정보지를 만드는 것이다. 수의사와 응급병원 위치 및 가는 방법, 비상 연락처, 식사와 투약 방법, 크레이트 활용 원칙과 트릿 사용에 관한 지시사항, 그 밖에 다른 건강 문제들에 관한 자세한 사항 등이 포함되어 있어야 한다.

정보지는 펫시터 또는 도와줄 친구들이나 여러분에게 일어나면 안 될 일들이 벌어졌을 때, 그리고 어쩔 수 없이 반려견을 돌볼 수 없게 될 때를 대비하기 위해 중요하다. (위탁 선생님을 위한 체크 항목들은 뒤에 나올 것이다.) 냉장고 또는 눈에 잘 띄는 곳에 붙여놓는 것이 좋다.

만약 전문 미용사의 서비스를 활용한다면 첫 방문을 하기 전에 트릿과 칭찬을 받을 수 있도록 잠깐 동안의 방문을 요청해보는 것도 좋은 생각이다. 주변에 미용이 잘된 반려견들을 보면 미용사가 누구인지 물어보고, 나의 형편에 맞게 개와 관계가 좋고 원칙적으로 잘 다루는 미용사를 찾도록 한다. 어떤 미용사들은 개가 좀 더 편안함을 느낄 수 있도록 미용하는 동안 보호자에게 같이 있으라고 요구하는 경우도 있다.

반려견의 입양을 결심했다면 정리해야 할 많은 작업과 시간 등의 준비가 필요하지만, 이 모든 것이 새로 오는 나의 반려견을 잘 키우기 위해 중요하고 필요한 단계들이라는 데 동의한다면 이제 입양을 위한 모든 준비는 완료되었다.

자, 이제 개를 데리러 가자.

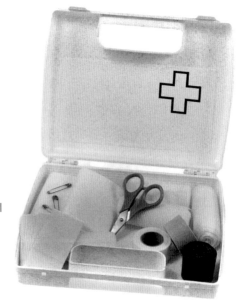

구급상자의 약품들을 익숙하게
사용할 수 있도록 하자.

기본 프로그램

식사 급여, 배변 교육, 크레이트 들어가기

이번 주부터는 5주 동안 기본 교육을 시작하면서 세 가지 중요한 일을 할 것인데, 식사 급여 방식과 배변과 크레이트 교육을 한다. 일상에서 반복적으로 해야 할 규칙을 지키는 것은 여러분에게 권한이 생김과 동시에 개에게도 안정감을 준다. 집에 오자마자 기본적인 것들을 교육함과 더불어 이러한 규칙들 또한 동시에 시작되어야 한다는 것을 잊지 않도록 한다.

입양한 개가 어린 연령이라면 백지상태와 같다고 생각하면 된다. 자연은 주어진 환경에 적응하기 위한 생존 수단을 터득하도록 이 작은 개를 프로그램화할 것이다. 즉시 보상을 찾아낼 것이고, 안전하고 위험한 것은 무엇인지 시행착오를 거쳐 배울 것이다.

이 생명에게 가장 큰 영향을 끼치는 것은 여러분이다. 행동 만들기를 일찍 시작할수록 개는 안정과 안전함을 더 느낄 수 있게 되고, 그러면서 보호자와 개가 둘 다 행복해진다.

보즈같이 재입양된 성견 또는 어느 정도 연령이 있는 개가 즉시 시작해야 할 교육이라면 나쁜 행동들은 차단하는 대신에 새로운 좋은 행동으로 대

체하는 것인데, 언어신경학자의 심리프로그램에서 인용한 개념을 빌리자면 재입양된 성견들의 교육은 이전의 나쁜 습관들의 패턴을 좋은 습관이나 좋은 패턴으로 대체해야 한다.

체크리스트: 첫 단계

여태까지 여러분이 완성해온 활동의 체크 항목과 이번 주에 새로 시작할 활동들을 체크해보자.

완성된 활동들

☐ 교육의 우선순위를 1부터 10까지 만들었다.

☐ 장비와 용품들을 구매했다.

☐ 집, 마당, 그리고 차 안에서 개의 금지구역과 위치를 설정했다.

☐ 자녀들과 규칙에 대해 이야기했다.

☐ 수의사를 선별했다.

이번 주의 활동들

☐ 교육일지를 작성하고 이번 주의 일상을 만들어놓는다.

☐ 줄에 묶어두기 교육을 시작한다.

☐ 손으로 급여하기를 이행한다.

☐ 손 급여와 개를 다룰 때 이름을 부른다.

☐ 배변 교육을 시작한다.

☐ 크레이트 교육을 시작한다.

☐ 다른 특이한 사항이 없다는 가정하에 물기 억제와 물기 강도 조절을 교육한다.

☐ "아야" 연습: 개의 입안을 들여다보고, 치아 개수와 발가락을 세어본다.

☐ '강아지 전달하기' 놀이를 한다.

☐ '까꿍' 놀이를 한다.

☐ 기본 교육 중 한 가지를 시작하는 주다.

줄에 묶어두기

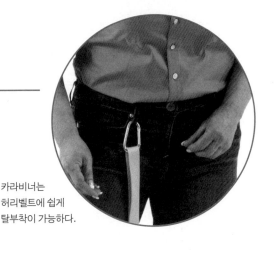

카라비너는
허리벨트에 쉽게
탈부착이 가능하다.

반려견과 빨리 교감을 나누는 방법 중 하나는 묶어두기다. 나는 등산할 때 쓰는 '카라비너'라는 D자형 고리를 사용하는데, 캠핑 매장 또는 철물점에 가면 구입할 수 있다. 이것을 리드줄이나 허리벨트에 거는데, 쉽게 탈부착이 가능하고 리드줄을 허리벨트에 직접 묶을 수도 있다. 어떤 강아지는 줄에 묶이는 것을 싫어하므로 짧은 시간 동안만 묶어놓고 교육할 것을 권장하는데, 처음에는 5초면 충분하다.

묶여있을 때 차분한 모습을 보여주면 트릿을 주고 점점 더 시간을 연장한다. 현재는 같은 손으로 트릿을 간단하게만 주는데, 기본 교육 프로그램을 익히는 동안 트릿을 전달하는 올바른 방법을 배우게 될 것이다. 묶어놓기 교육을 통해 여러분의 신체언어를 알게 되고, 그렇게 함으로써 개와의 연대감은 더 끈끈해질 것이다. 그리고 어디를 가든 리드줄을 따라 함께 걷는 것이 익숙해지고, 이것이 완성된 후에는 설거지할 때나 개가 옆에 앉아 있기를 원할 때 계속 묶어두는 것 외에 특정한 곳에서 자유롭게 돌아다니는 과정으로 넘어갈 수 있다.

만약에 리드줄을 씹는다면 맛이 덥은 사과 소스 또는 신체에 무해한 쓴맛 나는 소스, 아니면 구강청결제에 리드줄을 잠시 담가놓았다가 사용하면 방지될 것이다.

묶여 있는 동안 점프하려 하면 한 발자국 뒤로 물러나고, 문고리 또는 튼튼한 테이블 다리에 묶도록 한다. 그러고 나서 한 발자국 다가갔을 때 또 점프를 하려 한다면 다가가기 전에 다른 곳으로 간다. 이렇게 인내심을 요구하는 교육으로 여러분에게 뛰어오르면 안 된다는 것을 배우고, 그 뒤에 다시 허리벨트에 묶어놓고 교육을 시작한다.

묶여 있는 동안 다른 가족 구성원이나 친구들이 다가가 트릿을 준 뒤에 또 다른 곳으로 간다. 이렇게 하는

개는 여러분의 신체언어를
알 수 있게 된다.

궁극적인 목표는 항상 여러분의 신체언어를 따르는 차분한 개로 만드는 것인데, 이것이 가능해지면 원할 때마다 터닝하기와 따라가기, 멈추기 등도 할 수 있게 될 것이다. 현재 보즈는 나의 감독하에 항상 리드

줄을 매단 채 다니거나 나의 양손이 자유로울 수 있도록 벨트에 묶어놓기도 한다. 그리고 나서 익숙해지면 다음 단계로 넘어가서 손으로 리드줄을 잡고 내가 자기를 제어하고 있다는 것을 이해시키도록 한다.

...

급여하기

음식을 많이 준다고 해서 더 많이 사랑하는 것은 아니다. 나의 목표는 뚱뚱하지 않으면서 영양 상태가 좋은 개로 자랄 수 있도록 도와주는 것이다. 사실 나는 약간 마른 쪽을 더 선호한다. 반려견에게 급여하는 식사량을 주의 깊게 살피고, 충분한 운동을 시켜 체중을 유지하는 것이 좋다. 체중의 증가는 쉽게 가능하겠지만, 감량하는 것은 수개월이 소요된다는 것을 기억하자. 특히 견종의 특성상 엉덩이 또는 관절 문제가 쉽게 생길 수 있다면 체중에 대해 더 면밀히 신경 써야 한다.

개의 신진대사는 연령이 증가함에 따라 느려지므로 연령에 따라 음식량을 조절해야 하는데, 강아지들은 위장관이 작기 때문에 하루에 3~4회의 식사가 이루어져야 한다. 대부분은 6개월령일 때 2회의 식사로 줄이고 나서 성장하는 개의 영양에 맞추어 수의사의 조언을 참조해야 한다. 세 살이면 다 자라는 성견의 경우 나는 개인적으로 하루에 한 번 또는 두 번의 식사를 급여하는데, 일반적으로 하루 2회를 권장한다. 그리고 활동량이나 계절에 따라 식사량도 변화될 수 있는데, 즉 여름에 더 많이 먹고 겨울에 덜 먹고, 또 활동을 많이 하게 되면 더 급여하고 그렇지 않으면 덜 주는 것을 말한다. 음식의 양은 견종에 따라 다르므로 수의사의 조언을 참조하며, 사료 봉지에 표시된 급여량이 견종에 특화된 게 아님을 기억

식사를 계획할 때는 교육용 트릿을 같이 고려해서 짜도록 한다. 모든 음식은 칼로리가 있다.

하자. 또 수의사는 단백질 양을 얼마만큼 주는 것이 가장 좋은지 결정하도록 도움을 줄 것이다.

상업적인 사료의 질은 최근 몇 년 사이에 많이 향상되었고, 어떤 보호자들은 직접 요리하는 것을 선호한다든지 요리가 바로 가능한 포장 생식 또는 그냥 생식을 주는 경우도 있다. '생물학적으로 적절한 생식'이라는 뜻의 'BARF'라는 생식도 있다. 여러분이나 수의사가 어떤 영양학적 프로그램을 따를 것인지 결심했어도 발달 상황을 지켜보는 것은 매우 중요하고, 식이를 조정할 때마다 새로운 것으로 천천히 변경하면서 이전의 음식은 점차 줄이도록 한다.

비타민과 보충제에 대해 이야기하자면 어떤 수의사들이나 보호자들은 비타민 보충제를 매일 추가로 급여하는데, 개인적인 의견을 말하자면 영양 보충제는 이점이 있기는 하나 반드시 수의사와 적절한 양 등을 상의한 뒤에 급여해야 한다.

아래는 영양 보충제를 다섯 가지로 분류한 것이다.

▶ **비타민** 특히 비타민 A와 다양한 B군, C와 E

▶ **프로바이오틱스** 소화를 돕고 피부와 피모를 건강하게 하는 엑시도필로스균과 사일륨 등

▶ **오일** 피부와 피모를 위한 아마씨 기름, 올리브기름과 생선 기름

▶ **글루코사민과 콘드로이틴** 관절 지탱과 건강한 연골 유지에 도움을 줌

▶ **항산화제** 고구마와 브로콜리, 콩깍지와 시금치 같은 채소들을 음식에 섞어줌

한 번에 한 마리 이상 급여하기

다른 반려견들도 같이 키울 때 새로 입양된 반려견은 따로 급여하는데, 보즈와 브리오에게도 나는 그와 같은 방식으로 급여한다. 일단 손 급여의 첫 주가 완성되면 먹는 동안 개의 그릇을 들어 올려도 큰 문제가 생기지 않고, 개들 사이에 의자나 엑스펜을 설치하여 같은 공간에서 밥을 먹거나 여러분의 감독하에 방의 반대편에서도 식사하는 것이 가능할 것이다. 이러한 과정은 음식을 놓고 싸우는 것을 피하게 해주고, 빨리 먹는 개가 느리게 먹는 개의 음식을 빼앗는 상황도 방지할 수 있을 것이다. (뒤에서 개들의 싸움에 대해 좀 더 자세히 다룰 것이다.) 만약 키우는 반려견이 한 마리라면 좋은 유대관계가 있으면서 교육이 잘된 다른 반려견 친구의 집에서 함께 급여를 시도하는 것도 좋다고 생각한다. 손 급여 경험의 다양성을 가지는 것은 개가 영역적으로 덜 민감하게 되고 음식에 대한 소유욕 또한 줄여주기 때문이다.

손 급여 원칙

새로 입양한 반려견을 정식으로 교육하기 전에 우선 모든 식사를 여러분의 손으로 급여하는 것이 가장 좋다. 손 급여는 음식의 공급원 역할을 할 것이며, 그것을 통해 개는 음식이 여러분의 것이고 여러분을 음식을 주는 관대한 사람으로 인식하게 된다. 그렇게 함으로써 여러분을 자기 삶에서 친절하고 더 높은 위치에 있는 보호자로 머릿속에 정착시키고 보상과 감정적 편안함, 음식, 물 그리고 놀이의 모든 원천이 바로 여러분이라고 생각하게 된다. 손 급여는 안전에도 도움이 되는데, 개는 이를 통해 자기 음식에 대한 소유욕을 덜 가지게 된다. 음식 소유욕은 안전 문제를 고려해봤을 때 꽤 중요한 부분을 차지한다. 개들에게 자연적인 생존 본능이 될 수도 있는 반면, 음식에 대한 소유욕이 강한 개는 위험하고 예상하지 못한 돌발행동을 할 수도 있기 때문이다. 알고 보면 간단한 손 급여 원칙이 이렇게 중요한데, 개가 식사하는 동안 사람들이 음식 주변에서 돌아다닐 때 여유로워지도록 교육해야 한다.

첫 단계는 음식의 양을 정해서 그릇에 담는다. 의자에 앉아서, 아니면 강아지나 소형견일 경우에는 바닥에 앉아서 손에 한 움큼의 음식을 집어서 리드줄을 잡은 상태로 또는 묶여 있는 상태에서 개가 바로 먹도록 한다. 음식 전체를 손에 놓은 채 먹게 하고 일주일 내내 모든 음식을 그렇게 급여하는데, 고무장갑은 끼지 않도록 하고 익숙하게 먹을 수 있도록 급여한다. 손 급여는 재미있는 놀이로 어렸을 때 물감 놀이한 것보다는 덜 지저분하겠지만, 급여하기 전에 손을 씻고 급여 후에는 소독제나 비누로 말끔히 씻어내도록 한다.

손 급여를 하는 동안 부드럽게 사랑의 마음을 담아 이름을 부르는데, 이를 '이름 게임'이라고 하고 손 급여를 할 때마다 하는 게 좋다. 그렇게 한 주가 지나가면 여러분과 반려견은 손 급여를 편안하게 느끼게 되고, 개의 이름을 부를 때마다 신체 옆부분을 쓰다듬어주고 목도 만져준다. 그것은 나중에 미용할 때나 수의사의 검진을 받을 때, 그리고 의료 처치 등을 위해 개가 자기의 신체를 만지는 데 익숙해지도록 해야 하기 때문이다.

그러나 만약 쓰다듬는 동안 개가 먹는 것을 멈춘다면 쓰다듬는 것을 중지하고 계속 먹게 하는데, 양손을 번갈아서 급여하도록 한다. 나중에 개가 쓰다듬는 것에 편안해지면 한 움큼씩 먹는 사이사이에 조금씩 다른 손으로 만져준다. 동시에 하루 먹을 양의 일부를 그릇에 담은 뒤 한 움큼씩 손으로 급여해준다. 그릇에 음식을 다시 채우는 것을 개가 보도록 하고 손 급여를 다시 시작한다. 그렇게 채우고 다시 손 급여를 하는 식의 반복을 한 끼의 식사가 끝날 때까지 계속한다. 그렇게 하다가 무릎 위에 그릇을 놓고 급여하는 것으로 전환한다.

그릇에서 덜어낸 일부 양을 개가 다 먹은 뒤 음식을 또 받기 전에 여러분을 바라보게 한다. 이것은 교감을 증대시킬 뿐 아니라 음식을 주는 여러분을 신뢰하게 할 것이다. 이 과정을 더 진행하고 나서 주말쯤에는 여러분의 감독하에 한 움큼은 손 급여로 먹고 그다음에는 그릇에서 직접 먹고 이렇게 번갈아 가면서 식사를 하게 한다. 그런 식으로 계속 급여하다가 더 이상 자기를 만지는 것에 대해 불편해하지 않고 자연스럽게 받아들이고, 그릇과 음식에 대한 소유욕을 보이지 않고 이리저리 피하지도 않는다면 손안에 있는 한 움큼의 사료를 다 먹는 동안 다른 한 손으로는 그릇을 집어 든다. 개가 다양한 재질의 그릇이나 용기로 먹는 데도 익숙해지도록 가르친다. 그릇은 금속이나 플라스틱 또는 도자기 모두 상관없다. 그리고 집의 다른 방이나 공간에서 손 급여를 시도하고, 마당이나 차 안에서도 손 급여를 해본다. 이렇게 함으로써 어느 때, 어느 장소에서나 자신의 몸이나 음식을 만지는 것에 개의치 않을 것이다. 다양한 곳에서 익숙하게 활동하도록 만드는 것인데, 이를 '일반화'라고 부른다. 일반화는 교육과정 내내 계속 맞닥뜨리게 될 기본 개념이고, 교육하는 과정마다 적용될 것이다.

한 주 동안의 손 급여와 다루기, 이름 게임이 마무리되면 이것을 아이들이나 배우자에게도 가르쳐야 한다. 가족 모두에게 손 급여를 가르치는 것은 안전을 위해서도 좋고 가족 간의 유대감 형성, 그리고 일반화된 경험을 만들기 때문이다. 자녀들을 위한 안전 수칙에서 주목할 것은 아이들이 강아지들을 안는 것은 좋아하지만, 올바르게 안는 방법을 가르쳐야 한다. 어떨 때는 강아지가 아이들의 팔에서 벗어나려고 하다가 떨어지는 경우도 있다. 또는 아이들이 만지려고 잡고 있다가 갑자기 놓기도 한다. 잡으려다가 놓쳐서 떨어지면 다칠 수 있고, 아이와 강아지의 자신감은 다 같이 상실될 것이다. 그러므로 나는 아이들이 서 있는 상태에서는 절대로 강아지를 안지 못하게 한다.

손 급여는 자녀와 개가 서로에게 편안해지는 좋은 기회가 된다. 여러분의 무릎이나 여러분 옆의 의자에 아이를 앉히고 1단계의 손 급여 원칙을 시작해보자. 나의 아이들은 4개월 때 내 무릎에 앉아 균형을 잡을 수 있을 때부터 손 급여를 하게 했다. 그 이전에는 사람처럼 생긴 아기 인형을 활용하여 개에게 먼저 익숙하게 해주어 나중에 아이가 손 급여를 하는 데 무리가 없도록 했다. 여러분에게 어린 자녀가 있다면 안전을 위해 스스로 잘 판단하고, 나아가 손 급여를 감독할 수 있는 전문 지도사의 도움을 받을 것을 권장한다. 나는 바닥보다는 의자를 선호하는데, 개의 입을 아이의 얼굴 높이가 아닌 손 높이에 맞출 수 있기 때문이다.

온순하고 안정적이면서 올바른 교육을 받은 강아지 또는 소형견이라면 여러분을 탐험하기 위해, 또는 자기 형제들하고 놀 때를 제외하고 함부로 입을 사용하지 않을 것이다. 그때가 오면 여러분이 손 급여를 하는 동안 아이가 옆에 서 있어도 괜찮다.

초기 단계를 성공시키고 나면 이전에 손 급여 과정을 거쳤을 때와 마찬가지로 다른 방이나 장소에서도 일반화를 위해 급여를 시작해보자. 자녀와 개가 서로에게 편안함을 느낀다는 판단이 들면 1분여 동안 잠시 멈추게 한다. 그러고 나서 개가 먹는 중에 그릇을 들어 다시 음식을 채워놓는다. 이 시점에서 중요한 것은 다른 한 손에 음식을 가지고 있어야 하고 그릇을 치울 때는 음식을 먹여주어야 한다는 것인데, 일종의 교환이라고 생각하면 이해하기 쉬울 것이다.

자녀가 숙련되면 이번에는 아이의 친구들과 함께 위에서 했던 것들을 똑같이 다시 해보자. 이런 식으로 여러 사람과의 과정을 거쳐 개는 자기 음식 주변에 사람들이 있는 것에 익숙해지고 미래의 문제 또한 예방할 수 있게 된다. 나중에 문제가 생긴 뒤에 해결하는 것보다 지금 이렇게 하는 것이 훨씬 쉽고 안전한 길임을 명심하자.

이 책의 후반부에서 살펴보겠지만, 손 급여는 새로운 트릭 또는 기술을 가르칠 때마다 해야 하는 것이다. 개를 재정비할 때, 또는 새로운 신호나 기술이 잘되지 않을 때나 행동이 퇴보되는 것 같을 때 등에는 손 급여를 다시 시작하기도 한다.

배변 교육

반려견들이 자발적으로 집안의 규칙을 지킬 것이라는 믿음은 그저 믿음으로 두어야 한다. 즉, 절대로 그렇게 하지 않을 것이기 때문이다. 마음대로 행동하는 개들에게 규칙을 가르쳐야 하는데, 개 입장에서는 꽤 당황스러울 수도 있다. 필요할 때마다 순간순간 언제 배변을 할 것인지 또는 어느 장소에서 해야 하는지 '허락'이라는 과정을 만들어줘야 한다.

나의 개들은 기특하게도 내가 말할 때 배변을 보러 간다. 특히 보더콜리종인 잭은 소변을 보게 되면 칭찬과 뽀뽀, 과자 또는 공놀이할 기회가 생기므로 내가 요구하면 으레 소변을 봐준다. 예를 들면 내가 열 번을 연달아 말해도 소변을 본다! 배변 교육에 대한 나의 원칙은 "배변이 끝나지 않으면 좋은 것은 시작되지 않아"이다.

용어부터 설명하자면 나는 가정교육 또는 배변 교육이라는 말을 사용하는데, 그것이 우리의 목적에도 알맞기 때문이다. 우리가 가정교육에서 하지 말아야 할 것들 또는 가장 일반적인 실수를 열거할 때 그중의 하나가 배변 실수에 대해 야단치는 것이다. 왜냐하면 야단을 치면 문제를 더 악화시킬 수 있기 때문이다. 배변하는 것은 자연스러운 행동인데도 그 행동에 대해 벌을 준다면, 또는 원치 않는 행동이 벌어지고 나서 한참 후에 벌을 준다면 개는 자기가 지금 하는 행동에 대해 벌을 받고 있다고 생각할 수 있기 때문이다. 그렇게 되면 개 입장에서는 1분 전에 자기가 한 배변 실수에 대해 혼나는 것이 아니라 이름을 불렀을 때 여러분에게 왔는데, 아니면 꼬리를 흔들거나 여러분 앞에 앉았는데 혼이 나는 것이다. 이와 같이 시기를 놓치게 되면 왜 그렇게 우리가 화가 났는지에 대해 개를 이해시킬 기회를 상실하는 것이

배변 교육을 할 때는
인내심을 가져야 한다.

다. 실수에 대해 둘둘 만 신문지로 살짝 때린다든지 배변으로 코를 문지르면 개들이 자기 실수를 알 것이라고 생각하겠지만, 확언하건대 절대로 그렇지 않다. 배변으로 개의 코를 문지르는 것은 상반되는 결과와 존중하지 않는 의도가 깔려 있고 박테리아로 인한 염증도 유발할 수 있다. 배변 실수에 대처하는 유일한 방법은 개가 배변하고 싶을 때를 잘 포착해 배변 구역에 빨리 데려가는 것이다. 배변 교육이 될 때까지 개가 집안 여러 구역을 자유롭게 돌아다니지 않도록 하고 항상 주시하는데, 가능하다면 묶어놓거나 안전문이나 엑스펜 또는 집안 곳곳의 문들을 닫아놓고 감독한다.

또 혐오처벌 교육이 행해질 때 벌어지게 되는 실수를 예로 들어보자. 집에 돌아와 보니 개가 카펫에 배변한 것을 알게 되었다. 아마도 개는 그 순간에 자기 방석에서 조용히 휴식을 취하는 중이었는데 이름 부르는 소리를 듣고 여러분에게 바로 달려왔지만 칭찬은커녕 오히려 야단을 맞고 여러분이 손으로 가리키는 카펫 위의 배변을 보면서 왜 소리를 지르는지 알아내야 하고 신문지로 왜 맞는지도 알아야 할 것이다. 이는 개들이 이해하기에는 너무

어려울 뿐만 아니라 의도가 불투명하고 효과도 없으며 가혹하기까지 하다. 그러므로 집안에서의 예절을 가르칠 때도 긍정강화는 매우 유용하다.

그렇다면 어떻게 하는 배변 교육이 올바른 것일까? 첫 번째로, 개가 완전하게 배변 교육을 터득하게 되는 데는 여러 달이 소요된다는 것을 알아야 한다. 인내심을 가져야 하며 실수는 언제나 발생한다고 생각해야 한다. 할 수 있다면 그저 웃어버리는 것이 최상이다.

계획과 교육일지는 배변 교육에서 주로 사용하는 도구가 될 것이다. 매일같이 배변 구역을 여러 번 가게 해주고, 배변을 볼 때마다 기록함으로써 다음번에는 언제 배변할지 대략 알 수 있게 된다. 소변과 대변을 볼 때 교육일지에 기록하는데, 소변에는 1번을 적고 대변에는 2번을 적어둔다. 그리고 챔피언이 되는 과정처럼 습관들을 계속 만들어나갈 것이다. 그러나 실수할 때는 개의 실수가 아닌 나의 실수로 인정한다. 반려견 교육의 모든 부분에서 그러하듯이 성공에서와 마찬가지로 실수에서도 배우는 부분이 많기 때문에 실수 또한 기록하는 것이 좋다. 그리고 개의 배변 패턴을 이해하도록 해보자. 성공은 지속적인 관심과 예상할 수 있는 능력, 그리고 기록이 동반될 때 훨씬 더 쉽게 얻을 수 있다. 그리고 개가 좋은 행동을 했을 때

는 바로 보상해줘야 한다. 지정된 배변 장소에 데려다준 후 배변과 관련된 말을 생각해서 약간 높은 톤의 음성으로 말하는데, 예를 들면 "보즈야, 쉬~" 또는 "보즈야, 끙~" 이렇게 말이다. 그러고 나서 배변하는 중에는 방해하지 않기 위해 작은 톤으로 "쉬 잘하네" 또는 "응가 잘하네" 등으로 칭찬해주고 끝난 뒤에는 바로 트릿을 준다. 성공할 때마다 트릿을 주게 되면 개는 보상과 배변 장소를 연관 짓는 것을 학습하게 되고, 자기의 사적인 공간에서 배변할 때마다 보상을 기대하기 시작할 것이다. 어떤 지도사들은 "배변하자" 그리고 "잘했어"라는 칭찬을 보상과 짝을 이루어 시행하는 것을 좋아한다. 또 어떤 사람들은 배변 보는 신호를 좀 더 창조적인 이름으로 지어내기도 하는데, 나의 동료는 전부인의 이름을 부르는 것이 배변 신호였다. 주변 사람들이 하도 설명해달라고 하니 나중에는 지쳤는지 신호를 다른 것으로 바꾸었다. 음성신호가 무엇이든 매번 같은 방식으로 부르는 것은 중요하고, 배변 절차를 배운 뒤 반복하여 지속적으로 노력하면 결국에는 터득하게 될 것이다.

배변을 할 만한 곳이 없는 아파트 같은 곳에 거주한다면 이 원칙에 익숙해져야 한다. 물론 외부에도 개를 데려갈 '화장실'이라고 할 만한 곳은 있다. 예를 들면 바람직하지 않지만 거리의 소화전이나 전봇대

같은 곳에 많은 개들이 소변을 보기도 한다. 하지만 배변이 가능한 적법한 장소를 찾아 배변을 하게 하고 그 뒤 보상을 해주도록 한다. 만약 지정장소 근처에서 배변하려는 모습이 보이면 재빨리 들어 올리든지 아니면 줄로 묶어 데리고 가든지 하여 올바른 장소에서 배변을 끝내도록 해주고 보상을 주는 것이 중요하다.

나의 고객 중 일부는 실내에서 신문지나 배변 패드를 사용하는 종이 배변 교육을 선호하지만, 종이를 사용하는 교육에서는 두 가지 학습을 해야 하기 때문에 그리 추천하고 싶지는 않다. 첫 번째는 강아지가 종이 또는 패드에 배변하는 것을 배워야 하고, 배우고 나면 실외 배변을 하러 외부에 나가는 것을 배우고 또 완전히 다른 장소에서 배변하는 것도 가르쳐야 하는데, 자랄 때 익숙했던 배변 패드 또는 신문지와 전혀 비슷하지 않은 데서 배변하는 것을 배워야 하기 때문이다.

그러나 모든 개들이 외부에서 교육하는 선택을 하지 않아도 된다고 생각하는데, 예를 들면 외부의 더러운 거리도 그렇고 예방접종이 끝나지 않은 강아지들에게는 위험할 수도 있기 때문이다. 수의사가 예방접종이 완료되기 전까지 실내생활을 권고한 경우라면 신문지 또는 패드 사용을 권장하고, 외부출입이 허락되면 실외에서 신문지 또는 배변 패드 위에 배변하도록

유도한다. 그러고 나서 패드 사이즈를 점점 작게 하다가 나중에는 아예 없앤다.

주거지가 아파트이거나 소형견이라면 화장실에 영구적인 배변 상자를 설치할 수도 있는데, 하우스 배변 교육을 지속적으로 잘 유지할 수 있다면 그 방법도 좋을 수 있다. 산책하기 위해 외부에 나갈 때 좀 힘들 수 있는데, 외부 환경에서도 배변 행동이 일반화될 수 있도록 교육하면 된다. 집에서 배변하면 안 되는 것처럼 데리고 나가서 가장 가까운 배변 장소에서 음성신호를 붙여 배변을 보게 하고 끝나면 칭찬 또는 보상을 잊지 않도록 한다. 인내심을 가져야 하며, 학습하는 도중 실수가 생길 수 있다는 것을 이해하고 교육일지에 기록한다면 학습에 도움이 된다는 것을 기억하자. 만약 이미 배변 교육이 되어 있음에도 집 내부에서 소변을 본다든지 또는 재입양된 개가 배변 교육이 되어 있는 줄 알았는데 실패를 계속한다면 인내심을 가지고 초기에 배변 교육을 했을 때처럼 다시 처음부터 시작한다. 그리고 지속적인 배변 문제가 발생한다면 건강상의 문제일 수 있으므로 수의사의 검진을 권장한다.

흥분하여 소변을 보는 것을 '신나는 소변'이라고도 하며, 보호자가 외출했다가 집에 왔을 때 또는 손님이 왔을 때도 이런 경우가 송송 있는네, 기록해두었다기 니중에 비슷한 상황이 발생하면 예상할 수 있

어야 하고 피할 수 있도록 해야 한다. 따라서 집에 들어오면 개에게 조용히 인사하고 바로 외부로 데리고 나가도록 한다. 어린 강아지들은 무언가 새로운 일이 생길 때마다 신나는 소변을 보는 경향이 있는데, 다른 방으로 데려갈 때도 그럴 수 있다. 개들은 방광 크기가 작기 때문에 새로 입양해 온 개는 배변하기 위해 자주 데리고 나가야 한다. 7주가 되면 강아지들은 외부에서 배변하는 것을 배울 준비가 되어 있다고 하지만, 예방접종이 완료된 후 수의사의 조언을 참조하여 실행하는 것이 바람직하다.

크레이트 교육

크레이트는 개에게 피난처 또는 안식처이기도 한데, 개가 피할 수 있는 장소이기 때문이다. 그리고 낮에는 이따금씩 그곳에서 제재를 받거나 밤에는 잠을 자는 곳이기도 하다.

크레이트는 개에게 감옥이 아니라 안전한 천국처럼 생각되어야 하고, 처벌이 아닌 보상으로 연결 지어야 하는 곳이다. 대부분의 개들이 자연 속에서 안락한 은신처를 꿈꾸지만, 그렇다고 크레이트를 자연 속에서 찾을 수 있는 것은 아니므로 개들이 크레이트를 좋아하도록 교육할 필요가 있다.

크레이트 교육을 하는 이유 중 가장 중요한 것은 크레이트 교육이 된 개들은 일반적으로 다른 교육도 더 잘 받을 수 있기 때문이다. 크레이트는 개들에게 자리 잡고 앉아서 조용한 시간을 보내는 것을 가르쳐준다. 또 개가 크레이트에 있는 동안 가끔 씹을 것을 넣어주기도 하는데, 개는 그런 과정을 통해 아무거나 입에 넣으면 안 된다는 것을 알게 된다. 크레이트 교육이 된 개들은 불안에 더 잘 대처하는 경향이 있으며, 만약 어쩔 수 없이 재입양되었다 하더라도 잘 적응할 수 있게 된다.

여행을 가는 중에라도 크레이트는 안전과 편안함을 보장해주고, 개가 편안해지면 보호자도 편안해지는 것은 당연한 이치다. 수의사 또는 간호사들이나 미용관리사들 역시 크레이트 교육이 된 개를 환영한다. 또는 다른 개를 위탁관리하게 될 때 그 개들이 우리 집에서 자유롭게 돌아다녀도 안전하고 충분히 성숙해졌다는 판단이 들기 전까지는 크레이트같이 어떤 제재가 적용됨을 공지한다.

케네디가의 개들인 스플래시와 써니

는 크레이트 없이 우리 집에 머물렀는데, 오바마 전 대통령의 반려견 보의 형제견 캐피는 크레이트에서 생활했다.

보호자가 집에 머무른다 하더라도 크레이트 교육을 해야 한다. 크레이트를 사용하는 것은 아기에게 요람을, 영아에게 아기놀이 울타리를 사용하는 것과 유사하다. 그것은 잠시 아이들에게서 눈을 떼도 괜찮을 만큼 안전함을 제공하기 때문에 서로에게 좋은데, 크레이트 생활 역시 개에게 가르치는 것은 매우 중요하다.

크레이트 교육이 된 개는 다른 곳보다 크레이트 안에서 보내는 시간이 더 많기 때문에 깨끗하고 청결해야 한다. 내부에는 세탁이 가능한 매트 또는 방석이 있어야 하고, 많은 개들은 푹신하거나 기댈 수 있는 베개를 좋아한다.

어떤 사람들은 배변 교육을 위해 크레이트 교육을 하는 것으로 착각하지만, 명백하게 말해서 크레이트는 개의 화장실이 아니다. 바람직한 크레이트 교육은 올바른 배변 교육을 도와주지만, 가정 내에서의 배변 교육을 주장할 경우 혹시라도 크레이트를 개의 화장실처럼 사용하지 말 것을 조언한다.

크레이트 종류에는 여러 가지가 있는데 크레이드를 선택할 때 고려해야 할 사항은 견고성과 비용, 이동성과 스타일 등이다. 철로 만들어진 크레이트 스타일은 통풍이 잘되도록 담요나 알맞은 크기의 천으로 덮을 수도 있다. 어떤 크레이트는 이동이 가능하고, 캠핑 텐트 같은 가벼운 재질의 천과 그물망으로 만들어졌다. 크레이트는 멋스럽게 제작될 수도 있고, 플라스틱이나 압축 금속 또는 나무 등 다양한 재료로 제작되기도 한다.

철사 크레이트

소프트 크레이트

플라스틱 크레이트

크레이트 교육의 원칙

크레이트 교육에서 주요 목표는 간단히 말해 개가 크레이트를 좋아하도록 도와주는 것이다. 대부분의 개는 크레이트를 불평 없이 받아들이는데, 편안한 낮잠을 잘 수 있기 때문이다. 그러나 크레이트를 편안하게 느끼지 않는다 하더라도 강압적으로 할 필요는 없다. 무엇보다 그렇게 하는 것이 생산적이지도 않기 때문이다. 오히려 크레이트를 좋아하도록 교육하기 위해 다음과 같은 연습을 해보도록 한다. 개에게 식사를 제공하기 전에 아래에 나오는 교육단계를 실행하는 것이 제일 바람직하다. 개가 배가 고플 때 보호자가 크레이트 주변에 트릿을 던지다가 나중에는 내부에 던져주면 먹기 위해 열성적으로 행동할 것이다. 우선 개가 좋아하는 트릿을 크레이트 주변에 몇 개 던진 뒤 개를 크레이트 문 쪽으로 유인하고 나서 한 발자국 뒤로 물러선다. 처음부터 크레이트 안에 트릿을 던지지 않는 것이 좋다. 그러고 나서 개가 여러분을 쳐다보고 트릿이 있는 크레이트를 쳐다보면 "옳지"라고 말하며 크레이트 입구 근처에 트릿을 몇 개 더 던져본다. 그러고 나서 트릿들을 다 주워 먹고 더 먹기 위해 여러분을 다시 쳐다보면 이번에는 입구 안에 몇 개를 더 놓아준 뒤 한 발자국 뒤로 물러선 다음 조금씩 크레이트 안의 깊숙한 곳에 던진다.

처음 이러한 시도를 하는 동안 개가 크레이트 안에 관심을 보이고 근처에 다가가서 안을 들여다보면 칭찬해주는 것 외에 다른 어떤 소리도 내지 않는다. 무엇보다 "크레이트로 들어가"라고 말하지 말아야 한다. 개 입장에서 아직은 크레이트 안이 어떤 곳인지 불안할 수도 있고, 궁지에 몰렸다는 생각이 들면 안 되므로 몸을 굽힌다거나 앞으로 나아가지 않는 것이 중요하다. 왜냐하면 오히려 역효과가 날 수 있기 때문이다.

혹시 재입양된 개가 크레이트를 거부한다면 천천히 단계를 밟아 크레이트 주변에 트릿들을 던지는 시도를 많이 한다. 처음에는 크레이트 주변에서 식사를 하는 것도 좋은 방법이 될 수 있다. 열려 있는 크레이트 안으로 들어가는 데 주저하지 않게 하기 위해 문은 항상 열어두고 트릿들을 안에 넣고 강압하지도 않는다. 크레이트 입구 주변의 외부에서 개를 먹이는 것으로 만족해야 한다. 혹시라도 문이 움직여 놀라지 않도록 크레이트 문을 잘 잡는 것이 중요하다.

위의 과정들을 거치고 나서 크레이트 내부로 들어가는 것이 자연스럽게 이뤄지면 크레이트 안에서 식사량의 일부분을 그릇에 담긴 상태로 먹을 수 있게 해본다. 하지만 아직까지 손 급여를 하는 중이므로 얼마만큼 그릇에 담아 먹일 것인지는 여러분이 판단해야 한다. 혹시 집안의 다른 장소에서 손 급여나 그릇에 식사 급여를 해 왔다면, 이제는 크레이트 안에 들어가서 먹는 것이 제일 안전하다고 믿기 쉽다. 이렇게 천천히 단계별로 터득하는 과정은 어떤 행동이나 동작을 만들 때 개에게 교육적 신호를 가르치는 것과 더불어 실행되는 기술이기도 하다.

한편으로는 식사의 일부분을 콩에 넣고 크레이트 안에서 먹게 해보는 것도 좋다. 물론 개가 편안한 상태에서 시작해야 함을 잊지 말자.

다음 단계로는 전체 식사를 그곳에서 먹게 한다. 크레이트 안에 일부 식사를 그릇에 넣은 뒤 뒤로 물러선 다음 문은 열어두고 개가 식사를 하러 자발적으로 들어가게 한다. 그렇게 하다가 나중에는 크레이트 문이 닫힌 채로 먹는 것도 가르칠 것이다. 그때까지는 개가 들어가서 먹는 동안 조용히 지켜보도록 하고, 음식을 다 먹은 뒤에 더 달라는 뜻으로 쳐다보면 칭찬해준다. 남은 식사도 그렇게 하는 것이 좋지만, 혹시라도 개가 더 이상 먹지 않는다면 이 단계로 넘어가기에는 아직 준비가 안 됐다고 생각하는 것이 좋다. 따라서 배가 고플 때 다시 시도해본다. 잘못하더라도 강압적으로 하는 것은 옳지 않으니 잘한 것에 대해서만 칭찬해주고 교육일지에 기록한다. 브리오는 내가 그릇을 만지는 것을 볼 때

나 배변하고 집에 왔을 때 크레이트 안에 음식이 없어도 바로 크레이트로 달려갈 정도로 크레이트 교육이 아주 잘되어 있다.

다음 단계는 크레이트에 이름을 붙인다. 이름을 만드는 것은 개에게 음성신호를 가르치기 위한 중요한 기술이기도 하다. 크레이트에 어울리는 이름을 선택한다. 나는 쉽게 알아들을 수 있는 이름, 예를 들면 '크레이트', '베드 타임' 또는 '동굴' 등을 사용한다. 크레이트 안에 트릿 몇 개를 넣어두고 개가 먹으려고 들어가면 "크레이트 좋아"라고 말해준다. 이것은 개가 아직 해보지 않은 것을 가르치는 게 아니라 이미 해온 것에 이름을 덧붙이는 것뿐이다. 이 행동을 며칠 동안 하루에 10회 정도 반복하고 크레이트 주변에 사료들을 던져서 재미있는 놀이처럼 해도 좋은데, 그러다 보면 개는 크레이트 주변에 재미있는 일이 많이 생긴다고 인식하게 될 것이다.

그다음 단계는 '큐' 또는 '신호'를 사용할 순서다. '큐'라는 것은 여러분이 원하는 행동을 음성이나 동작으로 개에게 전달하는 신호다. 크레이트 내부에 몇 개의 트릿을 놓는 것을 개가 보게 하고 문을 닫는다. 그러고 나서 문을 열 때 "크레이트"라고 말하고, 개가 들어가면 "크레이트 좋

크레이트는 개의 안식처다.

아"라고 말하고 문을 닫는다. 안에 들어가 있는 동안 크레이트의 구멍 사이로 트릿을 주고 칭찬해준다. 그리고 몇 초 기다린 뒤 나오게 한다. 만약 개가 크레이트에 계속 있다든지 아니면 나갔다가 다시 들어가면 또 "크레이트 좋아"라고 말해준다. 크레이트에서 나올 때는 칭찬해주고, 들어갈 때는 "크레이트 좋아"라고 말하는 것을 기억하고 문을 닫아준다. 이런 단계를 하루에 6회 정도 반복하고 이 과정을 개가 즐길 수 있게 되면 더 하고 싶어지는데, 결국 매우 긍정적인 효과를 볼 수 있다.

다음 단계로는 개가 냄새를 맡을 수 있도록 손에 트릿을 잡고 있지만, 크레이트 안에 놓아두지는 않을 것이다. 문을 열고 "크레이트"라고 말하고 개가 들어가면 트릿을 주고 칭찬해준다. 이 단계를 6회 정도 반복하고, 만약 개가 이해하지 못하거나 머뭇거린다면 이전 단계로 돌아가서 다시 연습하여 동작을 강화한다.

위의 단계가 잘 강화되었다면 다음에는 문을 닫은 채로 좀 더 오랫동안 크레이트에 있게 할 것이다. 처음 시작할 때는 그릇에 식사의 일부분을 담고 개에게 보여주는 것부터 한다. 그러고 나서 손에 그릇을 든 채로 크레이트 문을 열고는 "크레이트"라고 말하면서 개가 크레이트 안에 들어가면 "크레이트 좋아"라고 말하고 음식 그릇을 안에 놓는다. 또는 앞서 언급했던 '콩'

속에 개 전용의 피넛 버터로 만든 특별식이나 평소 먹는 음식을 채워놓고 크레이트에 '콩'을 그대로 넣거나 아니면 그릇 안에 콩을 넣어주는 것을 시도해본다. 개가 먹기 시작하면 문을 살짝 닫으면서 "크레이트 좋아"라고 다시 말한다. 식사를 어느 정도 끝냈을 때, 문을 열기 전에 몇 초 기다렸다가 크레이트에서 조용히 기다린 데 대한 칭찬을 해주고, 크레이트 안에 있는 것이 안전하다는 것을 이해시킨다. 나올 때는 "크레이트 좋아"라고 말해주고, 그릇이나 '콩'에 사료를 더 넣어준다.

개에게 이 모든 공급자가 여러분이라는 것을 알게 하기 위해 '콩'이나 그릇에 음식을 채워 넣는 것을 보게 한 뒤 크레이트 안에 음식 그릇을 놓는다. 또는 사료를 안에 던져도 괜찮다. 그리고 개가 크레이트에 먹으러 들어갈 때 문을 닫고, 다 먹은 뒤에는 잠시 기다렸다가 칭찬해주고 나서 나오게 한다. 크레이트에서 나올 때마다 흥분하거나 특별히 관심을 보이지 말고 별일 아닌 듯이 조용히 인사하고 칭찬해주면 된다.

이번에는 크레이트에 자발적으로 들어가는 것을 시도해보는데, 크레이트에 들어간 다음에는 문을 잠시 닫아놓는다. 그러고 나서 칭찬과 동시에 문을 열어주고, 나올 때 "크레이트 좋아"라고 하면서 문을 닫는다. 혹시 크레이트 안에 계속 있기를

원하면 크레이트 안에서 좋은 일이 일어난
다는 것을 개가 이해했기 때문에 오히려
환영할 일이다. 이 행동을 6회 반복하고
1초씩 연장하여 문이 닫힌 크레이트 안
에 있도록 한다. 그러고 나서 "앉아", "엎
드려", "기다려", "멀어져" 같은 다른 신호
들도 해볼 수 있다. 그러나 그런 것들을 더
하기 전에 기본 교육 프로그램을 모두 마
칠 때까지 기다리도록 한다.

이번에는 어려운 부분들을 해보는데,
크레이트에 들어가 있는 상태에서 여러분
이 다른 일을 하는 것을 본다든지 다른 방
에 있더라도 개의치 않는다. 크레이트 안
에 개가 있는 상태에서 크레이트 문이 닫
혀 있고 여러분이 닫힌 문 사이로 트릿을
건네주고 몇 발자국 떨어져서 다른 곳으로
가는 것을 개가 보게 한다. 그리고 다시 돌
아와 몇 초 기다리는 동안 아주 낮은 목소
리로 "착하네"라고 말해준다. 그러고 나서
이 단계들을 반복하고 딱딱한 치즈 같은
특별한 트릿을 크레이트 안에 넣어주고 나
서 등을 돌리고 걸어간다. 다시 돌아온 뒤
에는 개를 나오게 하기 전에 몇 초 정도 기
다린다.

위의 과정들을 반복해서 연습하여 강
화하고, 그런 뒤 이번에는 크레이트 안에
있는 동안 맛있는 트릿으로 채워진 '콩'이
나 씹을 수 있는 특별한 장난감을 준다. 여
러분은 방에서 이것저것 하는데, 예를 들

보상과 긍정 경험들로 크레이트를
연관 짓게 한다.

면 신문 정리라든지 TV 보기 또는 스마트
폰 보기, 아니면 식사 준비 등 할 일을 하
면서 지켜보다가 점점 시간을 늘리도록 한
다. 크레이트 밖으로 나오게 할 때마다 별
로 대단한 일이 아닌 듯 자연스럽게 할 것
을 했다는 식으로 나오게 하는 것이 중요
하다. 이 시점에서는 여러분이 크레이트
주변에 없었는데도 그 안에서 조용히 있었
다는 사실에 대해 아주 좋은 보상이 온다
는 것을 가르쳐야 한다.

드디어 크레이트 교육의 마지막 단계
로 여러분이 방안에 없는 것이다. 어떤 개
들은 즉시 적응하지만 어떤 개들은 이 단
계에 적응하는 데 몇 주가 걸릴 수도 있으
므로 잘못하거나 학습 진행이 더디더라도
절대로 압박해서는 안 된다. 왜냐하면 스
트레스를 받을 수 있고 교육에 좌절감을
느낄 수 있기 때문이다. 처음에는 1초 정
도 모습을 감췄다가 다시 와서 크레이트에
서 나오게 한다. 매번 반복할 때마다 시간
을 점점 늘리고, 마지막 단계를 연습하는
동안에는 트릿과 피넛 버터를 바른 '콩' 장
난감을 준다. 반복할 때마다 1초 또는 점
점 더 길게 나가 있으며, 희망적인 측면에
서 본다면 '콩'에 매우 몰두함으로써 여러

분이 방에서 나갔음에도 별로 상관하지 않을 수도 있다. 가까운 방에 머물면서 여러분의 소리를 들을 수 있도록 하고, 이따금씩 방에 들어가 칭찬해주고 다시 나온다. 그러다가 편안해하는 것 같으면 여러분이 다른 방에 있는 동안 크레이트에 계속 있게 하는 연습을 한다. 처음에는 최대한 조용히 나가고 바깥에 몇 분 정도 있다가 다시 들어올 때는 약간의 소리를 내면서 들어오지만, 그렇다고 큰일이 난 것처럼 들어올 필요는 없다. 그러고 나서 더 길게 외부에 있도록 하고 나갈 때는 조금씩 소리를 내고 나가다가 외출하거나 짧고 간단한 일을 하고 들어오도록 한다.

일부 개들은 여러분이 시야에서 벗어나면 크레이트 안에서 낑낑대거나 짖을 수 있는데, 이런 경우에도 나타나지 않는 것이 좋다. 만약 여러분이 다시 온다면 자기가 낑낑대는 것에 여러분이 보상해주는 것으로 이해할 수 있기 때문에 개가 낑낑대는 것을 멈춘 뒤 자리를 잡은 것 같으면 조용히 다시 모습을 드러내도록 한다.

교육일지에 낑낑대기 전까지의 시간 길이를 기록해두는데, 다음번에 같은 연습을 할 때 개가 울기 전에 여러분이 빨리 갈 수 있도록 하기 위함이다. 만약 오랫동안 짖거나 낑낑대면 다른 트레이너 또는 행동전문가에게 분리불안의 시작은 아닌지 점검을 받거나 또는 단순히 새로운 집에 적응하기 위한 과정은 아닌지 살펴보도록 한다. 이 책의 후반부에서 '짖는 문제'에 대해 다룰 것이다. 여러분이 돌아왔을 때 걱정스러운 표정을 짓거나 없을 때 불안의 징후들을 보인다면 다시 연습할 때는 개가 좋아하는 누군가에게 개와 함께 있어줄 것을 요청하고 점차 그 사람 역시 나가 있는 것도 방법이 될 수 있으니 참조한다.

추가로 다른 방에 크레이트를 이동하는 것도 권장한다. 오래전에 나의 아이리시워터 스패니얼종인 에이즐리는 2층에 있는 내 방에 크레이트를 두면 너무나 좋아했는데, 2층은 내 사무실이 있던 공간이다. 나중에 에이즐리를 교육하기 위해 주방이 있는 아래층에 크레이트를 옮겼는데, 그 당시 에이즐리가 엄청나게 짖은 적이 있었다. 어쩔 수 없이 교육 단계를 퇴보시켜 다시 시작하기로 했는데, 그러는 와중에도 이 방 저 방으로 크레이트를 계속 옮겨주었다. 옮긴 방에서 크레이트 주변에 사료를 던져서 찾아내는 게임을 했는데, 에이즐리는 아주 훌륭하게 적응했다.

만일 개의 행동이 원점으로 돌아간다면 위와 같은 교육 방법과 함께 크레이트 연습을 다시 할 것을 권장한다. 이것은 처벌 형태가 아니라 성공에 다시 집중시킬 방법이기 때문이다. 색슨이 죽은 뒤에 브리오는 침체되어 있었는데, 잘 먹지도 않았을 뿐만 아니라 움직임의 속도 또한 느려졌고, 색슨을 계속 찾아다닌다든지 자신을 계속 깨물어서 습진이 생기기도 했다. 그때 크레이트 연습과 손으로 급여하는 것을 다시 시작함으로써 브리오의 심리적 안정과 자신감을 회복시켜주었다.

물기 억제 및 다루기 그리고 살살 물기

강아지들은 어미나 형제들과 함께 놀이 삼아 물기를 하는데, 개들의 세계에서는 지극히 자연스러운 행동이다. '입질'은 전형적인 놀이의 사전 행동으로 강아지들이 자기들끼리나 사람이랑 놀기 위해 입을 사용하기도 하고, 놀이 중간 아니면 신체적인 불편함과 고통을 수반할 때도 보이는 행동이다. 강아지가 너무 세게 물 때는 비명을 지르거나 좀 더 부드럽게 물도록 가르쳐준다. 개들이 놀거나 탐험하기 위해 입을 사용한다 하더라도 세게 무는 것은 옳지 않다는 것을 배워야 한다. 그래서 아주 초기부터 살살 무는 연습을 통해 물기 억제 또는 '부드러운 입질'을 가르쳐야 하는데, 어떤 개들은 바로 이해하지만 또 어떤 개들은 이해하기까지 한 달 이상 걸리기도 한다. 플랫 코티드 리트리버종인 메릿은 무는 것을 멈출 때까지 45일이나 걸렸는데 많이 아팠다.

물기 억제의 원칙은 강아지와 성견에 따라 적용법이 다르다. 예를 들어 6세 이상의 위탁견 또는 임시보호견 중에서 공격적이고 입질을 한다고 판명된 개들이 오면 그 개의 행동이나 신체언어와 먹는 습관 등을 관찰하는데, 그러한 것이 어떤 방식으로 안전하게 문제를 다룰지 생각하는데 도움이 되기 때문이다. 일반 보호자들은 입질 또는 무는 행동들을 평가하기 위해 긍정강화 방식을 사용하는 행동 전문가 또는 지도사들을 고용하기도 하는데, 특정한 개의 원칙들을 발전시키는 데 도움을 줄 수도 있다. (뒤에서 공격성에 대해 좀 더 설명할 것이다.)

강아지를 앉히고 나서 물림 억제 교육을 시작하는데, 손가락이나 손을 입에 집어넣은 뒤 "아야" 하고 말한다. 강아지가 메시지를 이해할 수 있도록 충분히 크게 말하는데, 공포심을 줄 정도로 소리칠 필요는 없다. 그리고 나서 입안에 있는 손이나 손가락을 그대로 놔둔 채 입질이 완화되면 "옳지" 하고 칭찬한다. 또 다른 방법으로는 개의 입을 만지는 동안 문 손잡이에 리드줄로 묶어두고 개가 만약 물면 "아야" 하고 한 걸음 뒤로 물러선다. 여기서 주는 처벌은 개가 여러분과 놀 기회가 없어졌다는 것이다. "아야" 연습을 계속하면서 강아지의 잇몸을 마사지해보고 치아도 세어본다. 여러분의 손을 핥기 시작하면 부드럽게 칭찬해주고, 문다고 해서 처벌하거나 손가락을 강아지 목구멍까지 억지로 집어넣는다든지 입을 억지로 꽉 다물게 해서도 안 된다. 무엇보다 강아지 스스로 이해할 수 있도록 해야 한다.

강아지는 주기적으로 치아 검진을 받도록 하고 양치질도 해주어야 한다. 일단 입을 만지도록 허락하면 손가락에 거즈를 감아서 치아를 닦아주도록 한다. 그렇게 해도 개의치 않으면 칫솔을 사용해도 된다.

한번은 색슨이 음식을 안 먹기에 입 안을 들여다봤는데 뒤쪽 어금니에 작은 나뭇가지가 박혀있어서 바로 제거했다. 만약 색슨이 입에 손을 집어넣는 것을 편안하게 느끼지 않았더라면 문제는 더욱 심각해졌을 것이다.

또한 입뿐만 아니라 신체를 만진다든지 관리받는 것에 편안함을 느끼게 하는 것도 매우 중요하다. 강아지의 등 쪽에서 안아서 배를 살살 쓰다듬어주면서 몸을 만지는 데 익숙하고 편안함을 느낄 수 있도록 한다. 그리고 편안해하는 것 같으면 발가락을 세어보고 눈도 만져주고, 귀 그리고 신체 구석구석을 살살 만져준다. 나는 수업에서 다 같이 둘러앉아서 강아지들을 만져보고 다음 사람에게 넘겨주고 또 다른 강아지를 만져주는 '강아지 전달하기' 놀이를 하는데, 이렇게 함으로써 강아지들은 다른 사람들이 만지는 것에 익숙해지게 된다. 또한 눈을 잠시 살짝 가려주었다가 '까꿍' 하는 '피카부'라는 게임을 통해 눈이 안 보이는 민감해지는 상태도 경험하게 해준다.

실제로 사용하기 전에 발톱깎이로 발톱을 자르는 척도 해보면서 새로운 상황들에 익숙해지고 인내할 수 있도록 준비해야 한다.

만약 특정한 부분을 다루거나 살살

개가 입을 살살 사용하는 것은 안전, 건강, 위생을 위해 중요하다.

만지는 연습에 불편해한다면 어느 부분 또는 시점인지 찾아보도록 한다. 편안함을 느끼는 범위 내에서 잠시 진행하고, 그다음 교육 단계에서는 연습을 반복하여 편안함의 범위에 머무르고, 잘 따르면 그다음 단계로 진행한다. 예상한 것보다 빨리 진행하면 오히려 역효과가 나거나 두려워할 수도 있고 학습을 아예 멈출 수도 있으니 주의해야 하며, 항상 편안한 범위 내에 제한을 두면서 지켜보고 연습 사이에 쉬는 시간을 가지면서 교육하는 것이 좋다.

실수의 희극화

우리는 새로 입양한 반려견을 두렵게 만들어버리는 실수를 할 수도 있다. 예를 들면 무언가를 떨어뜨려서 큰 소리를 낼 수도 있고, 또는 개에게 실수로 무언가를 떨어뜨릴 수도 있으며, 발을 헛디딘다든지 리드줄에 걸리거나, TV 소리를 크게 설정한지 모르고 켜는 등 여러 예기치 못한 상황이 발생할 수 있다. 이러한 큰 소리들과 예상하지 못한 일들은 대부분의 개를 놀라게 할 수 있다.

이렇게 우연치 않게 놀라게 했을 때 적절한 대처 방법은 실수하자마자 웃어버리며 희극배우가 되는 것인데, 말 그대로 재미있는 놀이를 하는 것처럼 연기한다. 그리고 "네 발에 걸린 게 너무 재밌네", "미안, 마트에서 사온 것들을 너한테 떨어뜨려서" 또는 "깨진 유리병이 있으니 여기서 멀어지자, 조심~" 이렇게 행동은 민첩하게 하되 대수롭지 않게 말하여 강아지가 긴장하지 않도록 배려하자.

물론 이는 개들이 다칠 수도 있는 상황이라면 적절치 않은 반응들이다. 그러나 아이들과 개들은 우리의 반응을 민감하게 살피므로 안전한 곳에 데리고 가는 동안, 그리고 치우는 동안 트릿을 하나둘씩 주고 대수롭지 않다는 것을 보여주면서 놀라지 않도록 한다. 만약 놀라서 숨으면 계속 기쁨 놀이를 하며 긴장을 풀도록 도와주거나 쓰다듬어주지만, 트릿으로 루어를 해서 억지로 동작을 유도하지는 않는다. 그리고 준비되었을 때 트릿을 몇 개 놓아두는 것도 좋은 방법이다. 이렇게 하는 목적은 예상할 수 없는 갑작스러운 상황들이 펼쳐졌을 때 두려워하지 않고 잘 대처할 수 있도록 가르쳐줄 수 있기 때문이다.

4장

첫째 주: 기본 교육 프로그램

해마다 나는 생후 7주인 강아지부터 다시 입양된 성견들까지 수백 마리를 교육하는데, 많은 고객이 일반적인 교육을 받기 위해 오기도 하지만 씹는 문제나 점핑하는 것 등을 교정하기 위해, 또는 공격 가능성 여부 그리고 서열에 관한 것 등에 대한 문의를 해오기도 한다.

11장에서 일반적으로 일어나는 행동 문제들과 그것들을 해결할 방법들에 대해 다룰 것이므로 앞으로 5주 동안은 기본 교육 프로그램에만 집중하기 바란다.

다시 한번 강조하지만, 배변과 크레이트 교육, 앞 장에서 설명한 관리나 입을 부드럽게 만드는 교육 등은 개가 입양되어 집에 처음 오자마자 실행해야 한다. 시범적으로 교육하는 것이 아니라 초반부터 내가 원하는 방향으로 제대로 교육을 설정하는 것이 매우 중요하다.

가끔 고객이 교육을 시작하기 위한 적정 연령에 대해 묻는데, 나의 강아지들은 7주령부터 교육을 시작했다. 7주 이전에 하는 교육이 빠른 이유는 강아지들의 자연스러운 사회화 과정을 극대화하기 위해 적어도

그 정도의 시간은 어미와 보내는 것이 좋기 때문이다.

이 프로그램은 여러분과 개에게 아래의 10가지 기술을 익히도록 도와줄 것인데, 그 내용은 다음과 같다.

① 앉아
② 이리 와
③ 리드줄 걷기
④ 엎드려
⑤ 기다려
⑥ 서 있기
⑦ 자리 잡기
⑧ 풀어놓기
⑨ 물기와 놀기
⑩ 경계 교육

긍정강화 교육방식과 기술들을 사용하면서 동시에 여러분의 신호들을 이해할 수 있도록 가르치는 교육을 진행하다 보면 어느덧 동기 부여가 자연스럽게 이뤄지게 될 것이다.

5주의 프로그램이 끝나갈 무렵에 여러분이 얼마나 훌륭하게 변화될지를 예상하면서 이런 기분 좋은 변화를 '영감' 아니면 '개의 특성을 나타내는 과정'이라고 부르고 싶다.

'생기' 또는 '정신'이라는 단어들은 같은 뿌리에서 나오는 줄기인데, 개들에게 이러한 마음을 불어 넣을 때 그 개가 가진 최고의 성격적 특성이 발휘될 것으로 생각한다.

나의 수업에서 함께 참여하는 보호자들과 시간이 흐를수록 돈독한 관계가 형성될 때 많은 기쁨을 얻는다. 어떨 때는 기쁜 일들이 한꺼번에 일어나기도 하는데, 예를 들면 과제를 성실하게 해왔음에도 그다지 큰 성과를 내지 못한 사람이 하루가 지나서 갑자기 생기왕성해진 개와 찾아왔을 때다. 개가 이해하고 교육받고자 하는 마음이 생겼을 때 나는 정말로 보람을 느낀다. 여러분도 주변에서 교육이 잘되어 있고 다른 사람들과도 친밀하게 지내는 자신감 넘치는 개를 본 적이 있을 것이다. 그것은 보호자가 그 개를 인간사회에서 성공적으로 살아가는 방법을 가르쳐준 것이다.

이번 주에는 세 가지 특정 기술에 초점을 맞출 것인데, "앉아"와 "이리 와" 그리고 리드줄 걷기다. 개들은 짧은 시간에 집중적으로 교육받을 때 더 잘 학습하므로 어떤 연습도 5분 이상 하지 말라고 권장한다. 각각의 연습 과정 뒤에는 다음 과정으로 진행하기 전에 개에게 휴식을 취하고 놀이시간을 갖도록 해준다.

또한, 다양한 장소에서 교육할 것을 권장하는데 왜냐하면 손 급여에서도 언급했듯이 개의 두뇌는 자동으로 신호를 일반화하는 것이 가능하지 않기 때문이다. 무슨 말인가 하면, 예를 들어 어느 화창한 날 창문 앞 주방 싱크대 위에 트릿 주머니가 놓여 있는 것을 개가 봤을 때 자기가 어떤 특정한 신호에만 맞춰 동작해야 한다고 생각할 수 있다. 그러므로 다양한 장소에서, 다른 시간대에, 실내와 실외 등 여러 가지 다양성을 갖춘 교육을 많이 하게 되면 이 개는 환경이 다른 곳에서도 신호들을 일반화하는 데 도움을 얻을 가능성이 크다.

그리고 또 한 가지, 다른 장소로 옮기면 퇴보할 가능성도 아예 배제할 수는 없는데, 예를 들면 거실에서는 "앉아"라는 신호를 기가 막히게 잘 이해했다 하더라도 주방에서는 같은 신호를 주는데도 전혀 실행하지 못할 수 있다. 그런 경우에는 처음부터 다시 시작해야 하므로 인내심을 가지는 것이 중요하다.

앞으로의 과정에서 새로운 기술을 배울 때마다 다음의 세 가지 기본 규칙을 따르기 바란다.

▶ 기본 규칙 #1: 재미있게 한다
수업이 재미있을 것이라는 생각으로 임하면 좀 더 동기화가 될 것이다. 모든 교육을 놀이를 즐기듯이 한다고 생각하고 재미있게 하는 습관을 만들자.

▶ 기본 규칙 #2: 과제를 이행해야 한다
매일 적어도 10분씩 과제를 한다. 설사 이미 배워서 할 수 있는 동작이든 또는 결코 할 수 있을 것 같지 않은 동작이라 하더라도 다시 연습하고 또 연습해야 한다. 확실한 발전이 없을 때는 여러분의 노력에 대해 기록하고 인내심을 가지도록 한다.

▶ 기본 규칙 #3: 여러분은 항상 교육 중이다
모든 상호작용은 학습의 기회다. 매일같이 하는 걷기나 식사, 그리고 개를 쓰다듬는 것 등을 모두 포함한다. 또 오랜 시간 동안 하는 한 번의 교육보다 짧지만 자주 하는 교육에서 개가 더 많이 배우게 될 것임을 기억하자.

4A와 3P를 염두에 둔다

여러분과 개는 네 가지 과정을 통해 각각의 기술을 습득하고 발전하게 될 것이다. 나의 동류이기도 하면서 행동학자, 그리고 ASPCA의 동물행동센터 부회장인 파멜라 레이드 박사는 이러한 단계를 '학습의 4A'라고 말한다.

▶ 제1단계: 습득(Acquired)

개가 새로운 학습을 성공적으로 습득한 첫 번째 단계

▶ 제2단계: 자동(Automatic)

여러분과 개는 적어도 80%의 기술을 능숙하게 할 수 있다.

▶ 제3단계: 응용(Application)

여러분과 개는 실제 상황의 다양한 장소에서 적용하기 위한 기술들을 일반화한다.

▶ 제4단계: 항상(Always)

일상생활에서 언제나 그 기술을 유지하도록 한다.

이러한 접근은 각각의 기술과 함께 발전할 방법을 평가해주고, 다음 단계로 인도해준다. 벽돌을 쌓듯이 단계별로 올라가면 된다.

교육과정을 거치면서 여러분과 개는 군건하고 서로를 이해하는 관계가 형성되며, 이와 같이 관계에 기반을 둔 교육 체계 시스템은 3P를 강조한다.

▶ 긍정적이다(Positive)

좋은 관계는 긍정적인 힘을 준다. 긍정강화를 사용할 때 개들은 학습하는 것을 좋아하게 되고, 혐오 처벌 교육과 다르게 이 프로그램은 단계마다 긍정적이 되는 방법을 알려줄 것이다.

▶ 즐긴다(Play)

개들은 재밌는 사람들을 좋아한다. 그러므로 놀이를 교육에 접목하는 것은 매우 중요하다. 긍정적인 놀이에 개가 어떻게 참여하는지 보여줄 것이다.

▶ 친구가 된다(Pals)

개들에게 최고의 친구가 된다는 것은 어떤 의미일까? 사랑의 돌봄을 받는다고 느끼고 여러분이 가치 있는 보상을 줄 것이라고 믿는 것, 재미있는 시간을 함께 나누고 규칙을 이행함으로써 여러분 팀의 소중한 일원이 된다는 것이다. 그러므로 나의 역할은 '복종'이 혐오가 아닌 최고의 친구가 되는 관계를 형성하는 데 도움을 주는 것이다.

자, 이로써 오리엔테이션은 끝났고, 이제 시작해볼까?

루어링과 보상: 교육 트릿(간식)을 사용하는 방법

트릿은 더 좋은 교육을 위해 매우 중요한 역할을 한다. 그러나 교육을 시작하기 전에 과식하는 것은 바람직하지 않은데, 배고픔이 개를 더 움직이게 만드는 동기 부여가 되기 때문이다. 교육하는 동안 먹는 트릿들을 식사로 대체할 때 일부 트릿은 칼로리와 지방이 매우 높으므로 하루의 식사량에 맞추어 분배하도록 하고, 개의 특성과 기호도에 따르는 트릿이 있을 수 있으므로 사전 테스트를 통해 선별할 것을 권장한다. 또 좋은 품질의 음식처럼 트릿도 단백질이 풍부해야 하는데, 맛이 있으면서 가능한 한 작은 알갱이들로 되어 있고 쉽게 삼킬 수 있어 집중하는 데 방해되지 않는 것을 선택하여 다음 교육에도 흐트러지지 않도록 주의한다. 그리고 딱딱한 것보다 부드러운 알갱이는 삼키기가 수월하므로 사용하기도 편하고, 바로 집중하는 데 도움이 되기도 한다. 개가 좋아하는 것은 모두 트릿처럼 보상물로 사용하거나 루어링에도 사용하는데 핫도그, 치즈, 당근 그리고 시중에 나와 있는 개 전용 트릿 등도 모두 사용할 수 있다는 것을 기억하자.

루어링할 때 트릿을 사용하고 신호마다 여러분의 손을 따라가도록 방향 지시를 해주는 도구로도 사용하는데, 이번 주에는 손으로 급여하기 때문에 루어링하기가 더 쉬울 수 있고, 개 또한 여러분 손에 자기가 좋아하는 것들이 있는 것에 익숙해지게 될 것이다. 일단 개가 손을 따라가는 행동을 자연스럽게 하면 그다음은 신호를 줄 때나 트릭을 만들 때 루어 사용을 하지 않는 것으로 한 단계 등급을 올릴 것이다.

1 **루어링(트릿으로 이끌기)** 개의 코 높이에서 손가락에 트릿을 끼우고 냄새를 맡게 한다. 손을 개 얼굴 근처에서 천천히 움직여 개의 머리가 손을 따라가는 것을 본다. 개의 코가 따라가는 것을 보면서 손을 계속 움직여 트릿에서 코가 멀어지지 않도록 지속적으로 유도한다.

2 **칭찬하고 트릿 주기** 루어링을 하면서 이름을 불러주며 칭찬한 뒤에 트릿을 주고 먹을 때 목을 쓰다듬어준다. 루어에 관심을 보이는 동안 손에 있는 트릿을 먹으려고 계속 핥을 텐데, 너무 심하게 핥지 않도록 하고 따라올 수 있게 손을 매우 천천히 움직인다. 만약 관심을 잃거나 산만해지면 코에 더 가까이 루어를 가져가고 다른 무언가를 시도해본다. 예를 들면 살짝 다른 장소로 옮긴다든지 손을 좀 더 천천히 아니면 빠르게 조금씩 움직이도록 한다. 즐겁게 이름을 불러주고 개가 무시할 수 없게 감정을 깃들여서 흥미를 불러일으키도록 한다. 몇 분이 지나 충분히 감지했다고 생각할 때 음성적 칭찬과 함께 보상해주고 목을 쓰다듬어준 뒤 마지막에 루어를 했던 트릿을 먹게 해준다.

위의 기본 루어링 연습을 반복한다. 첫째 주에는 루어 따라 하기를 하루 동안 많이 해본다. 9장에서 이 부분에 대해 좀 더 상세하게 다룰 것이다. 또한 교육일지에 기록함으로써 발전단계를 계속 주시하도록 한다.

먹을 수 있는 보상을 줄 때마다 개를 만지는 습관을 들이는데, 특히 목 주변을 만질 것을 권장한다. 개가 목을 만지는 것을 편안해하고 익숙해져야 하는 것은 여러 면에서 중요하다. 첫째로 안전을 위해 중요한데, 특히 갑작스럽게 제재해야 할 경우나 집이나 길을 잃었을 때 낯선 사람이 목줄에 부착된 인식표를 읽어야 할 때 도움이 된다. 그뿐만 아니라 수의사나 미용사가 다루기 쉬워 편하게 자신들의 일에 집중할 수 있기 때문이다. 목을 자주 만지는 것은 "이리 와"를 할 때도 도움이 된다. 만약 목줄을 풀 때가 목을 만지는 유일한 시간이 된다면 그 개는 자기 목을 만지면 '이것으로 재미가 끝나는 거야'라고 생각할 수도 있다. 이런 상황이라면 개는 재미를 연장하기 위해 다른 데로 도망간다든지 여러분이 부를 때 오지 않고 오히려 계속 거리를 만드는 게임을 할지도 모른다.

새로운 기술 또는 신호를 가르칠 때마다 같은 손을 사용하도록 한다. 개들은 지속성을 좋아하고, 매회 똑같은 것이 보일 때 더 잘 학습한다. 그러므로 교육하는

> 개들은 지속적으로 할 때
> 더 쉽게 배운다.

동안 가능한 한 지속적으로 하는 습관을 들이는 것이 좋다. 나의 경우 항상 왼손으로 트릿을 주는데, 왜냐하면 처음부터 그렇게 가르쳤고 개는 항상 나의 왼쪽에서 걷는다.

교육과정들의 많은 부분에서 개는 좌측에 있는 것을 선호하는데, 도그쇼에서도 보면 대체로 개가 핸들러의 왼편에서 걷는다. 하지만 어느 쪽이나 상관없이 일단 선택한 쪽의 동작을 연습할 때마다 개가 익숙해지도록 해야 한다. 그리고 나서 루어에서 수신호로 변경하는 것을 시도하고, 그것이 가능해지면 일반화시키도록 한다.

많은 지도사 또는 트레이너들이 벨트에 거는 트릿 파우치에 트릿을 넣고 사용하는데, 가끔 개들이 트릿 파우치를 보느라 충분히 집중하지 못하기도 한다. 에보니를 처음 교육하던 어느 저녁, 수업에 트릿 파우치를 가져가는 것을 잊어버려 사용하지 못했는데 에보니가 학습을 거부하는 것이었다. 그날 이후 파우치에 트릿을 넣어서 사용하는 것을 중단했고, 아예 주머니에 트릿을 넣고 교육하기로 했다. 개가 옆에서 걸을 때 교육용 트릿들을 왼쪽 주머니에 넣으면 쉽게 꺼낼 수 있고 편리하게 조

금씩 나눠줄 수도 있기 때문이다. 주머니에 트릿이 남아 있으면 기름얼룩이 지므로 세탁 전에는 주머니를 꼭 비우도록 한다. 굳이 트릿 파우치를 사용하고자 한다면 허리 뒤 중간 벨트쯤에 걸어 개가 볼 수 없도록 하고, 트릿 파우치가 만약 골반에 걸려 있다면 개가 보면서 계속 먹으려 하고 산만해질 수 있으니 주의하도록 한다.

루어하는 트릿에 관심이 없는 개

모든 개가 보상물로 음식을 가치 있게 생각하는 것은 아니다. 여러분의 개가 그런 경우라면 여러 종류의 트릿을 시도해볼 것을 추천하는데, 예를 들면 냉장 보관해야 하는 살코기 같은 것도 괜찮을 것이다. 내 경우에는 가끔 소시지, 치킨, 치즈나 당근 등 사람이 먹는 음식을 트릿으로 사용하는데, 내 입에 직접 들어가는 트릿을 사용하므로 개가 내 얼굴과 신체언어에 계속 집중할 것이기 때문이다. 단, 주의할 것은 과도하게 급여하지 말아야 한다. 교육할 때 좋은 행동을 하여 이미 트릿을 주었는데 만약 이따금씩 무의미하게 트릿을 주게 되면 그 개는 곧 트릿의 가치를 느끼지 못하게 된다. 또한 개의 건강을 고려하여 개 전용 소시지를 사용한다.

개가 트릿을 보상으로 생각하시 않고 반응도 하지 않는다면 어떻게 할 것인가?

그럴 때는 개가 가치 있게 생각하는 것을 찾아 그것을 주도록 한다. 어떤 개들은 만져주는 것을 즐기거나 자기가 좋아하는 장난감을 가지고 잠깐 노는 것을 좋아할 수도 있다. 또 어떤 개들은 부드러운 언어적 칭찬을 최고의 가치로 생각할 수 있는데, 불안증을 가지고 있거나 학대받았던 기억이 있거나 방치되었던 개들이 특히 그러하지만 흔하지는 않다.

만약 장난감 놀이의 보상을 좋아한다면 제한적인 놀이 시간이 필요하고, 그것을 교육목적으로 활용해야 한다.

앞으로 설명할 "가져가-놔"에 대한 내용을 미리 살펴보자. 왜냐하면 여러분이 장난감을 그냥 가져가려 한다면 개가 줘야 하는 순간에 잘 주지 않으려고 하므로 다른 장난감으로 대체해주면서 바꿔가는 것이 필요하기 때문이다. 그러한 교환이 없다면 아마도 '나 잡아봐라' 하는 놀이가 되어버려 교육을 방해하는 상황이 될 것이다. 어떨 때는 '장난감 밀당'을 하여 흥미를 끌어내는 것도 좋은 방법인데, 예를 들면 던져서 가지고 오기 게임을 짧게 하고 개가 지루해하거나 관심이 없어지기 전에 장난감을 치워버린다. 즉, 여전히 게임을 하고 싶을 때 멈춰야 하는데 주의해야 할 것은 관심 없어하는 장난감을 과다하게 사용하지 않는 것이며 개는 너무나 영리해서 여러 번 하면 흥미를 잃게 될 것이다.

만약 애정을 보상으로 원하는 개라면 상황이 쉽지 않을 수도 있는데, 왜냐하면 사랑하는 개의 애정을 통제하는 것은 어렵기 때문이다. 명확한 신호를 전달하고 '이제 교육 시간이니 내가 원하는 것을 네가 해주면 애정을 얻게 될 것'이라는 내용이 전달되어야 한다. 여러분이 행복한 목소리와 함께 애착 장난감을 만지는 신호들을 보내 개가 집중하면 루어로 "앉아"를 시킨다. 그러면 개는 어느새 이 지속적인 행복한 '의식'을 통해 이 연습이 보호자로부터 추가적인 관심과 사랑을 받는 즐거운 순간임을 알게 될 것이다.

여러 가지 방법 중 그 어떤 것에도 개가 반응하지 않는다면 행동전문가 또는 숙련된 트레이너들과 상담해보면서 개에게 혹시 어떤 문제가 있는지 알아봐야 한다. 단, 긍정강화 교육으로 지도한 경험이 많은 트레이너들과 상담해야 하며 수의사와의 상담 또한 추천하는데, 개의 행동에 영향을 끼칠 수 있는 신체 문제가 있을 수 있기 때문이다.

"앉아"를 가르치는 루어링

"앉아"는 가장 기본적인 교육으로 제일 먼저 배우는 동작이다. "이리 와", "엎드려", "서 있어"와 같이 많은 기본적인 행동들을 가르치기 위해 "앉아"부터 배우게 된다. 만약 이것이 군대식 훈련이라면 "차렷"과 같고, 발레 연습실에서라면 첫 번째 동작인 셈이다. 나의 개 브리오와 임시보호견 보즈, 그리고 나와 같이 지내는 모든 위탁견은 아침에 일어나서 밤에 잠자리에 들 때까지 모든 것을 하기에 앞서 "앉아"를 해야 한다. 예를 들면 내가 문을 여닫을 때 앉아야 하고, 집에 오거나 개들에게 인사할 때, 식사 시간, 산책 나가기 전, 차에서 하차 또는 탑승하기 전, 놀이 교육 전후 등이다. 모든 행동을 하기 전에 앉는 것은 보호자가 관대한 리더라는 것을 인식시켜주며, 보호자의 지시에 따라야 하는 것을 알게 해준다. 그뿐만 아니라 앉는 것으로 "부탁합니다"라는 의미와 종종 맛있는 보상을 받는다는 것도 알게 한다. 개인적으로 개들을 인간이 사용하는 언어 뜻에 대비해 표현하는 데 동의하지는 않지만, "앉아"의 효율성에 대해 개의 마음을 열거한다면 다음과 같을 것이다. '내가 앉으면 음식 그릇이 앞에 나타나고 먹을 수 있어' 또는 '앉으면 문이 열리고 산책하러 나갈 거야.'

처음에 앉는 것을 가르칠 때 이 단계에서는 루어를 사용할 뿐 "앉아" 또는 "브리오, 앉아"라고 절대로 말하지 않는다. 처음에는 좀 어려울 수 있는데, 왜냐하면 인간이 주로 사용하는 의사소통 도구가 언어이기 때문이다. 그러나 개의 자연적 근원은 언어가 아니라 시각이라서 언어신호는 개에게 어쩌면 소음이 될 수도 있는데, 개가 루어 개념을 파악하고 나면 그다음에 언어 또는 음성신호로 변경하는 것이 가능하다. 성격이 급한 사람들은 충분한 연습 없이 바로 음성신호를 시도하려고 하지만, 교육을 위해서는 개가 루어의 움직임을 좀 더 익혀야 한다. 만약 음성신호를 이미 알고 있는 반려견을 다시 입양하는 것이라면 일단 음성신호 사용을 중지하고 수신호로 루어를 익히기 위한 교육을 다시 시작하는 게 좋을 것이다. 이렇게 함으로써 새로운 보호자를 바라보도록 독려한다. 각각의 새로운 기술을 배우는 동안 개의 주의는 여러분에게 집중되어야 하고, 이 책의 후반부에서는 음성신호 사용법을 배우는데 그것은 동작에 이름을 붙이는 과정이다.

1 루어로 오게 하기 처음에 루어로 동작을 가르칠 때 손가락으로 루어를 잡고 개의 코에 대고 냄새를 맡게 한다.

2 루어 올리기 이번에는 루어를 개의 머리 위로 천천히 수직으로 올린다. 머리가 뒤쪽으로 점점 젖혀지기 시작하면 계속 천천히 더 올린다. 개가 지속적으로 루어를 따라갈 때 머리가 뒤로 더 기울어지면서 자동으로 엉

덩이는 바닥을 향해 낮춰질 것이다. 엉덩이가 땅에 닿자마자 "옳지"라고 말하는 동시에 트릿을 주고 다른 손으로는 목 주변을 쓰다듬어준다. 그러고 나서 5초 정도 칭찬과 신체적인 보상을 해주면 되는데, 내 경우에는 "너는 정말 대단해. 브리오야, 넌 참 좋은 개야"라고 말한다. 여러분에게 집중하게 만들고, 좀 더 바란다면 여러분을 응시하도록 가르치는데 그것이 서로의 유대감을 강화해주고 여러분에게 오롯이 집중할 수 있도록 만들어주기 때문이다. 개가 산만해지는 것 같으면 열정을 더 높여서 이 세상에서 가장 흥미로운 존재가 되어야 한다.

어떤 개들은 우리가 보내는 신호들을 바로 알아내고 습득하는데, 이는 개에 따라 다르다는 것을 알아야 한다. 내가 보내는 신호들을 잘 인지하지 못하는 것 같고 몇 번 시도했음에도 "앉아"를 잘하지 못한다면 "앉아" 이전의 과정들을 나누어서 다시 연습시켜야 한다. 이를 '신호 나누기' 또는 '부분 만들기'라고도 하는데, 예를 들면 머리만 올려도 보상을 통해 강화해나간다. 공중에서 코만 살짝 들어도 보상해주고, 조금씩 개의 코가 점점 더 뒤로 올라가는 반복을 통해 보상과 강화를 이어주다 보면 결국 개가 하늘을 보게 되고 그러면서 자동으로 엉덩이가 바닥 쪽으로 낮춰지게

될 것이다. 그때 다시 "잘했어" 하고 음성 표시와 보상을 해주고 강화를 이어나간다. 그다음 단계로, 엉덩이가 더 낮아지게 되면 또 보상해주고 결국에는 땅에 닿으면서 "앉아"가 만들어진다.

인내심을 가지는 것은 매우 중요하다. 엉덩이가 땅에 닿기까지 10회 정도의 연습을 했다고 치자. 개 입장에서 처음 트릿을 얻었을 때는 마치 큰일이 벌어진 것 같고, 두 번째 트릿의 획득은 우연의 일치 같을 것이다. "앉아"와 보상의 관계를 연결해놓으면 패턴 학습도 가능해진다. 즉 "앉아"를 잘하니 보상이 나온다는 연결을 이해하도록 15~25회 정도 연습하고 반복과 연습이 진행되면서 더 쉽게 학습하게 될 것이다. 이렇게 함으로써 루어를 따라가도록 가르치는 데 매우 중요한 기틀을 마련한다. 혹시라도 진행 속도가 너무 느리거나 개가 이해하지 못하는 것에 여러분도 예민해져서 흥미가 떨어져버린다면 재충전의 시간을 가지고 쉬는 것이 서로에게 도움이 될 것이다. 그러나 억지로 계속 진행한다면 흥미를 완전히 잃게 될 수 있으므로 주의하고 차선책으로 개가 좋아하고 바로 할 수 있는 쉬운 동작을 해본다든지 루어 따라가기 게임 같은 것을 하면서 보상을 주면 자신감을 회복하고 다시 흥미를 갖게 될 것이다. 교육일지에 기입하는 것도 잊지 말고 다른 동작들도 짧게 해볼 것

을 권장한다. 2분 이상의 교육 후에는 9장에 나와 있는 과제 동작들 또는 게임을 같이해보는 다양성을 갖추는 것이 좋다. 교육과 놀이가 분리되어 행해진다면 개의 자신감 또는 교육받는 즐거움이 떨어질 수 있으므로 언제나 즐거운 과정이 되어야 한다는 것을 잊지 않도록 하자.

시간 차와 음성표시

수없이 많은 반복은 알맞은 타이밍에 대한 감각을 키워준다. 즉, 원하는 동작을 이행한 바로 그 순간 정확하게 긍정적인 표시를 한다. 예를 들면 엉덩이를 바닥에 대는 순간 "옳지"라고 말하여 개에게 여러분이 요구하는 동작을 완성시켰다고 알려준다. 여기에서 "옳지"라는 말은 표시로 사용되는 것인데, 만약 제때 표시해주지 않으면 개는 의도치 않게 잘못 배우게 될 수 있다. 예를 들어 "옳지"를 너무 늦게 해버리면 개는 자기가 고개를 숙이거나 입을 벌린다든지 꼬리를 흔드는 것 등을 여러분이 원하는 것으로 착각할 수 있다. 그러므로 엉덩이가 바닥에 닿는 바로 그 순간 "옳지"라고 말해주어 "옳지"와 여러분이 원하는 행동을 연관시킬 수 있도록 해야 한다. 매번 반복해서 연습할 때 정확한 순간에 칭찬해야 하며, "앉아"를 할 때는 엉덩이가 땅에 닿는 바로 그 순간임을 알아야 한다.

그렇다면 "옳지"라는 말 외에 다른 말들도 표시 역할을 할 수 있는데, 일반적인 표시어들로는 "고마워"와 "맞아"가 있다. 그러나 어떤 단어로 표시하건 간에 지속적으로 하는 것과 항상 똑같은 억양으로 하는 것이 중요하다. 매번 정확하게 같은 방식으로 말해야 하며, 똑같은 크기의 소리와 음성 높이, 그리고 같은 감정 레벨로 말하는 것이 중요하다.

교육을 진행할 때는 정확한 타이밍에 표시해야 하고, 그것을 연습하고 수없이 반복하는 것이 좋다.

이 시점에서 클리커에 대한 이야기를 빼놓을 수 없겠다. 많은 트레이너들은 좋은 행동에 대한 표시로 클리커를 사용한다. 기본적으로 "옳지"라고 말하는 대신 클릭하는 것이 더 쉽고 알맞은 타이밍에 정확하게 표시할 수 있다는 장점이 있다. 개인적으로 클리커를 사용하는 것을 무척 선호하지만, 현재는 여러분의 움직임과 목소리를 포함해 최대한 많이 집중하는 것이 중요하기 때문에 앞으로 5주 동안의 기본과정은 음성표시에 집중하는 것을 위주로 연습한다. 추후에는 여러 가지 새로운 몸짓을 조화롭게 시도함과 동시에 클리커도 배우는데, 기다릴 수 없다면 10장에서 클리커 교육에 대해 소개하므로 참고한다.

개의 이름 말하기　칭찬과 보상 과정에서만 이름을 불러야 한다. 소파에서 내려와야 할 때나 여러분의 손에 자기 입을 갖다대려고 할 때, 입에 물고 있는 물건들을 내려놓아야 할 때 등 동작을 교정하는 중에는 이름을 부르면 안 된다. 예를 들면, "옳지, 브리오"라고는 해도 "안 돼, 브리오! 엎드려!" 또는 "브리오, 그거 내려놔!"라고 하지 않는다. 그렇게 되면 의도치 않게 이름을 벌과 연관시켜 교육할 수 있기 때문이다. 그러다 보면 학습과정이 지연되고 교감 형성에 부정적인 여파가 있을 수 있으며, 심한 경우에는 이름에 아예 반응하지 않을 수도 있다.

부정적 상황에서 이름을 불렀다면 이 책의 뒤편에서 다루게 될 '이름 부르기 게임'을 가능한 한 빨리 해볼 것을 권장한다.

"이리 와"를 위한 루어링

"이리 와"는 신호를 주었을 때 여러분에게 오는 것을 의미한다. "이리 와"는 기본적으로 안전을 위해 중요할 뿐만 아니라 개에게 더 많은 자유로움을 주기 위한 목적도 있다. "이리 와"가 잘되는 개는 더 많은 자유가 주어지고 사회화할 수 있는 기회가 더 주어진다. 그러나 숙련하기가 쉽지 않기 때문에 동작을 나누어 단계별로 신호에 맞춰 강화하는 것이 가장 효율적이며, 제일 마지막 단계의 동작을 첫 번째로 가르치고 잘하면 신호에 맞춰 강화하는 것이 순서다. 이번 주에는 동작 단계의 마지막 부분부터 신호와 동시에 할 것이다. "이리 와"의 가장 마지막 동작 단계는 여러분 앞에 왔을 때 앉는 것이다.

이 연습을 하기 위해 보조자의 도움이 필요한데, 집에 어린아이가 있다면 함께할 수 있는 매우 좋은 연습이 될 것이다. 보조자에게 리드줄을 잡으라고 하고 여러분은 손에 트릿을 들고 세 발자국 정도 뒤로 간다. 개를 향해 트릿을 쥔 채 루어를 하고, 그것을 여러분의 무릎으로 가져간다. 그런 다음에 보조자에게 줄을 놓으라고 말한다. 여러분에게 오면 앞에서 말한 것처럼 루어를 통해 앉게 하고, 앉으면 "옳지"라고 하면서 표시하고 칭찬과 트릿으로 보상해준다.

혹시 여러분에게 와서 앉지 않는다면 칭찬만 하고 트릿은 주지 않는다. 그리고 나서 세 발자국 뒤로 물러나서 처음부터 이 동작을 다시 반복한다. 개의 코에서 여러분의 무릎으로 트릿을 당기는 것으로 루어를 시킨다. 만약 앉지 않는다면 다시 시도하고 또 반복한다. 칭찬하고 나서 트릿을 주지 않고 세 발자국 뒤로 가서 다시 시도한다. 세 번째 시도에도 앉지 않는다면 칭찬해주고 트릿을 주도록 하고, "이리 와"라는 동작을 잘한 것에 대해 칭찬해준다. "이리 와"를 하고 난 뒤에 앉는 것을 아직 연결하지는 못했다 하더라도 그리 문제될 것은 없다. 루어링을 사용하면서 위의 동작들을 반복하여 앉는 것을 계속 가르치다가 "이리 와"를 하고 나서 "앉아"를 계속 연습하면 된다. 개가 자신감을 얻도록 거리를 좁혀서도 해보고 여러분의 지시를 따름으로써 보상이 주어진다는 데 대해 이해시키도록 하는데, 이는 긍정강화를 생성시킨다. 여러분에게 온 뒤 신호에 맞춰 앉는 것을 꾸준히 계속할 수 있다면 할 때마다 몇 발자국 뒤로 가서 시도하도록 한다. 신호와 함께 같은 손을 사용하여 트릿을 주도록 해야 한다.

아이콘택트 연습

"이리 와" 연습을 마치고 여러분의 눈을 보게 하기 위한 교육을 몇 분 동안 해본다. 이렇게 간단하고 재미있는 연습은 하루에 여러 번 간격을 두고 실행한다. 아이콘택트는 집중과 교감을 위해 매우 중요하기 때문에 강아지 때부터 연습해야 하고, 그렇게 하면서 여러분이 하는 동작 하나하나를 보게 될 것이다.

처음에는 개의 코에 트릿을 대고 냄새를 맡게 한다. 그러고 나서 흥미를 가지면 트릿을 여러분의 눈 가까이 가지고 가서 "옳지"라고 말하고 조용히 2초를 센다. 2초 동안 개가 집중하면 트릿을 먹도록 해준다. 그런 다음 다시 반복할 때는 추가로 1초를 더한다. 매번 성공적인 반복을 할 때 1초씩 추가한다.

조용히 초를 세며 기쁘고 칭찬이 담긴 목소리로 "옳지"라고 말한다. 다시 반복하기 전에 조금씩 단계를 나눠서 나아가는데, 일반화를 하기 위해 다른 장소에서도 한다. 만약 다른 쪽으로 고개를 돌리거나 눈을 맞추지 않는다면 다른 곳으로 가서 다시 1초 동안 시도해보고 아이콘택트를 하지 않으면 보상을 주지 않는다. 그러나 여러분도 모르게 다른 곳을 보게 만들었을지도 모른다는 것을 염두에 두고, 만약 점프한다면 이 연습을 하는 동안에는 리드줄을 발로 밟아 점프하지 못하게 한다. 내 경험에 따르면 특정 견종들이 특히 이 동작을 잘하는데, 잭 러셀 테리어는 저먼 셰퍼드보다 일반적으로 더 쉽게 산만해질 수 있지만, 오히려 그 반대의 경우도 경험해본 적이 있다. 기억할 것은 모든 개는 자신만의 속도로 성공을 만든다.

리드줄 걷기: "나무가 되세요" – 첫 단계

세상에서 내가 가장 좋아하는 것 중 하나는 개들을 데리고 장시간 산책하는 것이고, 지금도 하루에 평균 두 번 정도는 나가서 걷는다. 우리 지역에서 말이 다니는 길 중 하나를 선택해서 주로 돌아다니는데, 이 길은 나의 소유지이기도 하다. 걷기는 좋은 운동일 뿐만 아니라 재미난 풍경들과 다채로운 냄새가 개들의 호기심을 자극하고 적극적으로 만들어주기도 한다. 하지만 한 가지 확실히 해두는 게 있는데, 브리오와 보즈가 리드줄을 잡아당긴다고 절대로 그들 뜻대로 되지는 않게 한다. 가끔 길에서 반려견이 소화전에서 가로등으로, 전봇대에서 나무로 보호자들을 끌고 다니는 모습을 보는데 우리가 원하는 것은 개가 느슨해진 줄로 옆에서 차분히 걷는 것이다. 그렇다고 오비디언스의 셰퍼드처럼 초집중하면서 완벽하게 옆에서 걷는 것을 말하는 것은 아니다. 도그쇼 결승전을 예로 든다면 상급으로 트레이닝 된 개들조차 무대 위의 스포트라이트가 잠시 비추는 동안에만 핸들러에게 완전히 집중할 뿐이다. 이렇게 언급하는 이유는 개에게 리드줄 걷기를 가르친다는 것은 더 많은 인내심과 자신감을 갖게 하기 위해서다. 혹시 여러분의 반려견이 줄을 당기지 않는 아주 예외적인 개라면 큰 행운이며 축하받을 일이고, 복권에 당첨된 것과 다를 바 없다는 것을 말해주고 싶다.

걸을 때 왼쪽에 개를 있게 하고 여러분의 몸 앞에서 리드줄을 가로질러 손잡이를 오른손으로 쥐고 리드줄의 중간 부분은 왼편에서 왼손으로 꽉 쥔다. 만약 개를 오른쪽에 놔두고 걷기를 원한다면 위와 반대로 하면 된다. 가끔 손목에 리드줄 손잡이를 걸기도 하는데, 개가 만약 확 잡아당긴다면 부상을 입을 수도 있으니 주의해야 한다. 마틴게일 목줄 또는 젠틀리더, 가슴 쪽에 고리를 거는 하네스 같은 것을 사용할 때도 리드줄을 잡는 위치는 변함이 없다.

지금부터 진행되는 교육의 요지는 5분 이상 소요하지 않는 것이며, 원하는 방식대로 개가 리드줄 걷기에 익숙해지도록 만드는 것이다. 180cm 정도의 리드줄을 권장하며, 충분한 트릿을 준비한다.

---

1 처음부터 집중하기 첫 단계에 돌입하기 전에 개가 여러분에게 집중하고 있는지 살피고 나서 왼손에 트릿을 잡고 원하는 방향으로 루어를 하며 걷는다. 소형견이라면 허리를 구부려 루어를 하고, 리드줄이 많이 느슨한 상태에서 전진한다.

2 나무가 되기 혹시 개가 잡아당긴다면 걷기를 멈추고 리드줄을 여러분의 가슴 쪽으로 꽉 쥔 상태에서 움직이지 않고 나무처럼 서 있는다.

3 표시하고 보상하기 개가 여러분을 바라보는 순간에 "옳지"라고 말하고, 트릿을 가지고 여러분 쪽으로 오도록 유도한 다음 2보 뒤로 간다. 칭찬해주는 동시에 목을 만져주면서 트릿으로 보상한다. 그런데 여기서는 타이밍이 매우 중요하므로 개가 여러분을 바라보는 순간이 아주 짧다 해도 여러분에게 집중하는 순간이기 때문에 잘 포착해야 한다. 만약 여러분을 보지 않으면 과정을 세부적으로 나눈 뒤에 아주 작은 향상에도 보상해주도록 한다. 과정을 따르지 않고 줄을 계속 당긴다면 잘 관찰하면서 느

순하게 하는 순간을 포착하여 칭찬해주지만, 여전히 주의를 기울이지 않는다면 약간의 소리를 내어 주목을 유도한다. 그래도 계속 집중을 안 하면 줄타기를 하고 올라갈 때처럼 개 쪽으로 살살 두 손을 번갈아 리드줄을 잡고 말아가면서 다가간 뒤에 루어를 사용하여 다른 방향으로 걷기를 시작한다. 다가가는 중에 개가 쳐다보면 칭찬해주고 그대로 멈춘 뒤 루어를 해서 방향을 바꾸고 다시 걷기를 시작한다. 이것은 장거리 걷기나 옆에 서기 위해서가 아닌 리드줄을 잡는 방법, 그리고 개가 당겼을 때 어떻게 해야 하는지를 알려주기 위해 5분 걷기 연습을 활용하는 것이니 인내심을 가지고 노력하자.

일주일 동안 이 과정을 연습했다면 이제는 계속 관심을 가지면서 그 동작을 일반화시킬 수 있도록 변화를 주는 시기다. 걸을 때 여러 방향으로 가보고, 만약 실내에서 걷는 것을 선호한다면 의자나 테이블 같은 물체 주변을 걷도록 한다. 걸을 때 속도를 내보기도 하고 갑작스럽게 회전도 시도하면서 실수하도록 유도하는 것이 아닌 여러분에게 계속 집중을 유지할 수 있도록 루어 사용과 재미있는 목소리를 효과적으로 사용하면서 연습해본다.

둘째 주 후반쯤에는 방해 요소들, 예

를 들면 다른 개나 재미있는 모습의 인간을 등장시킬 것인데 그전에 성공적인 경험을 많이 하는 것이 중요하기 때문에 의도적으로 미리 적용하지는 않을 것이다. 외부에서 이 행동을 연습할 때 개에게 인사하고 싶어 하는 사람을 만난다면 걷기를 일단 멈춘 뒤에 리드줄을 발로 밟고 리드줄 손잡이를 여러분의 가슴 위에 잡은 상태에서 개를 가만히 있게 한다. "앉아"를 요구한 뒤 잘했다는 표시언어를 해주고 칭찬과 보상을 해준다. 만약 앉지 않는다면 리드줄을 밟고 있으므로 점프할 수는 없어도 서 있거나 엎드릴 수는 있다. 그런 상황에서는 간단히 인사만 하고 상대방에게 여러분이 지금 교육에 집중해야 한다고 말해주는 것이 좋다. 이 시점에서는 가능한 한 많은 방해 요소를 예상하고 피하는 것이 최선의 선택이다.

사회화 연습

너무나 많은 개들이 사회화가 되지 않아서 보호소나 구조단체에 버려진다든지 구조되어온다. 이것은 개에게 원인이 있다기보다 주인의 잘못인 경우가 훨씬 더 많다. 아주 일찍부터 다른 개들이나 사람들과 함께 사회화를 경험할 수 있도록 시간을 들이는 것은 보호자로서의 의무이자 책임이기도 하다. 그러므로 앞으로 5주간 프로그램을 하는 동안 적어도 일주일에 한 번은 사람들이 있는 상태에서 교육할 것을 권장하고, 예방접종이 완료된 상태라면 다른 개들과도 교류해보는 것이 좋다.

다른 보호자들과 함께 실내외 놀이 데이트나 그룹을 만들어보자. 아니면 수의사나 미용사에게 매너 좋은 반려견이 있는

> 개들을 사회화하는 것은
> 우리의 책임이다.

보호자들을 소개해달라고 부탁해본다. 다른 개들과 처음 사회화해보는 것이므로 여러분의 개와 비슷한 크기(특히 초소형 견종이라면 더욱더 그러하다)의 개들과 함께해야 한다.

보호자와 그의 반려견을 교육할 때 내가 선호하는 연습이 있는데, 처음에는 울타리로 막혀 있는 공간에서 2분 동안 리드줄 없이 놀이시간을 가지고 나서 개를 부른다. 아직은 "이리 와"를 배우는 단계이므로 개에게 다가가서 놀이 시간이 중단

되었다는 것을 알려주고 우리가 연습했던 트릿을 코에, 그다음에는 여러분의 무릎으로 가져오는 수신호로 루어링을 한다.

10초 정도 개를 칭찬하고 나서 신호에 맞춰 "앉아"를 5회 시키고, 트릿을 준 다음 다시 놀 수 있게 풀어준다. 놀이를 방해하는 중요한 이유는 세 가지다. 첫째로 성공적인 "이리 와"를 습득시키기 위해, 둘째로 "이리 와"가 놀이 시간의 끝이 아님을 상기시켜주기 위해, 마지막으로 여러분에게 주된 집중을 유지해야 함을 알려주기 위해서다. 이렇게 놀이 과정에서 "이리 와" 연습을 4회 정도 반복해서 한다. 이 연습은 대체로 강아지들이 교육된 성견들보다 더 빨리 익히지만, 모든 연령의 개에게 활용할 수 있는 시도이기도 하다. 만약 놀이 중 "이리 와"가 잘되지 않을 때는 다른 개의 보호자가 자기의 개를 루어로 오게 하고, 그때 여러분의 개도 루어를 시켜서 오게 해본다.

"이리 와" 연습을 4회 반복하고 나서 개들이 만약 계속 놀고 싶어 한다면 다른 행동연습을 시도해보자. 이것은 개들을 서로 가까이에 있게 해보는 것이지만, 억지로 불편하게 만들면서 가까이 가게 하지는 않는다. 놀이를 끝낼 때는 즐겁게 마무리한 뒤 다음번에도 같이 놀고 싶게 하는 것이 중요하다.

추가로 리드줄 없이 다른 개들과 함께 짧은 시간 동안 놀 때 폭력성 또는 과격함을 보이거나 숨지는 않는지 지켜본다. 혹시라도 거리두기를 할 필요가 있다면 그 자리에서 바로 여러분의 개를 들어 올린다. 만약 개가 불편함 또는 두려움을 느끼는 상황에서 점프를 시키면 오히려 더 무서워할 수 있기 때문에 조심해야 하고, 그 대신 여러분의 다리 사이로 들어오게 하여 개가 더 편안해하는 것 같이 보이면 그렇게 하는 것이 좋다. 이때 상대 개의 보호자는 자기 개의 주의를 다른 곳으로 돌리거나 그 자리에서 루어로 앉게 하여 보호자에게 집중하도록 만든다. 만약 개가 폭력성 또는 과격함을 보인다면 공원이나 반려견 카페에 데려가는 것은 적절하지 않다. 12장에서 '공원 가기'에 대해 다룰 것이니 읽어보고 적용하기 바란다. 혹시 재입양된 반려견이라면 더 짧은 시간 동안 사회화를 시키면서 개가 편안함을 느끼는 곳은 어디인지, 문제행동을 도발하는 사건이나 그 사건의 촉발 원인은 무엇인지를 알아보는 것이 중요하다.

일단 현재 수업은 종결하고 과제를 해보자. 재미있게 하는 것이 제일 중요하다는 것을 잊지 않도록 한다.

과제에 대한 오리엔테이션

9장에서는 장마다 소개하는 교육을 연습하는 동안 여러분과 개가 재미있게 할 수 있도록 26개의 행동과 게임들을 소개할 것이다. 하루에 적어도 10분씩 이 동작 중의 몇 가지와 게임 하는 것을 강력하게 추천한다. 게임들은 내가 가르치는 동작을 개가 잘 따라 하지 못할 때 변화를 주기에도 좋다.

과제가 왜 중요할까? 개를 교육하다 보면 여러분이 원하는 개의 행동이 자연스럽게 만들어져가는 일종의 컨디셔닝 과정을 거치게 된다. 간단히 말해 '컨디셔닝'이 의미하는 것은 연관관계가 이루어지는 작업을 행하면서 학습되는 것을 의미한다. 보상이 따라오는 행동들을 계속 반복할수록 다음 반복에서 얻게 될 보상을 더 예상하게 되고, 결국 좋은 컨디션이 된다. 즉 각각의 신호에 완벽하게 적응하고, 동작을 만들어내는 과정을 계속하다 보면 나중에는 보상이나 트릿 없이도 저절로 하는 단계가 오게 된다. 그러나 이렇게 되기 위해서는 시간과 노력을 기울여야 한다.

개들은 한 번에 길게 수업하기보다는 짧게 여러 번 하는 것이 효과적이다. 심지어 60초를 쪼개서 수업을 할 수도 있다. 그리고 하루 중 짧은 시간 동안의 많은 수업은 개를 계속 학습 모드로 유지해준다.

이번 주부터 과제를 시작하면서 실행하는 것을 즐길 수 있도록 집중해보고, 성공에는 기뻐하고 실패하더라도 웃자. 여러분의 개가 너무너무 재미있어하고 함께 좋은 시간을 가진다면 더 큰 자신감을 얻게 될 것이다. 첫째 주에는 즐거운 반복을 만들도록 노력하면서 과정 내내 그러한 재미를 느끼는 것이 중요하다는 것을 잊지 않도록 한다. 나의 수업에서는 과제를 재미있는 작업이라고 말하고, 특히 아이들이 참가할 때는 더욱 재미있어진다. 즐겁게 놀고 있는 아이들에게 "숙제해야지"라고 말하면 마치 구멍이 난 풍선에서 공기가 빠지는 것 이상으로 열정이 더 빨리 가라앉는 것을 보는데, 내가 "재미있는 것 하기"라고 말하면 반대로 빨리 열정이 채워지는 것을 경험했다. 마찬가지로 여러분도 자신의 반려견과 함께 과제를 하면서 재미있고 열정이 가득하게 연습하면 좋지 않을까?

추천하는 게임과 행동

아래의 게임들을 함으로써 트레이닝의 경험에 다양성과 재미를 더해줄 것이다(9장 참조).

◆ 이름 게임

◆ 아이콘택트 연습

◆ 루어 따라 하기

◆ '강아지 전달하기'와 '까꿍'은 이행하는 개가 행동 문제가 없다는 전제하에 물기 억제, 다루기, 부드럽게 되기 등을 강화해 준다.

◆ "아야" 놀이는 개의 입안을 볼 수 있게 해주고, 치아와 발가락 숫자를 셀 수 있게 해준다.

5장

둘째 주: 일상의 교육

이번 주와 앞으로 매주 이전에 배웠던 내용들을 강화할 것이다. 혹시 여러분의 개가 이런 과정 중 하나라도 따라오지 못한다 해도 괜찮다. 왜냐하면 이것은 점수를 받는 과정도 아니고, 다른 개들하고 경쟁이나 비교하는 것도 아니기 때문이다. 무엇보다 개가 여러분과 더불어 즐거운 삶을 살 수 있도록 도와주는 것이기 때문에 최상의 결과를 위해 각자의 학습 속도에 맞춰서 진행하면 된다.

다시 말해, 지난주의 과정들을 복습해야 할 상황이라면 그렇게 하는 것이 옳다. 나의 수업에는 가르치는 신호들을 잘 이행하지 못하는 반려견들이 늘 있다. 그러면 나는 보호자들에게 성공할 수 있도록 도와줘야 하고, 너무 강하게 밀어붙이지 말고

차분하게 한 단계씩 상황에 맞춰서 하다 보면 개들도 언젠가는 이해하게 된다고 말해주는데, 이를 전적으로 신뢰해도 된다.

이제 새로운 기술을 습득하기 위해 앞으로 나아갈 준비가 되었다면 이번 주에는 일상생활에서 함께하는 교육을 할 것

이다. 예를 들면 '나에게 묶어놓기' 연습은 개가 걷는 동안 여러분의 신체언어를 익힐 수 있도록 도와주고 계속해서 "이리 와", "엎드려" 동작도 할 것이다.

나에게 묶어놓기

매일 5~10분 동안 여러분이 연습할 수 있는 빠르고 간단한 묶어놓기 연습을 할 것인데, 이 연습은 다른 어려운 동작들 사이에 편안한 휴식이 되어줄 수도 있을 것이다. 리드줄을 여러분의 허리벨트에 묶고 몇 개의 트릿을 준비해둔다. 길을 가다가 개의 집중을 흐뜨러뜨리는 행동을 해보면서 움직이기도 한다. 집안에서 할 경우에는 테이블이나 의자 주변에서 조용히 걷기, 여기저기 방에 들어가기, 앉아서 TV를 시청하거나 전화하기, 인터넷 하기, 인스타그램에 개 사진 올리기 등을 해본다. 묶여 있는 동안 간단한 동작을 계속 하는데 개의 물그릇 채워주기, 크레이트의 바깥 부분 만져보기, 크레이트 안 들여다보기, 또는 개의 쿠션이나 방석을 털거나 만져보기도 한다. 외부에서 교육할 때도 똑같이 나에게 묶어놓고 돌아다니는데, 여기저기 조금씩 움직이면서 다닌다. 장난감, 수건, 빗 같은 것들을 꺼내 하나를 땅바닥에 놓아두고, 다른 곳으로 가서 하나를 놓고, 그리고 또 다른 곳에 나머지 하나를 놓는

다. 그런 다음에 랜덤으로 하나씩 줍고, 다 주우면 다른 곳에 모아둔다. 이런 과정을 거치는 동안 개가 나를 쳐다볼 때마다 "옳지" 하고 표시한 뒤 목 주변을 만져주거나 쓰다듬어주고 트릿 보상을 해준다.

다음 행동으로 옮기기 전에 개에게 몸을 약간 수그린다든지 팔을 살짝 돌리거나 손뼉을 살살 친다든지 하는 힌트를 주는데, 혹여 갑작스럽게 회전하여 개를 놀라게 하지 말고 돌기 전에 발을 왔다 갔다 움직이는 것이 좋다. 성공을 자주 하여 보상을 많이 받는다면 그 행동을 더 하고 싶어 하게 되고, 결국에는 이런 교감 연습이 개에게 습관이 되어 걷는 동안 또는 집에서나 외부에서나 상관없이 여러분에게 늘 집중하게 될 것이다.

3장에서 언급한 묶어놓기 연습을 하는 이유에 대해 다시 말하자면 리드줄을 허리벨트에 묶어놓는 것은 계속 여러분의 몸 가까이 두는 것이고, 돌거나 속도를 올리거나 늦추거나 할 때 그리고 가만히 있다가 다시 시작하거나 할 때 여러분의 신

체언어를 이해하도록 도와준다.

그뿐만 아니라 반려견이 여러분에게 묶인 상태에서 연습을 통해 배우게 되고, 집중하여 같은 속도로 걸으면서 개의 신체언어를 예상할 수도 있게 된다. 예를 들면 여러분에게서 빠져나가고 싶어 할 때나 다른 것을 탐색한다든지 방으로 가려고 시도하는 것이나 다가가면 안 되는 물건들에 다가가려고 할 때를 미리 알 수 있게 된다. 집안에 개가 만지면 안 되는 물건들에 다가간다든지 실내에서 대변을 보는 등 원치 않는 행동을 할 때는 개가 여러분에게 묶여 있으므로 바로 저지시킬 수 있고, 잘못된 획득품을 여러분에게 바로 주게 하며, 출입금지 구역 또는 만지면 안 되는 물건에서도 멀어지게 할 수 있다.

"앉아": 개의 실생활 보상체계

이제는 식사를 포함하여 모든 일이 벌어지기 전에 먼저 앉아서 기다리는 것부터 시작할 것이다. 특히 이번 주에도 손 급여를 하기 때문에 개가 제공받는 한 움큼의 음식을 먹기 위해서는 일단 앉는 것부터 이루어져야 한다. 앉고 나면 먹는 것은 수월하게 할 수 있으며, 여러분의 손이나 몸에 점프만 하지 않으면 괜찮다. 한 번 주는 양을 다 먹고 나면 다음 양을 주기 위해 다시 앉게 한다. 여러 장소에서 연습하는 것이 중요하며, 특히 크레이트 교육이 되어 있으면 크레이트 안에서 연습하는 것도 좋은 방법이다.

교육할 때 외에도 일상의 모든 행동에 앞서서 앉으라고 하는 것을 이른바 '실생활 보상체계'라고 부르는데, 이와 같이 하루 내내 "앉아"를 하는 것이 실제로 무엇을 의미하는지와 그것에 대한 관련성을 개가 배우게 될 것이다. 앉으면 보상으로 내가 보여주는 장난감으로 놀 수 있고, 들고 있는 그릇 속의 음식을 먹을 수 있거나, 자기를 위해 문을 열어주고 바깥으로 나가는 것이 허락되는 등 이 모든 것이 따라옴을 알게 된다.

또한 앉지 않으면 보상이 따라오지 않는다는 것도 알게 된다. 예컨대 장난감을 물면 안 된다는 것, 음식을 못 먹거나

> 모든 행동을 하기 전에 "앉아"부터 실행하는 것은 생활 속 보상체계이기도 하다.

문 밖으로 나가지 못하는 것 등이다. 지난 주에 학습을 시작한 "앉아"는 개에게 준비 자세로 "제가 해도 될까요?"라고 묻는 개의 방식이 되기도 한다. 그리고 다양한 곳에서나 외부에서 걷는 동안 개에게 "앉아"를 하면서 신호를 일반화시키는 것도 중요하다.

아직 "앉아"라는 음성신호를 사용할 단계가 아님에도 나의 학생들은 음성신호를 간혹 사용하는데, 지금 시점에서는 음성신호를 사용하지 않는 것이 좋다. 과제를 충실히 하면서 "앉아"를 위한 루어링의 움직임이 더 자연스러워지면 추후에 음성신호를 대입할 것이다.

트릿 주지 않기: 슬롯머신과 잭팟 심리

"앉아"의 성공률이 80%, 즉 10회 중 8회를 성공시키게 되면 이제는 성공할 때마다 트릿을 주지 않아도 된다. 예상하는 트릿들이 나오지 않으면 트릿을 얻기 위해 더 열심히 노력하게 되고, 이것은 교육에 더 흥미를 가지게 만들 것이다.

트릿을 주지 않는 것은 '슬롯머신의 심리'를 사용하는 것이다. 스스로에게 물어보자. 인간은 왜 도박을 할까? 보상 가능성이 있다는 것을 알지만, 그것이 언제 오게 될지 모르는 불확실성을 즐기는 것이다. 이것은 개에게도 똑같이 적용되는데, 행동과학자들은 개에게 처음 기술을 습득하게 하고 나서(제1 학습 단계) 그 기술을 향상 하는 행동(제4 학습 단계)으로 강화하는 가장 효과적인 방법은 예상할 수 없는 무작위의 보상법을 사용할 때 가능하다

는 것을 알아냈다.

심리학자 에드워드 손다이크(Edward Thorndike)는 현대 행동심리의 초석이 된 학습의 시행착오 이론을 오래전에 받아들였다. 즉 개들이 보상을 계속 받으면 다시 보상받을 방법을 알아내기 위해 노력할 것이며, 여러분은 개에게 보상을 주는 슬롯머신이 되어야 한다는 것이다.

위의 기술에서 중요한 부분은 '잭팟'이라고 불리는 보상인데, 소위 개의 입장에서 보면 왕대박이 터지는 것과 다를 바없는 보상을 받는 것이다. 이것은 개에게 1개의 트릿을 주는 대신 한 번에 7~10개를 연달아 주는 것이다. 잭팟에 대한 보상으로 트릿을 하나씩 줄 때마다 엄청난 열정을 퍼부어 "옳지"라고 칭찬해줘야 한다. 잭팟을 얻음으로써 개의 호기심과 자신감

그리고 교육의 즐거움은 더 상승하게 되는데, 한 번에 10개의 트릿을 연달아 받는 기쁨을 무엇으로 설명할 수 있을까!

설명을 좀 더 해보면, 여러분이 처음에 개의 코 위쪽으로 루어를 하는 둥 마는 둥 했는데 개가 앉기 시작했다고 한다면 아마도 개는 여러분의 손 움직임을 자기에게 "앉아"를 요구하는 것으로 이해했을 것이다. 바로 이때가 잭팟을 받게 되는 순간이다. 개가 잭팟을 받을 가치 있는 행동을 충분히 만들어준 것이다. 물론 앉은 것이 우연의 일치로 일어난 단순 사건일 수도 있겠지만, 그건 그다지 중요하지 않다. 처음 잭팟을 받고 나서 다음 시도에서 더 빠르게 앉는다면 또 다른 잭팟, 그러나 이번에는 좀 적은 잭팟을 줘야 한다. 그럼 2개의 잭팟을 연달아 받은 개는 무슨 생각을 하게 될까? '첫 번째는 우연이었어. 근데 두 번째는 우연의 일치는 아닌 것 같고, 내가 앉은 것과 닭고기 냠냠이와 상관이 있는 것 같은데?' 물론 개가 언어로 이렇게 표현하지는 못하지만 손다이크(Thorndike), 파블로프(Ivan Pavlov), 스키너(B. F. Skinner) 외에도 여러 심리학자들은 개들이 성공의 원인과 다시 보상을 얻기 위한 방법 찾기를 좋아한다고 밝혀왔다.

어떤 동작에 대한 개의 성공률이 잭팟 이후에 일시적으로 떨어지는 것은 흔한 일이다. 왜냐하면 흥분이 가라앉지 않아

> *개들이 보상을 받고 나면 다시 받기 위해 어떻게 해야 할지 생각하게 되고, 여러분은 개들의 보상 슬롯머신 역할을 하게 된다.*

집중력을 잃기 때문이다. 혹시 동작을 배운 뒤 성공률이 80% 미만으로 떨어진다면 개가 지루함을 느끼게 되었거나 지친 것일 수 있으므로 그럴 때는 다른 동작을 하는 것이 도움이 된다. 예를 들어 까꿍 게임이나 개가 아주 잘하고 쉬운 다른 동작 중의 하나를 해주면 된다.

다음 학습 단계는 여러분이 가르치는 동작을 개가 신호에 따라 완성시키고 나면 보상을 멈추는 것이다. 가르쳤던 모든 동작을 신호에 맞춰 훌륭히 완성시키고 나면 보상을 주지 않아도 되는데, 이렇게 되기까지는 몇 주가 소요되므로 인내심을 갖는 것이 중요하다. 이를 제4의 학습 단계인 '숙달 단계'라고 한다. 확실히 습득한 신호와 동작들은 더 이상 트릿을 주지 않아도 되지만, 지속적으로 개가 교육에 관심을 갖게 하기 위해 새로운 신호와 동작을 가르치는 것이 중요하다. 그리고 이와 같은 기술을 적용하는 것은 개의 평생 학습욕구를 생성시켜준다.

"앉아" 수신호 조정하기: 루어에서 신호까지

제2 학습 단계에 접어들면 "앉아" 신호와 잭팟 받기 등을 시작하는 단계가 되고 이제는 루어링 대신에 수신호를 사용하여 동작을 만드는 수정 단계를 거치는데, 수신호를 사용한다는 것은 개에게서 약간 멀리 떨어져서 개가 앉을 수 있게 여러분의 몸짓을 보여주는 것이다.

1 먼저 집중한다 손의 시작 위치는 루어링 신호 때와 같은데, 손바닥은 위를 향하고 손가락은 트릿을 잡는다. 트릿 중단 단계 중이라도 이 새로운 기술을 가르침으로써 다시 트릿을 사용해야 한다. 손은 시작하는 위치에 놓는다.

2 수신호 다음에는 손가락을 개의 코 바로 위에 두고 나서 천천히 손가락을 일직선으로 올린다. 개의 엉덩이가 바닥에 닿는 순간 신호를 멈추고 표시한 다음 칭찬하며 목을 만져준 뒤 트릿을 준다. 첫 시도에서 이 신호에 맞게 동작을 만들어주면 잭팟을 준다. 여러분의 신호에 맞춰서 개가 반응하는 성공률이 다음 반복에서는 어느 위치까지 손을 올릴지에 대한 척도가 될 것이다.

"앉아" 신호: 트릿을 중단한다

이번에는 좀 더 복잡한 교육 단계다. 손가락에 트릿이 없어도 수신호를 주면 개가 앉을 것인가? 수신호를 하기 위해 여러분이 사용하는 손바닥에 트릿을 올리고 시작한 뒤 다른 손에는 다른 트릿을 쥔다. 이전에 한 것처럼 수신호를 하고 나서 손가락을 가볍게 개의 코에 대고 코 위에서 직선으로 천천히 부드럽게 올린다. 개의 엉덩이가 땅에 닿을 때 "옳지"라고 표시하여 칭찬하고 목을 만져준 뒤에 수신호를 한 손에 있는 트릿을 주고 나서 다른 손에 쥐고 있는 트릿도 준다. 또는 잭팟을 할 경우를 예상하고 다른 손에 몇 개의 트릿을 쥐고 있을 수도 있다. 개가 성공하지 못해도 괜찮은데, 그럴 때는 개랑 한 바퀴 돌고 나서 다시 시도해보고 만약 성공하지 못하면 다음 반복을 위해 손가락의 트릿들은 계속 쥐고 있는다. 새로운 단계를 다시 반복하기 전에 의도적으로 개가 이미 알고 있는 동작들을 몇 번 반복하면서 잭팟을 주는 것도 괜찮다. 개가 지속적으로 5회 정도 성공시키고 나면 다음 단계로 넘어가는데, 이번에는 수신호 하는 손에는 트릿을 잡지 않고 다른 손에 잭팟을 줄 트릿들을 쥐고 실행한다. 개가 신호에 맞추어 앉으면 칭찬하고 목을 만져주고 나서 잭팟을 주고 이렇게 몇 번 더 계속 반복한 뒤 슬롯머신, 즉 예상하지 못한 트릿 주기를 시작하도록 한다.

지루함을 예방하려면 개가 이미 알고 있는 동작들의 학습 단계들을 놀이 시간에 섞어서 하거나 장난감 또는 공 던지는 것을 해보고 쓰다듬어주면 된다. 이렇게 짧게 같이하는 놀이는 여러분과 개를 학습에 몰두하도록 도와주는데, 다양한 장소에서 해보고 개가 잘하면 더 번잡한 장소에서 시도하면서 일반화시키는 것이 중요하다는 것을 기억하자. 산책하는 중에 앉기를 계속하다 보면 어느새 개는 수신호의 시작을 알아채게 될 것이며, 여러분의 모든 움직임을 더 주의 깊게 관찰할 것이다.

트릿, 놀이 시간, 게임 그리고 쓰다듬기 등의 보상을 계속 받게 되면서 개는 점점 자신감을 얻게 되어 심지어 여러분이 시키지도 않은 동작들도 할 수 있고 악수를 하거나 장난감을 가져다주기도 한다. 그런 일들이 생기면 여러분이 해야 할 일은 마치 복권에 당첨된 듯 온몸에 흥분을 드러내면서 개에게 감사를 표시하고 잭팟을 주는 것이다.

"이리 와": 거리를 두고 루어링 하는 것 그리고 음성신호 주기

지난주에는 개가 여러분의 앞에 와서 앉는 "이리 와" 신호의 마지막 동작 부분을 학습했고, 이번 주에는 "이리 와"의 거리를 넓히고 신호의 전체적인 단계들을 배운 뒤 마지막에는 앉는 것으로 마무리할 것이다.

세 발자국 거리에서 "이리 와"를 한 뒤 앞에 와서 앉건 아니면 한 발자국 거리에 왔는데도 앉지 않건 간에 일단 개가 와서 앉을 수 있는 거리에서 연습하는 것을 먼저 한다. 혹시라도 개가 "이리 와"를 한 뒤에 '앉기'가 되지 않는다면 거리를 넓히기 전에 앉는 것부터 가르치도록 한다. 지난주에 했던 "이리 와"의 기술에 익숙해지는 것부터 하는데, 첫째로 제1 학습 단계인 "앉아" 연습을 먼저 하고 나서 반 발자국 거리를 넓혀서 "이리 와"를 하고 성공시킨다. 그 뒤에 일반화하기 위해 옆으로 반 발자국 움직여서 시도한다. 그런 다음에 조금씩 거리를 넓히면서 또 해본다. 한꺼번에 거리를 너무 넓히면 실패할 수 있으니 개에 따라 아주 조금씩 거리를 넓혀야 한다.

개가 일단 세 발자국 거리에서 "이리 와"-"앉아"를 하게 되면 보조자와 연습할 수 있는데, 문이 닫힌 환한 실내에서 할 것을 추천한다. 왜냐하면 개가 산만해지지

않고 여러분에게 더 집중할 수 있기 때문이다. 리드줄에 채워진 개를 보조자가 붙잡은 상태에서 여러분이 개의 코에 트릿을 대고 살짝 약올린 뒤 돌아서서 1m 조금 넘게 간 뒤에 개 쪽으로 돌아본다. 만약 개가 리드줄을 당기면 여러분에게 집중하는 것이다. 이런 경우에는 보조자가 리드줄을 잘 잡고 있어야 하고, 과정 중에 개에게 나쁜 버릇이 생기지 않도록 하는 것이 중요하다. 또 줄이 너무 당겨지면 목을 다칠 수 있으므로 강약을 잘 조절하도록 한다.

개가 여러분에게 집중하면 음성신호를 붙이는데, 기쁘고 즐거운 목소리로 개의 이름을 부르면서 "이리 와!"라고 말한다. 이때 보조자는 리드줄을 놓는다. 개가 여러분에게 오도록 할 수 있는 모든 시도를 한다. 강아지 또는 소형견을 가르칠 때는 쭈그리고 앉거나 무릎 꿇은 상태에서 부르고, 박수를 크게 치면 개가 놀랄 수 있으므로 손바닥을 살살 치면서 부르고 개의 얼굴이 여러분 옆이 아니라 무릎의 정면에 오도록 루어를 해서 가르칠 수도 있다. 도착하면 "앉아" 신호를 주고 엉덩이가 땅에 닿으면 더욱 기뻐하며 칭찬해주고 목을 만진 뒤에 트릿을 준다. 나는 이것을 TV 드라마 「레시, 집에 와」에 나온 레시를 기억

하기 위해 "레시, 이리 와"로 이름 지었는데, 드라마에서는 매번 레시가 길을 잃고 다시 돌아오면 타미가 칭찬해주고 쓰다듬는 장면이 많이 나온다.

거리를 두고 성공하면 그다음에는 거리를 약간 더 넓히는데, 만약 잘되지 않는다면 다시 거리를 조금 좁히도록 한다. 반복적으로 계속 하다가 개를 루어 할 때 여러분이 앉거나, 구부리거나, 서 있거나, 아니면 이쪽 끝에서 저쪽 끝으로 자리를 옮기거나, 아예 다른 장소로 바꿔버리는 등 다양하게 변화를 주는 것이 좋다.

혹시 여러분이 부를 때 개가 바로 오지 않으면 아래의 기술들을 권장한다.

❯ 보조자가 리드줄로 개를 붙잡고 있는 동안 여러분은 개와 거리를 두면서 앞으로 갔다가 뒤로 갔다가 하면서 재미있는 소리들과 움직임들을 만든다. 개에게 다시 올 때마다 냄새를 맡을 수 있도록 트릿을 코에 댄다.

❯ 목표지점까지 개와 같이 달리고 나서 "앉아"를 시킨 뒤에 트릿을 준다.

❯ 여러분이 달리기 시작할 때 보조자가 리드줄을 놓는다. 이것을 "쫓기-이리 와"라고 하는데, 개가 여러분을 따라잡으려고 하기 때문이다. 대부분의 개늘이 좋아하는 놀이이고, 따라잡고자 하는 욕구가 더 높아지면서 개를 부르면 여러분에게 올 가능성도 커진다.

음성신호의 주의점 이 교육 프로그램에서 개가 배우게 될 첫 번째 음성신호는 "이리 와"이므로 음성신호에 대한 전체 방향이 어떤 것인지 알아보도록 한다. 브리오를 부를 때 나는 행복한 목소리로 "브리오, 이리 와!"라고 했다. 여기에서 나의 음성 톤은 명령조가 아니라 즐겁고 흥분된 목소리다. 이와 같이 나는 단순하게 "와"가 아닌 "이리 와"를 더 선호하는데, 왜냐하면 "이리"라고 말할 때의 목소리는 행복하고 흥분된 소리이고, "와"라는 한 단어는 아주 명령조이기 때문이다.

"이리 와", "앉아" 등의 긍정적인 신호를 하기 전에는 개의 이름을 부르지만, 만약 부정적인 의미에 가까운 신호를 할 때, 즉 가구에서 내려와야 할 때 등에는 개의 이름을 부르지 않도록 한다. 또 신호는 한 번만 말한다. 예를 들면 "이리 와 브리오, 이리 와, 와"라든지 개가 계속 "앉아"에 응하지 않는다 하더라도 "앉아 - 앉아 - 앉아 - 앉아" 이렇게 여러 번 말하지 않도록

> 처음 가르칠 때는
> 긍정적 신호로 시작하고
> 밝은 목소리로 개의 이름을 부른다.

한다.

신호를 반복하는 것은 행동학자들이 말하는 '학습된 무의미함'을 야기할 수 있기 때문이다. 신호를 여러 번 반복해서 말하게 되면 개는 내가 첫 번째로 말하는 "앉아"는 별로 중요하지 않다고 배우고 연달아 5회 말할 때까지 기다려야 한다고 생각하는데, 자기가 최종적으로 "앉아"를 하기 직전에 확실한 어조의 소리가 나올 것이라고 생각하기 때문이다. 우연히라도 개에게 여러분의 입에서 나오는 소리가 무의미하다고 생각하게끔 가르치면 안 된다. 이것은 여러분의 음성신호에 주목하게 하기 위한 매우 중요한 이유인데, 개들에게 오직 한 번, 같은 어조로 지속적으로 해야 한다. 혹시 여러분의 신호를 이해하지 못한다면 루어를 가지고 처음부터 다시 시작하도록 하고, 마침내 성공할 때 표시와 보상을 주는 것을 잊지 않도록 한다.

"엎드려": "엎드려" 루어링 하기

과격한 개를 피해야 할 때, 또는 과도하게 흥분시키거나 두렵게 만드는 요소 등 위급한 상황에서 개를 통제해야 할 때 "엎드려"는 우리가 해야 할 주요 동작인데, 언젠가는 여러분이 그 동작을 할 수 있음에 감사함을 느낄 때가 올 것이다. "엎드려"는 4주째에 배우게 되는데, 휴식을 취할 때 또는 정착해야 할 때 활용할 수 있다.

"앉아"를 안정되게 할 수 있을 때 "엎드려"도 가능하게 된다. "엎드려"는 몸이 루어를 따라가면서 자연스럽게 움직여서 자세가 만들어지므로 "앉아"를 확실하게 배운 후에 학습하는 신호이기도 하다.

1 앉은 뒤 실행 개가 앉은 자세에서 손바닥이 아래를 향한 상태로 손가락에 트릿을 쥔다.

2 트릿으로 유도하여 "엎드려" 시키기

개의 가슴 쪽으로 트릿을 미끄러뜨리고 트릿이 개의 가슴에 거의 닿기 직전에 바닥을 향해 일직선으로 트릿을 내린다. 그리고 최대한 개의 몸 쪽에 가까이한다.

3 칭찬한 뒤에 마지막으로 트릿 주기

개가 직선으로 아래쪽으로 내려가면 "옳지"라고 표시하고 칭찬한 후에 목을 만져주고 마지막에 트릿으로 보상한다. 개가 이제 "엎드려"를 습득했으므로 좋은 말과 칭찬을 아낌없이 해준다.

반복연습을 충분히 하고 일반화를 위해 옆으로 한 발자국 움직여 돌기를 한 뒤에 다른 지점으로 움직여서 동작 연습을 한다. 그리고 다른 장소들에서도 해보면서 일반화시킨다. 만약 여러분의 개가 "엎드려"를 빨리 배운다면 루어의 움직임을 아예 수신호로 변경하는데, 손바닥을 개의 가슴 쪽으로 짧게 밀고 들어가 천천히 그리고 부드럽게 바닥으로 향한다. 신호에 익숙해지고 동작을 잘 이행하기 시작하면 잭팟을 주고, 슬롯머신 심리를 이용하여 트릿 보상을 중단하기 시작한다. 그다음의 교육과 반복에는 일반화될 수 있도록 집 이외의 다양한 장소에서 하고 산책할 때도 해보도록 한다.

많은 개들은 "엎드려"를 배울 때 약간의 도움이 필요할 수 있는데, 루어가 제공되기 시작하면 앉았다가 일어서려고 하기 때문이다. 개는 여러분이 무엇을 원하는지 이해하려고 하는 것이므로 일어선다고 해도 그다지 큰 문제는 되지 않는다. 그러므로 그대로 다시 "앉아"를 시키고 나서 "엎드려"를 시도해본다. 참고로 "엎드려"는 시간과 인내와 연습이 필요하다.

"엎드려"를 배우기 위한 또 다른 방법은 학습 단계를 일시적으로 세분화시켜서 신호를 구체화하는 방법이다. 여러분은 바닥에 앉아 무릎을 구부린다. 개를 여러분의 다리 사이로 기어 들어가게 루어를 시킨다. 여기에서 개가 루어를 얻기 위한 유일한 방법은 몸을 납작 엎드린 상태에서 여러분의 다리 아래로 한 발자국, 두 발자국 기어 들어가는 것이다. 이러한 일시적인 세분화 작업이 개에게 "엎드려" 위치에 익숙하게 만들어준다. 어떤 개들은 "엎드려" 자세가 자신에게 너무 불리한 것 같으므로 "엎드려"를 편안해하지 않거나 아니면 단순히 여러분이 무엇을 바라는지조차 이해하지 못할 수도 있다. 그러나 일단 이렇게 세분화 단계에서 성공한 뒤 계속 반복하여 연습하면 개가 이 동작을 편안하게 받아들이게 된다. 조금씩 나누어 성공시킴으로써 개는 여러분이 무엇을 원하는지 더

쉽게 알고 실패할 확률도 적을 것이다.

"엎드려" 동작이 자연스러워지면 이제 한 다리 아래로만 루어링을 시작한다. 이 단계에서 성공하면 다리를 아예 사용하지 않도록 한다. 더 이상 다리 아래로 기어 들어가지 않아도 신호에 더 빨리 반응을 보인다면 개 입장에서 불리한 자세를 취해도 될 만큼 여러분을 믿는다고 생각하고 동작을 다 이해했다고 판단하면 된다. 여러분이 원하는 것보다 더 느리게 진행하더라도 일단 성공을 많이 할 수 있도록 기회를 만들어줘야 한다. 그러다 보면 언젠가는 여러분이 인내한 것에 좋은 결과를 낳는 순간이 올 것이다.

자유 시간: 음성신호

우리의 개가 열심히 교육에 임했다면 잠시 자유 시간을 주는데, 그때 "자유"라는 신호를 사용한다. 각 동작의 연습을 마쳤을 때 개가 이미 잘 알고 있는 동작들을 섞어서 간단한 놀이 시간으로 접어들 때 이 신호를 가르쳐야 한다. 교육에서 해제되어 자유를 얻고 연습 동작 신호들을 혼합해서 노는 것은 개를 계속 집중할 수 있게 만들어주고, 여러분이 요구하는 모든 동작을 기꺼이 그리고 즐겁게 할 것이다. 교육

의 마무리 단계는 아니지만 개에게 휴식이 필요하다고 느껴질 때 약 1분 동안 제한된 '자유' 시간을 가지도록 하는데, 만약 놀이 시간이 너무 길어지면 집중력이 떨어지고 학습에 소홀해질 수 있으니 주의하자. 보조자와 그의 반려견과 함께 교육에 임한다면 그 사람의 개가 자유 시간을 가질 때 여러분의 개에게도 자유를 주고 같이 놀 수 있도록 해준다.

'자유'를 가르치는 가장 간단한 방법

은 개가 목줄에서 해방되어도 완전히 달아날 수 없는 실내 또는 울타리가 쳐져 있는 공간에서 개의 리드줄을 놓는 것이다. 그리고 즐거운 목소리로 "자유" 또는 "놀아"라고 말해주며 개의 옆구리를 쓰다듬어주고 놀이 구역을 가리킨다. 그러면 대부분의 개들은 자연스럽게 놀기 시작하거나 놀이 상대나 장난감을 발견할 때까지 어슬렁거릴 것이다. 개를 쓰다듬어주는 것과 놀이 구역을 가리켜 알게 하는 것은 지금은 다른 것을 해도 괜찮다고 알려주는 것으로, 처음에는 여러분의 음성신호를 잘 파악하지 못하므로 음성신호와 함께 리드줄을 떨어뜨리고 쓰다듬어준다. 그렇게 하다 보면 개가 놀이 시간이라고 말해주는 음성과 시각적 신호를 함께 연관 짓는 것을 볼 수 있게 될 것이다.

다음 주에 '자유'에 대해 더 배우겠지만, 이 장을 마치면서 우리도 '자유' 시간을 가져보자.

과제

이번 주에는 여러분이 이미 학습했던 기초들을 더 집중해서 할 수 있었다. 특히 새로운 교육 보조자와 그의 반려견과 더불어 교육을 진행했기에 지금 막 학습을 시작하는 여러분의 개에게는 매우 산만한 방해 요소가 되었을지도 모르겠다. 아래에 나와 있는 문제 해결의 기초 부분들을 더 집중해서 연습하고, 특히 "앉아"는 반려견의 일상생활 모든 부분에 해야 할 동작이기 때문에 실생활 보상이 되는 중요한 행동의 기초 요소이기도 하다.

❯ **감독하의 놀이** 주변에서 트레이닝 보조자를 찾는다.

❯ **문제 해결**
묶어놓기 여러분에게 집중하도록 트릿을 준다.
손 급여 개를 앉힌 뒤 손 급여를 시작한다.
물기 억제, 관리, 완화하기 다음 주를 위해 연습해야 한다.
크레이트 교육 식사와 트릿으로 크레이트의 편안함을 증대시킨다.

⊙ "앉아" 전반적인 일상생활에서 시행하고 루어링을 하고 보상한다. 식사, 크레이트 들어가기와 나오기, 걷기, 교육하기

⊙ "앉아" 트릿을 중단하고 수신호를 만든다.

⊙ "이리 와" 거리를 늘려 루어링을 하고, "이리 와"라는 음성신호를 붙인다.

⊙ "엎드려" 트릿 루어링

⊙ "자유" 음성신호

추천하는 게임과 여러 가지 행동

이미 개가 다 알고 있는 게임들을 반복하는 것 외에도 재미있는 깜짝놀이에 관심을 갖게 하기 위해 다음의 새로운 게임과 행동을 추가한다. 좀 더 자세한 사항은 9장에서 다루게 될 것이다.

⊙ "어느 손?"

⊙ 감독하에 "이리 와"–"자유" 놀이

⊙ 파트너와 오가기: "앉아" 그리고 "엎드려"를 연습한다.

6장

셋째 주: 음성신호 단계

여러분의 기술을 향상시키는 것이 나의 목적이기도 한데, 아마도 지금쯤 주중에 하는 교육 단계들과 놀이 활동들, 그리고 반복적인 "앉아", "이리 와", "엎드려" 등의 동작을 점점 더 성공시키는 중이거나 아니면 반대로 좌절감을 느낄 수도 있을 것이다. 이러한 좌절은 교육 진행 시 일반적인 것이므로 절대로 포기하지 않기를 바라며, 이 책에 나와 있는 교육 프로그램을 잘 읽고 계속 하다 보면 언젠가는 노력에 대한 보상도 얻게 될 것이다. 시간이 갈수록 나는 많은 학생견들이 교육 프로그램의 마지막 주에 성공하는 것을 경험했다. 교육 일지를 다시 잘 살펴본다면 그냥 지나쳤을지도 모를 작은 향상의 순간들이 꼭 있었을 것이라고 확신한다. 예를 들면 근소하게 빨라진 반응 시간들이나 정확한 시도에 따른 높은 강화율과 일반화의 증가율 등이 있었을 것이다. 이러한 작은 성공들을 느끼는 것이 중요하고 인내심을 가지고 지속적으로 공을 들여 연습하다 보면 개들의 올바른 동작이 그동안 해온 것들에 대한 보상과 결과로 하나 둘씩 나타날 것이다. 혹시 지금 좌절감을 느낀다면 동작을 작게 세분화하여 하나씩 성공시킨 뒤에 그 모든 동작을 하나의 신호로 합치면 된다는 것을 기억하자.

이번 주에는 지금까지 배운 것을 복습하는데, "앉아", "이리 와", "자유", 강아지 푸시업 등을 하면서 "앉아"와 "엎드려"를 번갈아 학습할 것이다. 그리고 방향 전환을 익히게 되면 좀 더 통제된 걷기를 할 수 있으므로 편하게 옆에서 걷는 것과 좌우 양옆으로 걷는 것도 같이 진행할 것이다. 또한 이번 주에는 2개의 새로운 신호를 배우는데, "쿠키다. 앉아"와 "가져가-놔"의 교환이다.

그리고 마지막으로는 수신호와 동시에 음성신호를 추가하는데, 음성신호를 만들 때는 개가 계속 집중할 수 있도록 수신호는 그대로 유지할 것이다. 왜냐하면 음성신호라는 이름을 붙이기만 할 뿐 아직은 수신호를 대체해서 사용하는 단계가 아니기 때문이다. 부연 설명을 하자면 개가 수신호에 완전한 반응이 나올 때 음성신호로 대체할 수 있다. 개가 수신호를 잘 습득하지 못한다면 인내심을 가지고 음성신호를 붙이기 전에 계속 수신호를 연습하자. 그렇게 하다 보면 언젠가는 꼭 성공하게 될 것이다.

문제 해결: 리드줄 당김

반려견이 줄을 당기지 않는다면 매우 다행이고 행운이다. 추측건대 여러분은 아직 리드줄 기술이 완성되지 않았을 수 있거나 아니면 느슨한 리드줄로 여유롭게 걷는 '진짜 걷기'를 하고 싶을지도 모르겠다. 또는 개의 반항에 이미 항복했을지도, 그것도 아니면 가끔 한 번씩 당기는 것을 허락하고 있는지 한번 상태를 점검해보자. 잘못된 것은 아니지만 반려견과의 산책은 보호자로서의 또 다른 즐거움이므로 지금 여러분에게 즐거운 산책보다 교육에 먼저 집

중하라고 한다면 달갑지 않을 수도 있을 것이다.

그럼에도 꾸준히 지속해야 하고, 걷기를 할 때 반려견이 줄을 당긴다면 첫째 주에서 배운 '나무 되기' 동작을 실행해야 한다. 즉, 줄을 당기기 시작하면 여러분에게 다시 집중할 때까지 움직이지 않고 기다리다가 돌아서서 여러분을 바라보면 "옳지"라고 말하고 여러분에게 돌아올 때까지 뒤로 걸으면서 루어로 앉게 하고 보상을 주는 것이다. 그리고 나서 다시 걷기 시작하

는데, 모든 걷기는 학습을 진행하는 동안에는 "앉아"와 트릿으로 시작한다. 이렇게 하는 것은 반려견에게 현재 여러분과 같이 걸을 수 있는 유일한 방법은 리드줄을 느슨하게 만들 때, 즉 당기지 않을 때라는 것을 걷기 수업을 통해 알려주는 것이다. 그렇지만 리드줄을 계속 당기는데도 걷기를 지속한다면 아마 그 개는 당김에 대한 보상을 받는다고 생각하게 될 것이니 주의하자.

이런 식으로 줄을 당기는 걷기가 계속되면 언제쯤 줄을 당길지 예상하여 당기는 순간 루어를 해서 방향을 전환시킨 다음에 새로운 방향으로 걷기를 시도한다. 그때를 알기 위한 첫 번째 힌트는 개의 관심이 여러분에게서 멀어지게 될 즈음이다. 두 번째 힌트는 멀리 벗어나 돌아다니려고 할 때와 개가 선택한 방향으로 몸을 돌리려고 할 때다. 이러한 것들을 예상하면서 원하는 방향으로 루어를 시킨다면 몇 초만이라도 여러분에게 집중하게 되고, 이런 연습은 개의 집중을 유지하는 데 도움을 줄 수도 있다. 이런 식으로 예상할 수 있는 빈도와 실제로 당기기 전에 다른 방향으로 돌릴 수 있는지 시도한 뒤 교육일지에 결과들을 적고 여러분이 가장 잘 적용시킬 수 있는 기술들을 살펴보는데, 주로 '나무 되기' 또는 루어링이나 방향을 돌리는 것일 것이다.

이번 주에는 개가 여러분을 따라 걷기 위해 루어링을 연습할 것이고, 첫째 주에 배운 것들을 복습할 것이다. 이 부분에 대해서는 9장에 자세하게 나와 있다. 손에 트릿을 쥔 상태에서 옆에서 걷는데, 나는 개들을 왼쪽에 두기 때문에 왼손에 트릿을 감추고 오른손은 리드줄의 끝을 잡은 상태에서 트릿을 가지고 있는 손을 개 쪽으로 향하여 개의 집중을 이끌어낸다. 그리고 다른 방향으로 가는 여러분을 따라 걷기 위해 루어를 하는데, 그전에 개에게 트릿 냄새를 맡게 해준다. 그런 뒤 자주 방향을 바꾸어 개를 원형 방향으로 루어를 하면서 걷고 장애물 사이사이를 같이 걷는다. "시작-멈춰-앉아-돌아" 순서로 재미있게 한다. 더 많은 행동과 신호를 배우면 그것들을 혼합하도록 한다.

외부의 방해 요소들과 엄청난 냄새들을 제치고 여러분과 트릿을 따라가도록 가르치는 것은 시간이 소요되는 작업인데, 만약 너무 산만해지면 이 연습을 실내에서 해보거나 외부의 분리된 공간에서 하고, 계속 꾸준히 하다 보면 개는 여러분에게 집중할 것이다.

현재는 겨우 앞뒤로 걷는 것이지만, 그래도 인내심을 가지고 줄 당김 없이 30초 걷기를 목표로 해보는데, 단 3초 동안 걷고 나서 '나무 되기'를 해야 한다 해도 일단 하는 것이 중요하다는 것을 명심하자. 교육일지에 발전단계를 기록해놓고 나중에 보게 되면 여러분의 인내심이 대단하다는 것을 새삼 알게 될 것이다.

그리고 젠틀리더나 가슴에 고리가 달려 있는 당김 방지 하네스 같은 교육용 도구 등을 사용함으로써 당김 문제를 해결할 수도 있다. 나는 초크체인이나 프롱칼라 사용을 반대하는데, 이에 대한 사항은 11장에 나와 있는 행동 문제, 긍정강화 교육과 함께하는 교육용 목줄 및 도구 사용법에서 상세히 다룰 것이다.

감독하의 놀이: "이리 와", "앉아" 그리고 자유

이번 주에 시작한 기초 학습의 "기다려"와 같이 더 많은 기술을 습득하기 위해 "이리 와-앉아"를 혼합해서 하는 데 익숙해지는 것이 중요하다. 이 행동은 따로 하거나 아니면 다른 개와 함께 사회화 연습을 할 때도 가능하다. 약 1분 동안 놀게 해주고 난 뒤에 여러분에게 오게 하는데, 먼저 반려견의 이름을 부르고 "이리 와"라는 음성신호를 붙여서 오게 한다. 그리고 루어를 사용하여 바로 앞에 앉게 하고 목을 만져주고 칭찬한 다음 트릿으로 보상한다.

그리고 나서 "자유"라는 음성신호를 주었을 때 개가 알아듣고 놀이를 하러 뛰어가면 성공한 것이다. 그다음에는 다시 여러분에게 오게 하여 "앉아"를 반복하는 것이 원활하게 진행되면 이제는 개가 여러분에게 매우 집중하는 것으로 나머지 반복들을 하는 데도 익숙하므로 여러분은 다시 놀 수 있도록 신호를 주기만 하면 될 것이다. 저번 주에 배운 것처럼 와서 앉으면 "옳지"라고 칭찬해주고, 옆구리를 쓰다듬어주고 놀이 방향을 가리키면서 "자유" 또는 "가서 놀아" 이렇게 말해주면 되지만, 개들은 일반화시키는 데 어려움이 있으므로 항상 변함없이 일관성 있게 해야 한다는 것을 기억하자.

"이리 와"-"앉아"-"자유"의 혼합은 놀이할 때마다 반복되어야 하고, 적어도 4회는 해주는 것이 좋다. "자유" 부분이 중요한 이유는 "이리 와"의 의미가 놀이 시간이 끝났음을 의미하는 게 아님을 알려주기 때문인데, "이리 와"를 놀이 시간에 나오는 한 부분으로 이해하게 만들고, 그 행동이 칭찬과 보상, 그리고 여러분의 애정과 관심을 얻는 기회라는 것도 알게 한다.

"앉아"라는 음성신호를 수신호와 같이 배워보기

"앉아"라는 음성신호를 이미 하고 있는 수신호와 같이 짝을 이루어서 하는데, 초반에 언급했듯이 개가 여러분에게 계속 집중해야 하므로 음성신호를 더할 때는 수신호를 항상 유지하도록 한다. 일반적으로 초크체인을 사용하는 트레이너들은 개가 집중해서 자신들의 명령을 따르게 하기 위해 신체적 자극과 음성신호들에 의존하도록 가르치려는 경향이 있다. 그렇지만 그에 대한 나의 의견은 개들이 아직 수신호를 이해하지 못했다면 이해할 때까지 기다리라는 것이다.

"앉아"라는 단어에 집중할 수 있도록 이름은 부르지 않는 것이 좋다. 예를 들면 "브리오, 앉아"라고 말하지 않는 것인데, 지금은 새로운 것을 배우는 1단계 학습을 다시 시작하는 것이므로 이 작업을 하는 중에는 슬롯머신을 사용하지 않는다. 즉, 이전에도 그랬듯이 매번 트릿을 주면서 강화하는 것이다. 엉덩이가 바닥에 닿는 순간 표시와 함께 칭찬하고 "잘 앉네" 또는 "옳지"라고 하면서 연습하는 단계다.

이렇게 6~8회의 연습 후 슬롯머신을 사용하는데, 이때는 슬슬 트릿을 철수시키면서도 아직 잭팟은 절대 주면 안 된다. 대부분의 개들은 음성신호가 추가되어도 퇴

보하지 않는데, 혹시 여러분의 개가 이해하지 못하는 상황이라면 지루함을 느끼거나 개의 관점에서 봤을 때 여러분이 별로 재미있게 해주지 않았기 때문이라고 생각하면 된다. 그렇다면 개의 관

"앉아"라는 수신호는 매우 정확해야 하고 수시로 사용하는 신호다.

심을 얻기 위해 다양한 것을 시도해볼 텐데, 대부분의 개들은 원으로 도는 것을 매우 좋아해서 반복과 돌기를 할 때마다 장소를 바꿔가면서 하고, 리드줄을 한 채로 앞뒤 방향으로 즐겁게 뛰어주면서 개의 에너지를 올려줌과 동시에 좀 더 빠르고 단순하게 반복한다. 그리고 개가 이미 알고 있거나 좋아하는 다른 동작들을 해서 자신감을 갖게 하고 트릿도 먹게 해주며, 그렇게 1분 정도 후에 다시 원래의 연습을 시도해보는 것이 좋다.

수신호와 음성신호를 동시에 진행할 때 개가 성공할 수 있게 해야 하는데, 일단 이 두 신호가 동시에 나올 때 원활하게 반응하면 트릿을 철수하고 슬롯머신을 재등

장시킨다. 개가 보상을 받기 위해 더 열심히 하는 것은 좋지만, 그러다가 집중력을 잃게 되거나 자꾸 실패하면 개가 좋아하고 잘할 수 있는 동작을 하도록 한다. 그러고 나서 보상해주고 교육을 긍정적으로 마친 후 교육일지에 기록하면 된다.

'강아지 푸시업'

'강아지 푸시업'은 "앉아"-"엎드려"-"앉아"를 빠르게 하는 것으로, 오직 하나의 트릿 보상을 한다. 강아지 푸시업의 목적은 산만한 환경에서 집중적으로 주의를 유지하는 능력이 강화되는 동안 단계적으로 음식 보상을 중단하는 것이다. 나의 동료인 이언 던버 박사는 10년 전 나에게 이러한 기술을 알려주었고, 그때부터 나의 학생들에게 적용해왔다. 반려견 공원에 가거나 거리에서 낯선 사람들을 맞닥뜨릴 때, 그리고 동물병원에서 기다리는 동안 개가 나에게 강력히 집중하기를 원할 때 이 기술을 사용했다. 즉, 강아지 푸시업은 편하지 않은 환경에서 개가 여러분에게 온전히 집중할 수 있도록 해준다.

"앉아"와 "엎드려" 수신호에 맞춰 실행하는 강아지라면 이 동작을 할 준비가 되었다고 생각해도 좋다. 개가 반복적으로 "앉아"-"엎드려"-"앉아"를 이행하면 여러분이 다음에 무슨 신호를 할 것인지 예상할 수 있으므로 더 빨리 반응하게 될 것이다. 재빨리 트릿을 줄 수 있도록 몇 개의 트릿을 손에 쥐고 개가 익숙한 환경에서 강아지 푸시업을 연달아 10회 하게 되면 장소를 바꿔서 낯선 환경에서 해보도록 한다. 아마 새로운 환경에서 시작한다면 매번 다시 가르쳐야 할지도 모르지만, 어떤 시점에 가서는 개가 저절로 알게 되면서 '아! 저 이거 알아요. 저번에는 다른 장소에서 했지만, 제가 해야 하는 동작이 매번 같은 것이라는 걸!'이라고 생각할 것이다. 만약 다른 동작을 더 배우면 강아지 푸시업 순서에 추가하면 된다. 예전에 '잭'이라는 보더콜리는 저녁 먹기 전에 자주 "앉아"-"서"-"엎드려"-"굴러"-"손"-"손 흔들어"-"뒤로 가"-"멀어져"까지 이 모든 동작들을 다 실행했는데, 잭은 너무나 재미있어했고 보상받는 것을 매우 즐거워했다.

"기다려": "쿠키다. 앉아-기다려"

"기다려"는 개의 충동을 자제시켜주고 위험한 상황에서도 여러분에게 집중하게 만드는 매우 중요한 신호다. 그러나 그 정도까지 가기 위해서는 인내해야 하고, 개가 어느 정도 성숙해야 한다. 첫 번째 단계로 "쿠키다. 앉아"라는 동작을 확실하게 숙련시키는데, 이것은 계속 앉아있는 것을 가능하게 만들고 먹을 것이 눈에 보이는 산만해진 상황에서도 여러분에게 항상 집중할 수 있게 하는 것이 목표다.

2 트릿을 던진다 다음 단계는 개가 트릿에 집중할 수 있도록 코에 살짝 대준 뒤 개 앞의 1m 정도 떨어진 곳에 트릿을 던진다. 소형견이라면 좀 더 가까이 던지고, 큰 개면 더 멀리 던진다.

1 강아지 푸시업과 "앉아" 일단 개가 리드줄이 채워진 상태에서 여러분의 옆에 앉아 수신호와 음성신호 둘 다에 맞추어 강아지 푸시업("앉아"-"엎드려"-"앉아")을 한다. 그런 다음 개의 목에서 팔 길이 정도로 리드줄을 잡고 여러분의 엉덩이에 댄다.

3 엉덩이에 손을 붙인다 개가 트릿을 먹으려고 점프하면 리드줄을 살짝 당겨주고, 여러분의 체중에 힘을 실어 개를 안정되게 만든 뒤 팔을 붙여서 개의 리드줄이 팔 길이 정도의 범위에 있게 한다. 그렇다고 리드줄을 확 채면 안 되고 손을 엉덩이에 붙인다.

4 **다시 집중한다** 마지막에 개가 여러분을 바라볼 때 "옳지"라고 말하면서 표시해준 뒤 음성신호와 수신호 둘 다 사용하여 "앉아"라고 한다.

5 **"가져!"** 개가 앉자마자 "가져"라고 말하고 리드줄을 느슨하게 해줘서 개가 트릿에 다가갈 수 있게 해준다. 개가 바로 트릿에 다가가려고 시도할 때 "옳지"라고 표시해주고 "잘했어"라고 칭찬해준다. 그리고 나서 1번부터 다시 반복한다.

"쿠키다. 앉아-기다려"를 가르치는 동안 개가 여러분에게 집중할 수 있도록 주의를 기울여야 하는데, 집중하게 되면 더 빠르게 앉게 되고 더 빨리 놓아주기를 기다릴 것이기 때문이다. 그리고 앉자마자 보상을 얻게 된다는 것을 알면 개의 신체언어는 차분해지기도 한다. 그러나 만약 트릿을 가져가지 못하면 앞으로 조금 더 전진하여 트릿을 먹게 해주고는 다시 처음부터 반복하자.

개가 바로 앉지 않는다 하더라도 "앉아"라는 신호를 여러 번 하는 것은 바람직하지 않은데, "앉아-앉아-앉아-앉아"라고 계속 말하면 개는 다섯 번째 "앉아"를 들을 때까지 주의를 덜 기울이게 될 것이기 때문이다. 그러므로 개가 여러분을 보고 나서 몇 초 정도 기다린 뒤에 "앉아"를 요구한다. 그리고 나서 앉으면 "옳지"라고 표시해주고 "가져"라고 말하면서 개를 보내고 당기지 않아도 될 만큼 리드줄의 길이를 잘 조정한다. 이런 연습을 반복하여 며칠 정도 하면 여러분의 개는 빠르게 그리고 지속적으로 하게 되면서 "가져"라는 신호를 듣기 위해 최선을 다할 것이다. 그러

> 신호에 맞춰 기다릴 수 있는 개의
> 능력은 사회화할 때 좋은 태도를
> 갖춰주고 때론 생명을 구할 수도 있다.

나 만약 그렇게 하지 못한다 하더라도 개의 학습 정도에 따라 꾸준히 연습하다 보면 결국 이해하게 될 것이다.

이제 "기다려"라는 수신호에 음성신호를 추가하는데, 다음에 바로 나오는 일반적인 "기다려" 신호 부분에서 더 자세히 다룰 것이다. 3~5초 정도 기다린 다음 "가져"를 성공하면 칭찬하고 보상한다. 리드줄을 잡지 않은 다른 손으로 개의 코에 트릿을 부드럽게 댄 다음에 그것을 던진다. 개에게 "앉아" 신호를 주고 "옳지"라고 표시한 뒤에 손바닥을 개의 얼굴을 향해 보여준 다음 조용하게 "기다려"라고 말하고 1초 정도 더 기다리고 난 뒤에 "가져" 신호를 주는데, 음성신호와 함께 트릿을 가리키는 수신호를 같이하도록 한다.

만약 성공하면 다음 시도에서는 4초 정도 조용히 세고 성공적인 시도를 계속하면 그다음 반복에는 1초씩 추가하고, 만약 실수하게 되면 1초씩 빼주도록 한다. 그리고 실패 없이 편안하게 개가 기다릴 수 있는 시간을 재보고 천천히 시간을 연장하도록 한다.

만약 장난감에 동기유발이 되는 개라면 30초 정도 "쿠키다. 앉아-기다려"를 확실하게 성공한 뒤에 트릿 대신 공을 던지거나 소리 나는 고무 장난감으로 바꿔주는 것도 좋다.

기존의 "기다려" 신호

"쿠키다. 앉아-기다려" 외에도 기존의 "기다려" 기술은 수신호를 사용해서 이행할 수 있게 해준다.

---

1 **"앉아" 그리고 집중** 먼저, 여러분 앞에 앉는 것부터 시작하고 손바닥을 펼쳐서 "기다려" 신호를 보낸다. 트릿을 개의 코에 대고 냄새를 맡게 한 후 천천히 위로 움직여서 계속 보게 한다.

2 **표시, 칭찬, 그리고 보상** 1초 후 "옳지"
라고 표시한 뒤에 트릿으로 보상한다.
계속 앉아 있게 하고 다른 트릿을 꺼내어 또
반복한 다음 시간을 조금씩 늘린다.

기존의 "기다려"를 가르치는 동안 이제
"기다려"에 음성신호를 더해주는 것과 개
의 얼굴 가까이에서 손바닥을 펼치거나 개
의 눈앞에서 손바닥을 흔들어준 뒤에 트릿
을 준다. 10초를 버틸 때까지 매회 반복 시
1초씩 더해주고 그다음에는 20초를 버틸
때까지 반복할 때마다 2초씩 더한다. 그렇
게 1분까지 해주고 나면 그다음에는 매회
1분 동안 "기다려"를 하는데, 10초씩을 더
하고 2분을 채우면 매회 2분을 하면서 3분
을 채울 때까지 20초를 더한다. 그렇게 해
서 성공적인 "앉아"에 대해 표시하고, 칭

찬과 보상이 끝난 뒤에는 마지막에 계속
앉아 있었던 것에 대해 폭풍칭찬을 해주고
보상을 준 뒤 해제시켜주고 나서 개가 즐
기고 잘하는 다른 트레이닝 게임으로 이동
한다.

오랫동안 앉아있는 것이 익숙하지 않
아서 앉았다가 일어나려 해도 "기다려"를
강요하지 않는다. 그 대신에 "기다려" 시
간을 줄이고 개가 성공시킬 수 있는 시간
을 가늠해서 잘 기다렸다면 더 긴 시간을
기다릴 수 있을 때까지 여러 번 반복한다.

길게 기다릴 수 있도록 관심을 계속
유지하는 것은 먼저 짧은 "기다려"를 잘하
고 난 뒤에 가능하고, 그러고 나서 긴 "기
다려"를 할 수 있다. 그리고 성공하면 반드
시 잭팟을 준다. 성공과 실패의 시간을 교
육일지에 기입함으로써 그다음의 성공을
위해 어느 정도 기다리는 것이 가능할지
가늠할 수 있다.

"기다려"는 특히 저녁 시간에 가끔 할
수 있는 좋은 연습인데, 책을 읽는 동안이
나 TV를 시청하는 동안 휴식하게 해주고
저녁 식사 동안 음식을 달라고 조르지 않
도록 가르칠 수 있기 때문이다. 간식이 들
어간 콩 장난감을 준비한 뒤 "엎드려"를
시키고 신호에 따라 동작하면 콩을 준다.
몇 분 정도 콩을 씹게 한 뒤 회수한다. 혹
시 개가 "앉아-기다려"를 약 10초 동안 안
정적으로 할 수 있다면 "앉아"라는 신호를

준 뒤 개가 앉으면 표시와 칭찬을 하고 다시 콩을 준다. 그리고 나서 몇 분 뒤에 또 다시 콩을 회수하고 "앉아" 신호를 준 뒤 10초 동안 재미있게 해주는데, 배를 만져준다든지 "어느 손?" 등의 놀이를 하고 나서 칭찬한 뒤에 한 바퀴 돌아준다. 그런 다음 다시 "앉아" 신호를 하고 앉자마자 콩을 다시 주고 이전의 행동을 다시 반복한다. 회수할 때마다 콩을 다시 얻게 하기 위해 신호 순서를 변화시키거나 다양한 동작을 시도해보는 것도 좋다.

"가져가"와 "놔"의 교환: 제1단계

"놔" 신호는 "만지지 마"라는 의미다. 즉 개에게 어떤 특정 행동을 멈추라는 것을 가르치는 것인데, 예를 들면 쓰레기통에 코를 박고 있을 때, 내가 아끼는 신발을 물고 돌아다닐 때, 문을 막 열었는데 문지방을 넘으려고 할 때 등이다. "놔"는 여러분의 허락 없이 경계를 넘지 말아야 하는 것을 알려주는 확실한 방법이다.

개가 처음 "놔"를 배울 때는 "가져가" 신호와 짝을 이뤄야 한다. 경계 제한을 위한 트레이닝에는 해당하지 않는데, 이 부분에 대해서는 다음 장에서 다룰 것이다.

"가져가"와 "놔"의 혼합은 교환 개념에 기초를 두는데, 여기에서 교환은 기존의 것을 포기하면 더 가치 있거나 아니면 적어도 동등한 가치의 무언가를 보상으로 얻게 된다는 의미다. 그래서 두 가지 신호를 가르쳐야 하는데, "놔"는 "만지지 마"를 의미하고 "가져가"는 여기에 와서 이 물건을 가져가도 된다고 허락해주는 것이다.

다음 주에는 교환 단계보다 한 단계 더 높은 과정을 학습하게 될 것이다. 개와 교환한다는 것은 개가 어떤 물건을 가져갈 때 물건을 놓아주면 훨씬 더 가치 있는 것 또는 동급의 가치로 보상받는다는 것을 알게 해줌으로써 개가 도망가지 않고 내가 쫓으러 뛰어가지 않아도 된다는 것을 의미한다.

1 **"가져가"라고 말한다** 먼저 "가져가"로 수업을 시작한다. 가능하다면 개를 여러분 앞에 서 있게 하거나 아니면 앉아 있게 해도 무방하다. 그리고 손에 6개 정도의 트릿을 쥔 상태에서 주먹을 쥔다. 그리고 손가락에는 1개의 트릿을 쥐고 개의 코 높이 정도 되는 무릎에 손을 둔 뒤 "가져가"라고 말한 다음 앞으로 오게 하여 트릿을 가져가면 "옳지" 또는 "잘했어"라고 표시해준다. 즉시 손가락에 다른 트릿을 쥐고 반복하며, 트릿을 쥔 손을 무릎에 두고 "가져가"를 또 반복해서 하고 칭찬의 표시를 한다. 그런 다음에 세 번째 트릿으로 재반복을 한다.

2 **침묵한다** 네 번째 반복에서는 "놔"를 가르칠 것이다. 손가락에 네 번째 트릿을 쥐고 무릎에 손을 두는데, 이번에는 트릿을 쥔 손을 펴지 않은 채 "가져가"라고 말하지도 않는다.

3 **"놔"라고 말한다** 대부분 개들은 "가져가"라고 말하기 전에 트릿을 얻기 위해 가져가려는 행동을 시도한다. 트릿을 가져가려고 할 때 "놔"라고 나지막하고 확고한 어조로 말한다. 갑작스럽게 아주 낮은 어조로 강하고 엄격하면서 약간은 충격적인 목소리로 "놔"라고 말하는데, 이것은 개를 두렵게 하지 않으면서 트릿에 대한 집중을

방해하기 위함이다. 그렇게 하면 일반적으로는 뒤로 물러서면서 "왜 그래요? 왜 트릿을 안 주시지요?"라고 묻는 것 같은 표정을 지을 것이다. 그리고 뒷걸음질 치는 순간에 즐겁고 부드러운 목소리로 "옳지, 가져가"라고 말하면서 표시해주고 트릿을 주는 동안 칭찬해준다.

"놔"와 "가져가"를 여러 번 성공시키면 이번에는 몇 초 정도 연장한 뒤에 "가져가"를 한다. 계속 성공하게 되면 "놔"와 "가져가" 사이에 5초 정도 기다리는 시간을 주는데, 만약 처음 시도했을 때 가져가지 않으면 "옳지"라고 독려해주고 "가져가" 신호를 한다. 지금으로서는 "놔"를 가르치는 의미가 없다. 그보다 "놔"를 가르치기 전에 패턴에 익숙해지도록 개가 저항할 수 없는 아주 맛있는 트릿들로 "가져가"를 더 연습시킨다.

개에게 "놔"와 "가져가"라는 음성신호를 구분하게 하기 위해 패턴을 혼합하는데, 어떨 때는 "가져가"를 사용하고 또 다른 때는 "놔"를 시킨다. 이러한 기본 동작이 가능해지고 능숙해지는 과정 중 일반화하기 위해 장난감과 음식 그릇을 가지고 "놔"와 "가져가"라는 고급기술들을 가르치도록 한다. 이런 과정에 대해 과소평가하지 말아야 할 이유는 바람직한 사회화를

위해 필요한 단계이기 때문이다. 음식과 물건에 대한 집착을 예방해주기도 하는데, 만약 이러한 것들을 간과하게 되면 장난감 또는 음식 그릇을 소유하려고 하면서 그것들을 만지려는 손을 물거나 충분히 위험해질 수 있는 행동으로 이어질 우려가 있다.

"놔" 연습은 물림사고를 예방할 수도 있다. 여러분의 손이나 팔을 물었을 때 "놔"라고 말하면 부드럽게 입을 대거나 전혀 입을 대지 않게 될 것이다. 그러나 혹시라도 개가 입을 대면 깜짝 놀란 목소리로 "아야!"라고 말해주어야 한다.

개가 여러분이 좋아하는 것을 하는 순간을 포착한다

이것은 개를 위한 것이 아니라 여러분에게 해당되는 연습이다. 여러분이 해야 할 일은 개가 스스로 좋은 행동을 했을 때 보상을 해주는 것이다. 여러분이 요청하지 않았음에도 무언가 좋은 행동을 했다면 "옳지, 앉았네", "엎드렸어, 옳지", "좋아, 잘 기다리네" 또는 "그렇지, 옆에 섰구나" 등의 말을 하면서 기쁘게 표시해준다. 그리고 칭찬해주고 나서 트릿을 주거나 배나 귀를 만져주는 등의 가끔 다른 보상들도 해줘야 한다. 좋은 태도들을 독려해주면 이제 개는 호기심과 함께 점점 더 자발적으로 좋은 태도를 보여주게 될 것이다. 간

단한 심리인데 보상을 준다는 것은 강화를 시키자는 것이고, 또 그 반대로 무시하면 사라지게 된다. 이것은 인간에게도 똑같이 적용된다.

개는 보상을 받기 위해 자발적으로 "앉아" 또는 다른 행동들을 한다. 이것은 개의 방식대로 "부탁드려요"라고 말하는 것이다. 기억해야 할 것은 개에게서 여러분이 좋아하는 것을 자주 포착할수록 그 행동을 다시 할 확률이 높아진다는 것이다. 어떤 동작을 잘하는 습관을 들이면 그것에 대해 계속 칭찬하면서도 트릿은 불규칙하게 준다. 어떤 견종들은 쉽게 지루해하거나 뭐든지 같이하려 하고 관심을 계속 요구하는 경우가 있으므로 주의 깊게 관찰해 그들이 하는 좋은 행동들은 독려한다. 교육일지에 이러한 자발적인 좋은 행동들을 적고 개의 패턴들을 관찰한다.

걷기 연습: 느슨한 '옆에 서기'

사실 나는 대부분의 반려견들이 다양하게 많은 동작들을 해야 한다고 생각하지는 않는다. '완벽한 옆에 서기'는 지금의 교육 수준에서 대부분의 개들이 성공적으로 할 수 있는 동작들보다 더 많은 집중을 요구하는 꽤 어려운 기술이다. 대회에 활용되거나 차량 등 외부에서 방해 요소가 있다 하더라도 격식을 갖추는 '옆에 서기'는 여러분과 개에게 완전한 집중을 요구한다. 하지만 지금은 그렇게 완벽한 격식을 갖추기보다 자연스럽게 당신 옆에서 걷기를 연습하는데, 이렇게 함으로써 실생활에서 이웃 지역, 도시 또는 상점이나 사무실 주변을 걷는 동안 여러분에게 개의 주의를 유지하도록 해줄 것이다.

리드줄을 평소에 걸 때와 똑같이 잡은 상태로 걸으면서 옆에 서기를 가르칠 것인데, 개는 여러분의 신체언어가 바뀌면 걸음이 달라질 것을 예상하는 것을 배우게 되고 여러분 또한 개가 달라지는 것을 예상할 수 있게 될 것이다. 예를 들면 냄새를 맡으려고 하거나 배변 또는 그들만의 세계를 탐색하고자 할 때 등인데, 그 동안 집에서 해온 묶어 놓기 연습이 많은 도움이 될 것이다.

정식 걷기

자연스러운 걷기

우선 방해 요소가 덜한 실내에서 자연스럽게 옆에서 걷는 것을 연습시키는데, 먼저 개에게 여러분 옆에 앉도록 요구한다. 그리고 여러분을 올려다보도록 "준비"라고 말한 뒤 올려다보면 칭찬 표시를 하고 트릿을 주도록 한다. 그러고 나서 앞으로 네 발자국 걸어가고 개가 따라오면서 여러분에게 집중하면 표시하고 칭찬하고 나서 걸음을 멈추고 앉도록 루어를 한 다음에 보상한다. "걸어-멈춰-앉아", "걸어-멈춰-앉아" 순으로 계속 반복함으로써 함께 걸을 때 여러분을 쳐다보면서 옆에서 걷는데 집중하도록 가르친다.

그다음 과정으로 야외로 나가 똑같이 "걸어-멈춰-앉아"를 연습한다. 빠르게 두세 발자국 걸은 뒤 멈추고 트릿으로 루어를 해서 앉힌다. 원활하게 충분히 할 수 있을 만큼 집중하면 방향을 바꿔서 시작하고, "엎드려"나 "쿠키다. 앉아-기다려" 또는 강아지 푸시업이나 이미 알고 있는 다른 동작들을 추가해본다. 옆에서 걷는 동안에는 새로운 기술은 가르치지 말고 개가 이미 알고 있는 기술들을 혼합함으로

써 성공적으로 이 레벨을 진행할 수 있도록 계속 유지해 연습한다.

옆에서 걸을 때마다 계속해서 보상을 주면 개는 더 많은 트릿을 얻기 위한 궁리를 하는데, 결국 옆에서 걷는 것만으로도 보상받을 수 있다는 것을 알게 된다. 그리고 여러분 가까이에 있을 때마다 보상이 계속해서 주어지면 나중에는 공원에 갈 때나 다람쥐를 쫓으려고 할 때, 아니면 다른 개의 냄새를 맡을 때, 그리고 이유 없이 리드줄을 당길 때 등에 앞으로 돌진할 확률이 줄어들게 될 것이다. 그뿐만 아니라 옆에서 함께 걸으면 교감도 풍부해진다.

리드줄이 느슨한 채로 개와 같이 걷는 세 번째 방법은 '나무 되기' 방법에서 했던 걷기 방법이다. 첫째 주에 이미 설명한 것으로 리드줄을 느슨하게 해주고 옆에서 걷도록 유도하는 것 자체가 좋은 보상이 될 수 있다는 것인데, 그렇게 해줌으로써 개가 냄새를 맡을 수 있는 등 약간의 자유를 준다.

느슨한 리드줄 걷기

과제

이번 주에 몇 가지 새로운 기술들을 배웠는데, 중요한 것은 이미 알고 있는 기초를 강화하기 위해 충분한 시간을 들여야 하며 또 이러한 기초들이 새로운 기술을 위한 견고한 밑바탕이 되어준다는 것이다. 거의 모든 뛰어난 선수나 코치가 기초과정들을 반복해서 연습하는 것을 강조하는데, 반려견 교육에도 똑같이 적용된다. 만약 새로운 기술을 배우는 데만 대부분의 교육 시간을 보낸다면 그동안 여러분이 가르치느라 수고한 것들을 개가 쉽게 잊어버리게 될 수도 있다. 그러므로 새로운 기술들을 연습하는 것과 동시에 기초들도 꾸준히 연마하여 확실하게 만들 것을 권장한다.

- **걷기(기초)** '나무가 되자' 루어 따라가기

- **걷기(새 기술)** 걷기-멈추기-앉기-걷기-멈추기-앉기 연습으로 옆에 서서 가기

- **앉기(기초)** 루어링과 수신호

- **앉기(새 기술)** 수신호와 결합된 음성신호(수신호 없이 음성신호는 주지 않는다)

- **강아지 푸시업(새 기술)** 여러분에게 계속 집중하게 하고 신호를 강화시킨다.

- **"쿠키다. 앉아-기다려"(새 기술)** "쿠키다. 앉아"라는 기초과정을 새로운 "앉아-

기다려" 기술로 변화시킨다.

- **"앉아-기다려"(새 기술)** 시간을 늘린 "앉아-기다려"를 많은 보상으로 채운다.

- **"놔-가져가" 교환, 제1단계(새 기술)** 이것을 새로운 기술로 완벽하게 연습한다.

교육 게임들과 활동들

기본과정을 연습하는 것이 개를 지루하게 만들지 않는다 하더라도 재미있게 하는 것은 매우 중요하다. 그러므로 새로운 게임을 소개하기보다는 기초와 새로운 기술들을 강화하기 위해 기존의 게임들을 적용해 본다.

- '루어를 따라 하세요' 같은 게임을 하면서 루어에 대한 집중을 유지하도록 한다. 그리고 아이콘택트 연습으로 여러분에게 집중하게 한다.

- "앉아"로 시작하고 마무리하는 한 세트의 강아지 푸시업을 한 바퀴씩 덧붙이면서 오가기 놀이를 한다.

- "나 찾아봐라" 또는 '숨바꼭질' 놀이를 한다. 숨바꼭질 놀이를 할 때는 조금 더 어렵게 숨을 장소들을 찾고, 여러분이 숨는

동안 개를 잡고 있을 보조자가 있어야 한다. 만약 숨는 동안 개가 계속 앉아있거나 기다리는 것이 가능하다면 보조자 없이 "나 찾아봐라"를 해도 좋다. 그러나 장소는 여러분이 신속히 숨을 수 있고 개가 쉽게 찾을 수 있는 곳이어야 한다. 여러분이 개의 시야 바깥에 있는 동안 성숙도 또는 트레이닝 시기에 비해 기다리는 것이 너무 어렵다면 성공할 방안을 생각해본다.

7장

넷째 주: 기초 확립

이번 주는 새로운 기술을 배우는 기본 교육 프로그램의 마지막 주가 될 것이다. 그리고 다음 주에는 복습을 할 것이다. 이렇게 확실하게 기초를 다져놓게 되면 우리가 계속 맞닥뜨리는 실생활에서 광범위하고도 좋은 태도를 가지게 될 것이고, 좀 더 진보된 트레이닝과 활동들을 준비할 수 있게 된다.

교육을 시작하기에 앞서서 알아야 할 것은 교육이 잘되어 있고 성향이 좋은 개는 일상생활에서 성공과 인정을 얻을 기회가 많이 주어진다는 것이다.

개가 여러분이 좋아하는 행동을 자발적으로 할 때 포착하는 것을 습관화하는데, 특히 좋은 행동을 했을 때는 칭찬을 표시해야 한다는 것을 명심하도록 한다. 그

러기 위해서는 즉각적인 순간에 보상을 줄 수 있도록 트릿을 항상 준비하자. (나는 트릿을 바로 줄 수 있도록 집안 곳곳에 트릿들이 담긴 밀폐 용기들을 배치해놓는데, 개들이 닿을 수 없는 높은 선반 위에 올려둔다.) 자발적인 행동을 한 개에게 트릿을 주는 것은 누가 요청하지 않아도 개가 스스로 좋은 행동들을 하도록 독려해주고 강화율도 높이는 효과가 있다. 다른 개들이나 사람들에게 차

분한 반응을 보일 때, 또는 사회화 기간 동안 개선을 보이면 칭찬해주도록 한다. 개의 실생활에서 수시로 보상체계를 유지하도록 하는데, 여러분에게서 얻을 수 있는 보상들(즉 음식, 물, 장난감, 놀이 시간, 산책 등)을 위해 자주 앉기를 시킨다. 이러한 접근 방식에 일관성을 갖추어나간다면 개는 평상시 자기의 좋은 태도가 좋은 보상들을 가져다주기 때문에 실제 교육 시간에 하는 연습보다 더 의미 있다고 생각하게 된다. 개는 실생활에서의 보상 접근으로 자신감이 더 생기고 보상이 따라오게 될 것임을 앎으로써 좋은 동작들을 또 반복하고 자발적으로 실행하게 될 것이다.

교육 초반의 몇 주 동안은 집을 짓는 것과 유사한데, 예를 들면 완공된 집은 한번에 눈에 드러나지만 초석을 다듬지 않고서는 온전히 설 수 없는 것과 같다. 개가 나중에 얼마나 잘하느냐와는 별개로 그동안 함께 노력한 시간에 대해 인정해주고 아직

은 잘하지 못한다 하더라도 계속 발전하는 중임을 기억하자. 그리고 나서 교육일지를 다시 읽어본다면 그동안 해온 단단해진 트레이닝에 대해 뿌듯함을 느낄 것이다.

4장에서는 활발한 관계를 생성하는 것에 대해 이야기했다. 그러한 관계는 자신감을 주고 신뢰가 돈독해지며, 생기 있고 꾸준히 성장시킨다. 그리고 이번 주에는 무한한 긍정 에너지로 교감을 나누면서 순간순간 여러분의 가슴속에 즐거운 에너지가 가득한 온기를 개에게 표현해주기 바란다. 이미 감사함과 충만함으로 삶이 채워져 있다면 이번에는 우리의 개들을 축복해주고 그들과의 관계에 감사함을 표현해준다. 더불어 이 위대한 생명체인 개의 삶에 엄청난 변화를 일으키는 위대한 보호자가 될 수 있음에 자부심을 갖도록 하자. 혹시 누군가를 찬탄하는 것이 쑥스럽다면 그들이 가지고 있는 특별한 재능에 경외감을 가지는 것도 좋을 것이다. 나는 많은 사람들이 사랑하는 개들과 좋은 관계를 맺고, 그들의 특별함을 발견하며, 서로를 위하는 상호적인 감사함을 통해 더 활기찬 삶을 살아갈 수 있도록 최선을 다할 것이다.

"이리 와": 거리를 넓히고 방해 요소 첨가해보기

이번 주에는 기존의 "이리 와" 기술에서 방해 요소들을 더함으로써 난이도를 한 단계 올려 습득해보기로 하자. 예를 들어 개가 충분히 준비되었다면 야외에서도 해보거나 다양한 장소에서도 "이리 와"를 연습하여 경험을 좀 더 일반화한다. 이 동작 또한 보조자의 도움이 필요하다. 야외에서 한다면 울타리가 있는 곳에서 하는 것이 좋다. 만약 울타리가 없다면 최소 6m 길이의 목줄을 사용하거나 긴 줄에 안전하게 묶어놓고 시작하는데, 개가 다른 곳으로 달려가지 않도록 조심해야 한다. 차들이나 사람들 또는 다른 개들로부터 자유로운 곳을 선택하는데, 처음에는 새로운 냄새 때문에 산만해질 수도 있다는 것을 기억하자.

보조자가 개의 목줄을 잡고 있을 때 트릿으로 잠깐 재미있게 놀아주어 흥미도를 높인다. 그러고 나서는 개와 보조자를 두고 2m 정도 달려간 뒤 빠르게 개 쪽으로 돌면서 무릎을 땅에 대고 팔을 넓게 벌린 뒤 웃으며 "이리 와"라고 말한다. (이 부분은 둘째 주에 '레시 부르기'로 소개되었다.) 보조자는 여러분이 달려갈 때 개가 여러분을 계속 주시하는 것을 보면서 개를 놓아주고 여러분을 향해 달려가면 이때를 놓치지 말고 '네가 오고 있으니 나는 너무

기뻐' 하는 온몸의 표시를 해준다. 드디어 여러분에게 도착하면 칭찬과 함께 몸 전체를 쓰다듬어주는데, 목 주변을 만져주고 보상으로 트릿을 주도록 한다. 처음에는 이렇게 연습하다가 다음번의 "이리 와"에서는 개가 여러분에게 오기 전에 "앉아"와 "엎드려"를 하게 한다. 이것으로 자기충동 억제를 배우게 되고, 흥분한 개가 여러분에게 달려든다거나 옷을 물어뜯는 일을 예방해주기도 할 것이다. 점점 거리를 넓혀가면서 새로운 방해 요소와 장거리에서도 연습이 가능하다는 것을 기억하면서 새 장소에서 처음 시도할 때는 짧은 거리에서 하면 성공률도 높아진다는 것을 기억하자.

만약에 여러분이 달려갈 때 개가 다른 곳을 쳐다본다면 여러분에게 먼저 집중하는 교육부터 하는데, 그 첫 번째 단계로는 보조자가 리드줄을 놓지 않는 대신 개를 직접 데리고 함께 여러분에게 즐겁게 달려가면서 보상과 칭찬을 받을 수 있도록 해준다.

개가 초반부터 '실패'하는 데는 몇 가지 이유가 있다. 첫 번째로 여러분이 충분히 열정적이지 않았거나, 아니면 개가 그 순간에만 집중하지 못했을 수 있거나, 그것도 아니면 높은 성공 경험을 했지만 지

금은 즐거운 놀이로 잠깐 휴식을 취할 필요가 있거나, 마지막으로는 환경적으로 너무 많은 방해 요소가 있을 수도 있다. 만약 그렇다면 덜 산만한 장소를 찾아보고 좁은 복도 같은 장소 또는 트릿을 사용하지 않고 개가 좋아하는 찍찍 소리 나는 장난감을 사용하는 등의 다양한 시도를 해볼 것을 권장한다. 그럼에도 성공하지 못한다면 둘째 주에 다뤘던 "이리 와" 연습을 다시 해보는데, 9장의 "와"와 "가" 게임을 해보는 것이다.

그리고 나서 개가 "이리 와"에 익숙해지면 '숨바꼭질'을 더 해본다. 보조자가 리드줄을 잡고 있는 동안 여러분은 달려가서 숨는데, 개가 숨는 것을 보게 한다. 예를 들면 소파 뒤나 살짝 닫힌 문 뒤도 좋다. 경쾌한 알림으로 개에게 "이리 와"를 해보고 여러분을 찾으면 폭풍칭찬과 함께 잭팟을 준다. 이런 식으로 하다 보면 "이리 와"를 매우 잘하게 될 뿐만 아니라 여러분을 찾기 위해 더욱 노력할 수도 있다. 개들은 이러한 놀라움을 너무나 좋아한다. 일단 찾기 쉬운 장소에서 여러분을 잘 찾으면 재미와 도전을 더하여 좀 더 찾기 어려운 곳에 숨어보자.

"기다려": 방해 요소와 거리를 더해준다

개의 충동 자제력을 키우는 다른 방법으로는 "기다려"를 시킨 다음에 방해 요소를 추가하는 것이다. 한 발자국 개에게서 멀어지면서 "앉아"와 "기다려"를 하는 것부터 가르치도록 한다. 그리고 잠시 기다리게 하고 칭찬과 트릿을 준다. 그러나 여러분이 한 발자국이라도 움직였을 때 개가 기다리지 않는다면 그때는 한 발자국 걸을 것처럼 발만 올리고 다시 원래대로 놓는다. 그리고 첫 발자국을 걸었을 때 개가 움직이지 않을 때까지 이 연습을 계속해야 한다.

그리고 나서 이번에는 다른 방향으로 발자국을 옮긴다. 일단 개가 여러분이 만드는 작은 움직임에 흥분하지도 않고 비교적 안정되어 있는 것 같다면 몇 발자국 더 움직이고 개의 주변을 한 바퀴 돈다. 돌면서 개를 주의 깊게 살피는데, 대부분의 개들은 보호자가 안 보이면 앉아 있는 것에 어려움을 느낀다. 개의 신체언어를 이해하고 나면 개가 집중력이 저하되는 중인지 움직이려고 하는지 본능적으로 알 수 있게 된다. 예를 들어 개가 머리를 들면 몸을 움직이려는 신호이므로 움직이기 전에 재빨리 "옳지"라고 표시하면서 개에게 다가간다. 만약 이미 움직였다면 그냥 무시하도록 하고 단계들을 더 세분화할 필요가 있다고 판단하면 된다. 그런 식으로 좋은 시간대에 반복적인 연습을 통해 개가 앉아있는 상태에서 여러분이 그 주변을 한 바퀴 돌 수 있게 된다. 이러한 기술을 집 주변의 다양한 장소에서 연습하여 일반화하고, 개가 준비되었다는 느낌이 든다면 그다음에 방해 요소들이 많은 외부 지역에서도 시도해본다.

"엎드려": 동작에 이름을 붙인다

지난주에는 강아지 푸시업을 했는데, "앉아"와 "엎드려"의 수신호를 교정하는 데 도움이 되었기를 바라고 이번 주에는 "엎드려"의 수신호에 언어신호를 추가하여 덧붙여보는 연습을 할 것이다.

처음 시작할 때는 수신호를 사용하는 손에 트릿을 잡는 척하고 루어링으로 "엎드려" 자세를 만들어본다. 그리고 개가 엎드리려고 할 때 "엎드려"라고 말하면서 칭찬해주고 다른 손에 숨겨놓은 트릿으로 보상을 해준다. 이러한 기술은 개에게 두 가지를 동시에 가르쳐준다. 첫 번째는 개가 트릿을 받아먹기 위해 루어링을 하는 손에 음식이 없다는 것을 이해하기 시작할 것이다. 두 번째로는 이 동작이 "엎드려"라는 이름이 붙여진 동작이라는 것을 알기 시작한다는 것이다. 이 두 가지를 동시에 배우는 것은 개에게 도전이기는 하지만, 자신감과 긍정의 강화를 만들어주기도 한다.

개가 여러분의 수신호와 언어신호 둘 다에 맞춰서 "엎드려" 동작을 완성하면 잭팟을 줘야 한다. 또 다른 방법으로는 내가 가장 선호하는 것 중의 하나이기도 한데, 강아지 푸시업의 순서를 다르게 해보는 것이다. 지난주에 했듯이 개에게 먼저 "앉아"를 요구하지 말고 음성신호와 수신호를 둘 다 사용하여 "엎드려" 동작을 먼저 하고 그다음에 "앉아"를 하는 것이다. 이렇게 하면 푸시업의 리듬이 더 빨라질 수 있고, 트릿을 덜 사용하는 방법을 가르쳐주기도 한다.

'서 있기' 자세

개가 서 있는 자세를 배우는 것은 여러 가지 이유에서 중요한데, 예를 들면 미용할 때나 검진을 받을 때 또는 외출 후 발을 닦을 때 그리고 진드기 검사를 할 때 등 서 있어야 할 때가 많기 때문이다. 그뿐만 아니라 도그쇼에서도 심사위원이 평가를 진행할 때 서 있는 자세에서 정지된 상태로 있어야 하는데, 이러한 동작을 '스탠드' 또는 '스택(stack)'이라고 부른다. 개에게 이 자세를 가르치는 것은 한 단계 교육을 업그레이드하는 데도 유용한데, "앉아"에서 "엎드려"를 일련의 순서로 하다가 새로운 동작이 등장하면 그다음에 어떤 신호가 나오게 될 것인지 추측하는 것이 쉽지 않기 때문이다. 지금까지 해온 강아지 푸시업 패턴에서는 "엎드려" 다음에 "앉아"를 하거나 또는 "앉아"를 "엎드려" 다음에 하는 단순함 때문에 개의 집중력이 가끔 떨어졌을 수도 있었겠지만, 개에게 세 번째 새로운 신호인 "서" 자세를 덧붙임으로써 강아지 푸시업의 순서에서 신호를 더 이상 예상할 수 없게 된다. 그렇게 되면 개는 "앉아", "엎드려", "서" 중에서 어떤 신호가 다음에 나올지 더 이상 확신할 수 없게 되고 칭찬과 트릿을 받기 위해 여러분에게 더 집중하게 될 것이다.

나는 "포즈"라는 언어신호를 좋아하는데, 개가 배우는 다른 언어신호들과 매우 다르기 때문이다. 예를 들면 영어로 "스탠드"나 "싯" 그리고 "스테이" 등은 유사한 소리로 들릴 수 있다. 그러나 언어신호를 가르치기 전에 루어링을 통해 "앉아"를 한 뒤에 "포즈" 또는 "서"라고 하여 서 있는 자세를 먼저 가르치도록 한다.

1 **루어를 보여준다** 개의 옆쪽에 서서 루어를 하여 앉히기부터 시작한다. 그러고 나서 트릿 냄새를 맡을 수 있도록 코앞에 트릿을 대고 앞쪽으로 루어를 살짝 이동시켜 개가 자연스럽게 서도록 만든다.

2 앞쪽으로 움직인다

개에게 트릿 냄새를 더 맡게 하면서 완전하게 설 수 있도록 천천히 루어를 앞쪽으로 이동시킨다. 아직 손에 쥔 트릿을 주면 안 된다.

3 개의 자세를 확인한다

일단 네 발을 다 디디고 서서 냄새를 맡으면 루어 하는 손을 멈추고 "옳지"라고 표시하고, 손을 개 쪽으로 가져가 칭찬해주고 트릿을 먹게 해준다.

이 연습을 반복하다 보면 점점 서 있는 자세가 자연스럽고 안정되는데, 손바닥을 편 채로 루어링을 해서 동작을 완성시킨 후 나중에는 수신호만으로도 동작할 수 있도록 변화시킬 것이다. 처음에 트릿을 엄지와 검지 사이에 넣고 루어를 하여 개가 서면 "옳지"라고 표시해주고 트릿으로 보상해준다. 이렇게 지속적으로 반복하다 보면 결국 개의 앞쪽으로 손바닥을 움직이면 개가 "서" 또는 '포즈' 자세라는 것을 알게 되고 손이 자기 앞에 오면 트릿을 줄 것을 예상하게 될 것이다. 트릿을 기다리고 있는 개에게 손의 움직임을 조금씩 느리게 하면서 "서" 포즈 시간을 점점 늘릴 수 있다. 처음에는 트릿을 주기 전에 1초 동안 지연시키고, 오래 서 있을 때까지 연속적인 반복으로 시간을 점점 늘린다. 30초 이상 "서" 포즈를 할 필요는 없는데, 그 정도의 시간이면 개를 관찰하거나 간단한 미용 절차를 끝낼 수 있기 때문이다.

개가 이제 새로운 수신호를 이해하여 "서" 포즈를 성공시키면 이번에는 개의 다른 편에 서서 똑같은 수신호로 동작하게 한다. 그리고 양쪽 모두 동작의 성공률이 높아지면 그때는 언어신호를 추가한다. 언어신호는 "포즈" 또는 "서"라고 말하는데, 루어링으로 개가 여러분의 손 앞에 완전히 서 있을 때 말해준다. 이 시점에서 "옳지"라고 동작을 표시하여 칭찬해주고 트릿을 주고 능숙하게 할 때까지 계속 연습한다.

마지막 단계로, 이제는 "엎드려"에서 "서" 포즈를 가르치도록 한다. 나의 경험상 대부분의 개들이 "앉아"에서 "서" 포즈가 잘되기 시작하면 "엎드려" 자세에서도 똑같은 수신호와 언어신호를 사용해도 잘 이행하는 것 같다.

"가져가"와 "놔"의 교환: 제2단계

이번 주에는 개가 저항하지 않고 "놔"라는 신호에 물건을 놓도록 가르칠 것이다. 개에게 "놔"라는 신호를 줄 때 괜찮은 물건을 보여주면서 "가져가"를 같이 짝으로 이루어서 가르쳐야 한다. 주는 물건은 동급 아니면 더 나은 것이어야 한다. 이것은 그저 학습을 위한 연습이 아니라 실제 생활에도 바로 적용되는 것인데, 언젠가 우리 가족이 저녁 식사를 끝냈을 즈음 나의 개 플랫 코티드 리트리버종인 메릿이 부엌에서 훔쳐온 치킨 뼈를 나에게 가져왔다. 대부분의 개들은 바로 그 자리에서 먹어치웠겠지만 메릿은 그렇게 하지 았았다. "가져가"와 "놔"의 교환 개념을 이미 숙지한 터라 교환하기 위해 이전에도 금지 물품을 가져오곤 했기 때문에 그때도 나에게 와서 치킨 뼈를 내 허벅지에 당당하게 내려놓던 것이다. 메릿이 혹시라도 개에게 치명적일 수 있는 닭 뼈를 먹었을까 봐 순간 매우 긴장했는데, 그런 걱정할 필요는 없었다. 왜냐하면 뼈를 안 부수고 온전한 형태로 가져다주었고, 입에서도 닭 냄새 또는 뼈의 흔적을 찾을 수 없었기 때문이다. 기특해서 즉시 엄청난 칭찬과 감사 표시를 해주었고 곧장 주방으로 데려갔는데, 메릿이 자기 꼬리를 아주 자랑스럽게 흔들면서 따라왔다. 보상으로 나는 맛있는 것들을 콩 장난감에 잔뜩 넣어주었다. "놔"와 "가져가"를 교환 개념으로 교육하지 않았다면 애초에 메릿이 나에게 치킨 뼈를 가져오는 상황은 일어나지 않았을 것이고, 흔적도 없이 다 먹어치웠을 것이다. 여기에는 두 가지 교훈이 있는데, 첫 번째는 개에게 "놔"와 "가져가"를 가르쳐야 한다는 것이고 또 하나는 개가 뛰어오를 수 있는 식탁 또는 싱크대에 금지 물품을 올려놓지 말아야 한다는 것이다.

또, 닭의 사체를 훔쳐온 메릿에게 그동안 내가 훔쳐오는 것에 대한 보상을 해준 것은 아닌지 유추할 수도 있다. 여기서 우리가 짚고 넘어갈 부분이 있다. 내가 지난번에 메릿이 훔친 물건을 가져온 것에 마지막으로 보상을 했는데, 만약에 내가 싱크대에서 물건을 훔치는 것을 가르치는 거였다면 나는 부엌에 있으면서 치킨을 훔쳐먹는 순간을 포착하여 표시하고 그 행동에 보상을 해주었어야 한다.

또한 "놔"와 "가져가"의 교환을 나쁜 행동을 제거하기 위해 활용할 수도 있다. 한 가지 예를 들어보자. 나에게 손님 개가 있었는데, 우리는 그를 '스니지'라고 불렀다. 그 개는 특히 사람이 사용한 휴지들을 잘 씹었다. 생각만 해도 찝찝한데, 스니지에게 휴지를 주고는 "가져가"라고 말했고 스니지는 그것을 가져갔다. 그리고 휴지를 씹기 시작하는 순간 코에 트릿을 대주었다. 그러자 스니지는 휴지를 내려놓고 어떤 신호도 받지 않고 트릿을 가져갔다. 스니지가 아무리 휴지를 좋아했더라도 맛있는 트릿만큼 좋아하지는 않았다. 나중에는 "놔"와 "가져가"를 교환함으로써 "놔"를 연습했다. 그로 인해 스니지는 휴지 씹는 것을 멈췄을 뿐만 아니라 쓰레기통에서 휴지를 발견하면 보호자에게 가져다주기까지 했다.

자, 이제 개에게 "놔"와 "가져가"의 교환을 가르치기 위해 맛있는 트릿과 한두 개의 특별한 장난감 등 가치 있는 물품들을 구비해놓자. 그리고 밥그릇을 놓는 연습부터 시작한다. 손으로 급여함으로써 음식에 대해 집착하지 않도록 가르쳐왔는데, 이제는 개가 먹는 동안 밥그릇 치우는 것을 해볼 차례다. 먼저, 딱딱한 치즈 조각 같은 정말 맛있는 음식을 다른 곳에 떨어뜨린다. 개가 치즈를 먹기 위해 그릇에서 멀어지면 그릇을 든다. 치즈를 다 먹었을 때 여러분이 그릇을 들고 있는 것을 보면 "옳지"라고 말해주고 그릇을 개 앞에 놓아둔다. 개가 음식 그릇을 가져가는 데 불편해하지 않도록 이 연습을 여러 번 반복할 것이다.

다음에는 개에게 한 줌의 음식을 주는데, 당신의 손에 있는 음식을 먹기 위해 그릇에서 멀어지면 "옳지"라고 표시해주고 칭찬과 함께 손에서 먹도록 해준다. 다 먹고 나서 당신의 손이 그릇에 가까이 갈 때 그릇에 추가 음식을 떨어뜨리는 것을 보여주고, 당신이 개에게 무언가 좋은 것을 주고 음식을 가져가지 않는다는 것을 알려주도록 한다. 개가 여러분이 밥그릇에 손대는 것에 개의치 않을 때 간식이 들어있는 '콩' 장난감을 손에 들고 있는 것을 보여주고 개에게 "놔"라고 신호를 보낸다. 개가 '콩' 장난감에 집중하면 "가져가"라는 언어신호를 해준다. 그리고 '콩'을 가져가자마자 그릇을 들고 그 안에 음식을 더 넣어주는 것을 보게 한다. 자, 이번에는 다시 "놔"를 하고 그릇을 보여준다. 그런 다음에 개가 '콩'을 놓고 그릇에 집중하면 "가져가"라고 신호를 보낸다. 그렇게 밥그릇과 '콩' 장난감을 지속적으로 바꿔가면서 연습하는데, 나머지 식사가 끝날 때까지 계속하다가 '콩' 속에 있는 맛있는 것들을 다 먹고 끝내는 것을 허락한다.

　이렇게 "놔"와 "가져가" 교환을 자주 연습해야 하는 이유는 개가 당신 또는 당신의 손이 자기 음식이나 장난감 또는 밥그릇 주변에 있는 것을 편안하게 느낄 수 있게 만들어야 하기 때문이다. 인간을 포함하여 모든 동물에게 자신이 소중히 여기는 것들을 지키기 위한 본능이 발동하는 것은 흔한 일이다.

　한편으로는 "놔"와 "가져가"의 교환을 변형시킬 수도 있는데, 새 신발이나 사용한 휴지 등 당신이 큰맘 먹고 선물하는 것들을 얻을 수 있게 하기 위해서다. 또 특별한 장난감 또는 안전하게 씹을 수 있는 다른 물건들을 포함해서 개는 음식 이외의 무언가를 기꺼이 교환하려고 할 것이다. 나는 이를 '금지품 교환' 또는 '대체 교환'이라고도 부른다.

1 행동 중인 개 포착 금지품을 씹고 있는 개를 보더라도 아무 말하지 않는다. 그 대신 가치 있는 교환품을 준비하면 되는데, 간식이 가득 들어 있는 '콩' 장난감을 냉장고에서 꺼내 등 뒤에 감추고 조용히 개에게 다가간다.

2 시선 마주치기 여러분의 등 뒤에 교환품을 가지고 있는 동안 짧게 "놔"라고 오직 한 번만 말해준다. 개가 금지품을 놓으면 "옳지"라고 표시하고, 여러분에게 다시 시선을 맞추면 또 "옳지"라고 표시한다.

3 **교환품 제공** 개가 교환품의 냄새를 맡도록 한다. 대개 개는 금지품을 놓는데, 그때 교환하기 위해 금지품에 여러분의 발을 올린다. 그러고 나서는 칭찬해주고 목을 만져준 다음 교환품을 주면 된다. 이제 개의 관심이 교환품으로 옮겨가게 되면 금지품을 제거한다.

안전하고 자신 있게 계단 오르내리기

강아지가 계단 오르내리기가 서툴고 두려워하는 것은 정상이다. 처음 계단을 내려가기 전에 올라가는 것부터 가르치는 것을 추천하는데, 왜냐하면 일반적으로 위를 쳐다보는 것이 두려움을 덜 느끼게 만들어주기 때문이다. 강아지에게 올라가는 것을 가르치기 위한 최고의 방법은 맨 위의 바로 밑의 계단에서 시작하여 루어링으로 계단을 오르게 하는 것이다. 이 과정은 개에게 매우 큰 도전이므로 크게 칭찬하고, 강아지가 이 단계를 숙련한다면 이번에는 위에서 두 번째 계단에서 시작하고, 그다음에는 세 번째 그리고 네 번째 이렇게 점차 계단 수를 늘리면서 익히도록 한다. 다시 설명하자면, 강아지가 위로 올라가는 데 조금 더 쉽게 성공할 수 있도록 처음에는 목표에서 가깝게 시작한 다음에 거리를 조금씩 넓혀가면서 잘할 수 있도록 자신감을 키워준다.

한 번에 3~4계단을 잘 올라간다면 이번에는 내려가는 것을 가르칠 때다. 강아지 또는 소형견들이 계단 턱에 미끄러지지 않도록 촘촘한 그물망 같은 것들을 부착하거나, 손에 한 줌의 트릿을 준비하여 효율적인 교육을 하는 데 도움이 되게 한다. 올라가는 것을 배울 때는 맨 위에서 바로 밑의 계단부터 시작했지만, 내려가는 것을 학습하기 위해서는 바닥의 첫 계단에서 시작하여 한 번에 한 계단씩 올라가게 한다. 혹시 안쪽이 열린 계단이라면 개들이 더 무서워할 수도 있으니 막힌 계단부터 가르치고 연습해서 자신감이 생긴 뒤에 열린 계단을 가르친다.

여러분의 감독하에 자신감을 가지고 안전하게 위아래로 잘 오르내리는지 보고 발 움직임이 확실해지면 사고를 방지하기 위해, 그리고 혼자서 이 방 저 방 돌아다니지 않도록 안전문을 사용하여 계단 입구를 막도록 한다.

여러분과 개가 자유롭게 함께 오르내리기를 원한다면 개가 앞서거나 점프하면서 걷거나 달리지 않도록 가르치자. 안전한 통제를 위해 옆에서 걷도록 하는데, 그렇게 하지 않으면 여러분이 발을 헛디딘다거나 발에 개가 채일 수도 있다는 것을 명심하자. 실제로 나에게도 이런 일이 벌어져서 아팠던 적이 있었다. 안전하게 계단 오르내리기를 가르치기 위해 다음과 같은 연습을 한다.

1 제 위치에서 시작하기 여러분을 앞서거나 뒤처지지 않도록 개에게 짧은 리드줄을 부착하지만, 줄이 너무 짧으면 목을 조일 수 있으므로 주의하도록 한다. 개에게 리드줄을 채운 채 여러분과 벽 사이에 위치하게 하고 나서 첫 계단을 밟기 전에 앉기부터 하고 여러분과 시선을 마주치게 한다.

2 한 번에 한 계단씩 여러분의 다리를 개의 가슴 앞 주변으로 가로지르게 해서 앞으로 돌진하지 않게 막고, 속도를 유지하면서 천천히 나아간다. 이런 식으로 개를 데리고 한쪽에 서서 한 방향으로 쭉 걷는 것을 가르치는데, 그동안 강아지가 했던 연습과는 다를 수 있다. 한 번에 한 계단씩 밟고 각 계단을 밟을 때마다 표시하고 칭찬하고 보상해

준다. 혹시라도 개가 앞서간다면 안전한 범위 내에서 여러분의 다리로 즉시 막아야 한다. 계단마다 잠시 쉬고 다음 계단도 같이 걸어가야 하는 것을 개가 알도록 하는데, 여러분의 다리를 손으로 살살 치거나 앞쪽을 손가락으로 가리키는 등 수신호를 주는 방법도 있으니 참조한다.

---

3 마지막에 앉기 계단의 맨 아래 또는 위에 도착했을 때 "앉아"를 시키는데, 그렇게 하면 개를 천천히 움직이도록 할 것이다. 일단 개가 어느 정도 충동을 자제하면서 한 번에 한 계단씩 여러분의 옆에서 걸을 수 있게 되면 이번에는 두 계단씩 한 번에 올라가도록 한다. 그런 식으로 점점 더 늘려나가는데, 천천히 걸어야 한다는 것을 꼭 명심한다. 개가 앞으로 돌진하려는 기미가 보이면 여러분의 다리로 제어해야 하므로 의도적으로 움직이면서 개가 맹렬하게 움직일 것에 대비하여 균형을 잡아야 한다. 그리고 계단 교육을 지속하면서 계단마다 "천천히"라는 언어신호를 함께 주는 것도 잊지 말자.

첫 계단을 밟기 시작할 때 개가 집중을 잘하고 있다면 시각적 신호와 언어신호 둘 다 사용할 것을 추천한다. 그러기 위해서는 먼저 앉는 것부터 시작한 다음에 "계단"이라고 말하고 위에 나온 과정들을 진행하는 것이 좋다.

계단 오르기 과정이 익숙해질 때까지 계단마다 신호를 주는데, 먼저 여러분의 다리를 손으로 살짝 친다거나 방향을 지시하는 동작 등의 시각적 신호를 사용한 뒤에 개가 잘하면 "천천히"라고 말하면서 언어신호를 덧붙인다. 이 기법을 터득하고 나면 이제 계단마다 시각신호와 언어신호를 없애는 것이 가능해진다.

경계 교육: 문

반려견의 안전 그리고 방문객의 편안함을 위한다면 제한구역을 두고 개를 순응시키는 것은 매우 중요하다. 왜냐하면 방문객에게 달려든다거나 열린 문 사이로 뛰쳐나간다든지, 계단으로 돌진하거나 출입이 금지된 방으로 들어가지도 않을 것이고, 청소가 끝난 주방에서 돌아다니지 않는 등 통제가 가능해지기 때문이다. "멀어져"라는 신호는 제한지역 교육을 할 때 하나의 도구로 활용된다. 여러분이 나가기 위해 또는 방문객이 들어올 때 문을 여는 동안 문 앞에 앉아서 기다릴 수 있도록 개에게 이 신호를 사용하여 시작할 것이다. 지속적으로 꾸준히 해야 하는데, 문을 열 때마다 개가 여러분을 따라가게 하지 말고 여러분이 먼저 나갈 때까지 기다리게 한다. 그 이유는 문밖에 어떤 상황이 펼쳐져 있을지 모르기 때문이다. 예를 들면 다른 개나 아이가 밖에 있을 수도 있고, 여러분을 제치고 달려 나가게 만드는 무엇인가가 문밖에 펼쳐져 있을 수 있으므로 개를 제재하고 준비할 수 있게 여러분이 먼저 문 나서는 것이 중요하다.

개를 가르치기 위해 첫째, 실내에 있는 문 앞에서 여러분이 있는 곳을 보게 하고, 문을 나가는 것을 보게 한다. 일단 리드줄을 사용하여 개를 통제하고 집 실내의 문 앞에 있는 바닥에 앉게 하는 것부터 시작하는데, 개가 앉으면 "멀어져"라고 말하고 문을 살짝 열도록 한다. 만약 앉았다가 일어서면 문을 바로 닫아버리고 다시 시작하기 전에 1~2초 동안 기다린다. 문을 살짝만 열어도 계속 앉아있을 때까지 이 연습을 하고 잘하게 되면 "옳지"라고 칭찬해 준 뒤, 문을 활짝 열어줌과 동시에 개를 외부로 이끌고 걸을 때 하던 수신호를 한다. 손으로 앞쪽을 가리키거나 첫 발자국을 내딛기 전에 여러분의 허벅지를 탁탁 치면 된다.

개가 성공의 기쁨을 느낀다는 생각이 들면 이번에는 도전 삼아 문을 조금 더 열고 기다리게 한 뒤에 잘 기다리면 "옳지"라고 표시하고, 그런 다음 문을 열고 나가기까지 연속적인 동작을 한꺼번에 해본다. 매번 연습할 때마다 문을 열기 전에 "멀어져" 신호를 한다. 이 동작의 목표는 "멀어져"라고 말하고 문을 활짝 연 뒤에 함께 문을 나서기 전까지 문 앞에서 계속 기다리게 하는 것이다. 혹시 개가 여러분을 따라가는 데 주저한다면 "이리 와"라고 말하면서 경계를 넘어 여러분을 따라갈 수 있도록 루어를 해주면 된다.

집안의 다양한 문을 지나기 전에 개가 신호에 맞춰 앉기를 잘하면 이번에는 당신을 따라 같은 문을 지나가기 전까지 계속 서 있는 것을 해볼 것이다. 문을 조금 열기 직전에 "놔"라고 하면서 시작하는데, 만약 그때도 개가 여전히 서 있다면 그다음에는 당신이 문턱을 한 발자국 지나면서 "옳지"라고 표시를 해준다. 그러고 나서는 문을 활짝 열고 걷기 시작할 때 신호를 사용하면서 개가 여러분을 쫓아올 수 있도록 한다. 여러분과 개가 함께 복도 끝까지 걸어가면 바로 "앉아"라는 신호를 해주고 앉는 것에도 성공하면 칭찬하고 보상을 해준다. 문을 지나가기 전에 더 이상 "앉아"를 하지 않는 것은 일반적인 상황에서 우리가 "놔"라는 신호를 주면 그것은 "거기에 가지 마" 또는 "만지지 마"를 의미한다는 것을 개에게 알려줘야 하기 때문이다. 당분간은 언어신호는 하지 않고 개의 집중을 향상시키다가 집중이 유지되면 그때는 수신호와 함께 "가자" 같은 언어신호를 더해준다.

초인종과 문 두드리기

문 앞에서 기다리기를 잘한다면 이번에 가르쳐야 할 교육은 초인종과 노크 소리에 대한 반응이다. 많은 개들이 초인종 소리를 들으면 흥분하기 마련이지만, 교육을 통해 얌전하게 있도록 가르쳐야 하고 진행하는 동안에는 인내심 있는 보조자의 도움이 요구될 것이다. 우선 닫힌 문 앞에서 "쿠키다. 앉아-기다려"에서 배운 방법과 같은 방식으로 진행한다. 다시 말해, 여러분의 옆에 개를 앉히고 리드줄을 짧게 잡은 채 엉덩이를 댄 상태에서 보조자가 초인종을 울리거나 노크하는 동안 가만히 있는다.

그러고 나서 개가 소리에 반응을 보이지 않거나 당신을 쳐다보면 잭팟을 주지만 짖는다거나 문을 향해 달려 나가려고 한다면 여러분을 볼 때까지 엉덩이에 손을 딱 붙이고 움직이지 않고 그 자세 그대로 서 있는다. 그러고 나서 개가 당신을 쳐다보는 순간에 "옳지"라고 말하며 표시하고, 루어를 하여 뒤로 움직이게 한 다음 "이리 와"라고 말하면서 당신을 따라 문에서 멀어지게 한다. 아직은 절대로 문을 열지 말고 보조사가 초인종을 누르거나 노크를 하게 한 뒤에 노크 소리가 나면 루어를 해서 문에서 멀어짐과 동시에 "이리 와"라고 말한다. 계속 이런 식으로 반복하여 집중적으로 연습한다. "이리 와"를 한 번 말했을 때 만약 성공하지 못하면 "엎드려" 또는 "앉아" 같은 다른 신호와 함께 루어를 사용하여 완성하도록 한다.

개의 관심을 초인종 소리가 아닌 다른 것으로 전환시키는 또 다른 방법은 여러분이 그 소리에 절대로 반응하지 않는 것이다. 반려견은 보호자의 반응을 스펀지처럼 흡수하므로 당신이 초인종 소리를 무시한다면 개도 똑같이 그렇게 학습할 것이다. 나의 개들은 초인종 소리, 노크 소리나 전화벨 소리에 아무 반응도 보이지 않는데, 특히 나의 아프리칸 회색 앵무새종인 모드는 그 모든 소리를 흉내 내기까지 한다. 가족이나 친구에게 여러분이 책을 읽는 중이거나 텔레비전을 시청하는 동안 초인종을 눌러달라고 부탁하고 초인종이 울리면 하던 일을 그대로 계속하면서 문이나 개 쪽은 쳐다보지 않는다. 그러면 개는 잠시 짖거나 문 쪽으로 달려 나갈 수도 있겠지만, 결국 초인종에 반응하는 것이 그다지 이익이 되지 않는다는 것을 이해하게 되고 자리 잡고 앉거나 개의치 않을 것이다.

또 다른 방법으로, 가족 중 아이나 친구의 도움으로 초인종을 반복해서 계속 누르는 것이다. 그리고 개가 짖더라도 결국 자리 잡고 앉을 때까지 무시해버리고, 마침내 조용해지면 3분 정도 기다린 다음에 초인종을 누른 친구나 아이가 들어올 수 있도록 대수롭지 않은 반응을 보이는 것이다. 혹시 개가 여러분 중 누군가에게 뛰어오르려고 한다면 갑자기 뒤돌아 개에게서 멀어져 등을 보이다가 개가 앉으면 조용히 칭찬해주고 나서 "앉아"와 "엎드려"를 몇 번 한 뒤에 차분히 있도록 만든다. 그런 다음 여러분의 아이나 친구가 개에게 얌전히 "앉아"와 "엎드려" 신호를 주면 되는 것이다. 개의 신체언어를 관찰하여 개가 조용할 때 여러분도 조용하게 있고, 맛있는 것이 들어 있는 콩 장난감이나 이런 상황에 대비하여 숨겨둔 특별한 장난감을 주자. 개가 씹거나 가지고 노는 동안 당신도 보조자와 대화를 나누는데, 항상 조용한 목소리를 유지하는 것이 중요하다. 이 교육은 쉽지 않은 기다림의 게임이고, 숙련될 때까지는 아마도 시간이 좀 필요할 것이다.

경계 교육: 가구와 방

가구에 올라가거나 방에 들어가는 것을 막는 가장 쉬운 방법은 안전문 또는 강아지용 철제문으로 금지구역을 막는 것이다. 조금씩 점점 더 시간을 늘리면서 장애물들을 없애도록 시도해볼 수 있지만, 그전에 크레이트 안에 있는 것을 즐겁게 느끼도록 강화하는 것이 요구되는데, 습관처럼 그곳에 있도록 만드는 것이 중요하다. 그러고 나서는 개를 지속적으로 감독할 수 있을 때 장애물을 사용하지 않고 경계지역을 침범하지 않는지 먼저 실험을 해본다. 이것을 교육하는 최고의 방법은 개를 정착시킬 수 있도록 만들어야 하는데, 이 부분에 대해 연습해보자.

첫 번째 단계는 개를 크레이트 바깥에 있게 한 뒤에 보상을 주면서 집중을 유지하게 만들고 몰두할 수 있는 씹는 장난감을 주는 것이다. 만약 금지구역으로 어슬렁거리며 들어가려고 한다면 바로 "이리 와"를 한다. 필요하다면 루어를 하는 것도 나쁘지 않다. "놔" 신호는 개가 처음 한두 발자국 금지구역으로 막 들어가려고 시도할 때나 들어갔을 때 또는 벗어나야 할 곳을 개가 명확히 이해하지 못했을 때 한다.

자리 잡기

"자리 잡아"는 "엎드려"와 "엎드려서 기다려" 등과는 약간 다른 동작으로, 개에게 한 장소에서 쉬게 하는 것을 말한다. 그러므로 "엎드려서 기다려"보다는 좀 더 편안한 개념이고, 시간도 길게 유지할 수 있다. "자리 잡아" 상태에서는 조용히 누워있거나 옆으로, 뒤로 또는 대자로 뻗는 자세 등을 맘껏 취할 수 있다. 반면에 "엎드려서 기다려" 자세는 움직이지 않고 딱 그대로 엎드려서 기다리는 것을 요구한다. 개에게 "엎드려"를 숙련시키고 나면 "자리 잡아"는 "엎드려" 자세로 제재를 받는 동안 휴식과 자유를 더 주기 위해 하는 것이다. "자리 잡아" 동작을 실행해야 할 때는 같은 공간에서 여러분이 식사를 하거나 TV를 시청할 때 또는 독서나 일을 하는 중이거나 오랜 시간이 걸리는 일을 할 경우다. 또는 외출 시에도 사용하면 좋은데, 공원 벤치에 앉아 있을 때나 가게에서 줄을 서는 동안에도 실행하면 좋을 것이다. 나의 학생 중 일부는 "자리 잡아" 동작을 "얼음" 이라고 부르기도 하는데, 어떻든 간에 개가 꾸준히 가만있을 수 있다면 상관없을 듯하다.

1 "엎드려"부터 시작한다
개에게 "자리 잡아"를 가르치려면 "엎드려" 위치에서 시작해야 한다. 손에는 충분한 트릿을 준비하고, 개가 "엎드려" 자세를 하고 있을 때 개의 머리 조금 위에 손바닥을 편 상태에서 몇 초 정도 기다리게 한 뒤 다른 손으로는 한 번에 한 개씩 총 6~8개의 트릿을 조용히 보상해준다. 나는 이를 '자판기 기술'이라고 부르는데, 자세를 지켜보며 트릿을 주는 것이 중요하다.

2 표시하고 트릿을 준다
개가 자리 잡기 위해 엎드리는 것을 보면 즉시 그러나 조용히 "자리 잘 잡고 있네" 또는 "얼음 잘 한다"라고 말하면서 표시해주고 나머지 트릿들을 준다. 마지막 트릿을 준 뒤에는 다섯

까지 세고 손에 더 이상 트릿이 없다는 것을 보여주면서 부드러운 목소리로 "해제"라고 말하면서 잠시 놓아주도록 한다. 그러고 나서 "자리 잡아" 동작을 다시 반복하는데, 중요한 것은 자판기에서 트릿들이 나오지 않으면 개는 일어나려고 할 수 있기 때문에 계속 트릿을 주어야 한다는 것이다. 혹시 개가 일어난다면 다시 엎드리기 전까지는 트릿을 주지 않는다. 대부분의 개들이 "엎드려-기다려"를 숙련하면 꽤 빨리 "자리 잡아" 신호를 알아채니 참조하기 바란다.

또 다른 방식으로 "자리 잡아"를 가르치고 강화하는 방법은 손 급여를 같이 사용하는 것이다. 개가 엎드려 있는 동안 개의 앞발 사이에서 아니면 최대한 개의 몸 가까이에서 전체 식사량을 손으로 천천히 급여하는데, 사료를 주거나 음식을 조금씩 급여해준다. 그러면 식사가 끝날 즈음에는 편안하게 누워 귀족처럼 받아먹는 것을 즐기게 될 것이다.

과제

이번 주뿐만 아니라 과제를 계속 이행하면서 개와 좋은 관계를 유지하도록 애써주기 바란다. 개가 더 집중한다면 신호들을 이행하기 위해 더 배우려고 노력할 것이고, 여러분은 특히 좋은 동작이나 행동에 보상을 해주면서 강화시키는 과정이 즐거운 것임을 느끼도록 해주면 좋다. 그래서 개가 더 집중할 수 있도록 무엇을 할 수 있는지 생각해보고 교육일지를 작성하는 것이 이번 과제다. 예를 들면 시선 교환을 연습할 때 개가 여러분을 바라보고 있다면 당신이 얼마나 행복한지를 충분히 보여주고, 걸을 때는 '나'를 향하는 개의 시선을 느끼면서 줄을 당기지 않고도 자연스럽게 옆에 따라오고 있는지 본다.

실생활 보상체계의 핵심은 모든 행동을 이행하기 전에 앉아있거나 여러분이 요청하는 것이 무엇이든 개가 따라주는 것에 감사함을 많이 표시하는 것이다. 그리고 자연스러운 개의 신체언어에 주의를 기울여 좋은 행동들을 보상해주다 보면 개는 기대 이상으로 여러분의 마음에 들려고 좋은 동작들을 보여줄 것이다.

기본 교육 프로그램이 끝날 즈음에는 개가 너무 잘해서 굳이 보상을 해줄 필요가 없거나 아니면 개가 빨리 숙달하지 못하여 보상을 줘야 할지 말아야 할지 주저하게 될 것이다. 지금 단계쯤 오면 위의 두 가지 판단이 오락가락할 때인데, 거두절미하고 오직 개가 보여주는 성공에만 집중하도록 하자. 개가 성취해내는 것이 무엇이든지 간에 성공의 정점이 되기 때문이다.

❯❯ **"이리 와"** 사람들, 특히 아이들로 둘러싸인 외부 장소에서 연습함으로써 방해 요소들을 추가하고, 또 다른 방향에서도 불러보는 등 거리를 넓혀가면서 연습한다.

❯❯ **"기다려"** 개가 준비되었을 때 거리와 방해 요소들을 더해준다. 무엇보다 인내심을 가지는 것이 중요하다. 성공적인 "기다려"는 많은 인내와 연습, 그리고 개의 성숙도가 어우러져서 나오는 결과물이다.

❯❯ **"엎드려"** 언어신호를 더해준다. (동작에 이름을 더한다.)

❯❯ **서 있기** 루어를 가지고 하다가 나중에는 루어 없이 수신호로만 동작을 완성시킨 뒤 언어신호를 더해주는 것을 해본다.

❯❯ **"놔"와 "가져가"의 교환** 밥그릇 연습을 하여 음식에 대한 소유욕을 조절한다.

❯❯ **계단 트레이닝** 개가 이미 계단을 오를

수 있다고 가정하고 안전한 계단 오르기를 가르친다. (계단에서는 개가 여러분의 앞이나 뒤가 아닌 옆에서 걷게 한다.)

❯❯ **문 트레이닝** 외부로 나가는 문을 통과하기 전에 먼저 실내에 있는 문을 통과하는 것부터 가르친다.

❯❯ **자리 잡기** 자판기 기술을 연습하고 손으로 음식을 주며 자리 잡기를 시킨다.

트레이닝 게임과 활동들

개가 이미 알고 있는 게임과 행동에 몇 가지 다른 새로운 유형들을 더해준다. 자세한 내용을 알려면 9장을 참조한다.

❯❯ 각각 다른 방에 있는 여러분과 보조자 사이를 왔다 갔다 시키면서 "이리 와"를

연습하고, "와", "가"와 함께 "나 찾아봐라"를 아울러 연습시킨다.

❯❯ 강아지 푸시업에 "서"(포즈)를 더해준다. 수신호 또는 언어신호에 "서"를 할 수 있다면 다 알고 있는 연속적인 행동을 시작한다. "앉아"-"서"-"엎드려", 그리고 난 뒤에 "서"-"앉아"-"서" 또는 "앉아"-"엎드려"-"서"를 혼합해서 실행한다. 재미있게 해야 하고 가능하면 실패하지 않는 범위에서 지속적으로 능숙하게 해야 개가 계속 재미를 느끼고 잘하려고 할 것이다.

❯❯ **가져오기/회수** 이 게임을 알려줄 때, 처음부터 개가 물고 오거나 좋아할 것이라고 생각하면 안 된다. 다만 개가 어느 정도 할 수 있는지 파악해보고 작은 성공에도 보상하는 것이 중요하다.

8장

다섯째 주: 기본 기술들의 재점검

이제 거의 다 끝나간다. 벌써 기본 교육 프로그램의 마지막 주인 5주차에 이르게 되었다.

원래 나의 수업에서는 이 즈음에 학생들에게 지난 10개의 기본 기술들과 개들이 그동안 숙련한 동작들을 복습하게 한다. 같은 방식으로 이번 장을 개의 발달 평가를 알 수 있는 지침서로 사용하고, 그리고 나서는 다음 장에 나오는 상급의 교육 단계로 이끌 수 있게 활용하면 좋을 것이다. 만약 개가 10가지 기술을 모두 습득했고 그중 몇 가지를 특히 더 잘한다면 이미 엄청난 발전을 했다고 생각할 수 있지만, 설사 그렇지 못하더라도 낙담하지 말고 꾸준히 연습하면 언젠가는 꼭 성공할 것이다. 이미 언급한 대로 모든 개가 한 달 만에 이 기술들을 다 해내는 것이 가능하다는 생각은 그리 현명한 판단이 아니다. 어떤 개들은 조금 더 시간이 걸리기도 하고, 또 어떤 개들은 한 번에 하는 수도 있기 때문이다.

만약 현장에서 수업을 함께한다면 나는 여러분에게 개가 무엇을 할 수 있는지, 그리고 그다음에 나오는 동

작들을 얼마나 잘하는지 보여달라고 할 것이다. "가족의 밤" 또는 "친구들과 함께하는 밤" 같이 재미있는 행사를 꾸며보는 것도 좋은 방법인데, 배우자와 아이들, 친구들이 함께 모여서 여러분과 개가 그동안 어떻게 발전해왔는지를 소개해보는 것이다. 왜냐하면 여러분이 지난 5주 동안 이것들을 숙련시키기 위해 많이 노력했고, 그러한 노력은 축하하고 인정받을 가치가 충분하기 때문이다.

알기 쉬운 지침들

이 지침들의 목적은 현재 개의 기술 등급을 평가한 다음에 무엇을 더 배울 것인지, 또는 아직 서투른 동작들을 재정비할 수 있도록 만들어줄 것이다. 예를 들어 지금 시점에서는 이번 프로그램에서 학습한 가정에서의 기본 매너 동작들과 지침들에 거의 익숙해야 하고, 마지막에는 언제 어디서든 여러분이 요청하면 바로 앉을 수 있어야 하는데, 만약 "앉아"가 서투르다면 실생활 보상체계의 동작으로 모든 행동에 앞서서 무조건 "앉아"부터 하도록 한다.

여러분과 개가 하는 기술 등급과는 별도로 많은 보호자들이 일반적으로 가장 당연하게 생각하는 첫 번째 동작인 '앉기'가 가장 중요하다는 것을 잊지 말자. 앉기는 대부분의 행동 문제들을 해결해줄 수도 있는데, 예를 들면 개가 앉아있는 동안에

열정이 지속되도록 만들고 항상 긍정적으로 끝맺음을 한다.

는 뛰어오를 수 없다는 것도 그중의 하나가 될 것이다.

복습과 더불어 개를 평가하기 전에 상기해야 할 것은 반복적인 연습을 할 때도 긍정적이고 재미있게 해야 한다는 것이다. 다시 말해 계속 재미를 느끼는 동안 반복적인 연습을 시도하는 것이 좋다. 혹시라도 너무 많이 실패해서 개가 흥미를 잃어 포기하려고 한다면 즉시 잘할 수 있는 동작을 시켜서 재미있게 만들어준 뒤에 긍정적인 기억으로 교육을 마치는 것이 중요하다. 그렇게 함으로써 다음 과정을 기대하고 원할 것이기 때문이다.

기술 1: "앉아"

▶ **루어링** 개의 코에 트릿을 대고, 트릿을 잡은 채 손바닥을 보여준 뒤 개의 코 위로 올린다. 그러면 개가 위를 쳐다보면서 엉덩이가 바닥에 닿게 된다. 그때 "옳지"라고 표시한다. 언어신호는 사용하지 않는다. 칭찬하고 목을 만져주고 나서 마지막에 트릿을 주면 된다. '첫째 주'에 보면 자세히 나와 있으니 참조한다.

▶ **실생활의 보상체계** 모든 동작을 할 때 루어를 통해 앉게 한다. 식사 전이나 산책할 때, 놀이할 때 또는 사회화 활동 등을 할 때 등인데, 예를 들어 산책하러 나갈 때 리드줄을 채우고 문밖으로 나가기 전에 앉게 하는 것이다. 개에게 앉으면 좋은 일이 생긴다는 것을 가르쳐주고, 개가 앉으면 자기만의 방식으로 "부탁드려요"라는 뜻으로 소통하려고 할 것이다. '둘째 주'에 보면 자세히 나와 있으니 참조하기 바란다.

▶ **루어에서 신호 적용하기 - 수신호 사용** 개가 루어를 통해 80%를 성공시키면 천천히 계속 트릿들을 주는 슬롯머신 기법을 사용하고, 최고로 잘한 동작에는 잭팟으로 보상해주도록 한다. 개에게 집중함으로써 하나라도 놓치지 않게 한다. '둘째 주'에 나와 있으니 참조하기 바란다.

▶ **트릿** 트릿 없이 수신호를 사용한다. 그리고 수신호를 사용하지 않는 손에는 트릿을 가지고 있도록 한다. '둘째 주'에 소개되어 있다.

▶ **언어신호 더하기** 개가 시각적 신호(수신호)를 보고 동작을 익숙하게 한다면 그 다음에는 "앉아"라는 언어신호를 사용하여 동작에 이름을 붙이는 것을 할 때다. '기본 교육 프로그램'에서 언어신호를 말하는 것과 동시에 시각적 신호를 함께해야 한다고 언급했는데, 반복적으로 짝을 이루어서 하는 것이 그 두 가지 동작 사이의 연관을 이해하는 데 도움을 주기 때문이다. '셋째 주' 참조.

▶ **"앉아"의 일반화** 이번에는 걷는 동안이나 사람들 속에서 또는 개가 익숙하지 않은 방해 요소들이 다분한 환경이나 장소에서 시도해보는 것은 어떨까? 새로운 기술이다.

어린 강아지도 "부탁드려요"를 하면서 소통하려 하므로 개가 항상 집중을 유지할 수 있게 해준다.

◈ **일상의 앉기** 개가 익숙한 모든 장소에서 앉기를 하면 보상해준다. 그러고 나서는 새로운 장소들이나 방해 요소들 또는 더 먼 거리에서 앉기를 시도함으로써 장소와 환경이 변화해도 요구하는 것은 어디에서나 같다는 것을 개에게 이해시키도록 한다. 모든 행동을 하기 전에 개가 앉아야 하는 실생활의 보상체계로 일상의 습관을 유지하는 것이다. 이 또한 새로운 기술이다.

기술 2: "이리 와"

◈ **파트 1: 루어링** 개와 몇 발자국 떨어진 상태에서 루어를 하여 여러분 쪽으로 오게 한다. 이번에는 보조자가 개의 리드줄을 잡고 있고 여러분은 루어를 하여 개를 앞으로 오게 한 뒤 "앉아"를 시키고 나서 앉으면 보상을 해준다. 그러나 앉지 않는다 하더라도 "이리 와"만 성공시키면 그냥 보상을 해줘도 괜찮다. "이리 와"의 성공률이 높아지게 되면 나중에 "앉아"를 덧붙여서 시키도록 하고 음성신호는 아직 붙이지 않는다. '첫째 주'를 참조한다.

◈ **파트 2: 루어링** 음성신호를 추가한다. 파트 1에서 했던 "이리 와" 루어링을 계속 연습하고 나서 언어신호를 추가한다. 즉, 개의 이름을 부른 뒤에 "이리 와"라고 말한다. 개가 이 단계에 익숙해지면 한 번에 한 발자국씩 거리를 넓히면서 해본다. 개

가 성공하면 거리를 넓히는 단계로 가지만 그렇지 못하면 넓히지 말고 그대로 계속 더 연습해야 한다. 점점 더 멀어지게 되면 트릿을 인지할 수 없으므로 개의 시야 속에 여러분이 가장 주된 관심사가 되도록 만들어야 하고, 개가 다가오면 기쁘고 활기차게 받아주어야 한다. '둘째 주'를 참조한다.

◈ **"자유"와 "이리 와"-"앉아"** 개가 놀이를 시작하고 약 1분 후 개입해 "이리 와"를 시도한다. 현재 개에게 가장 익숙한 "이리 와" 신호를 사용하는데, 개의 이름을 부른 뒤에 "이리 와"라고 말하고 수신호를 사용한다. (예를 들면 허리를 굽혀 팔을 벌려서 부른다.) 여러분에게 온 뒤에 다시 1분 동안 놀 수 있도록 "자유"라고 말한다. 이 연습은 함께할 수 있는 사람이나 같이 놀아줄 수 있는 보조자가 있을 때 같이하면 제일 좋다. '셋째 주'를 참조한다.

◈ **거리와 방해 요소를 더해보기** 언어신호와 함께 루어링을 통해 "이리 와-앉아-해제"를 하고 이번에는 10m 정도씩 거리를 늘리도록 한다. 보조자가 장난감을 들거나 다른 방향에서 걷는 등 약간의 방해 요소를 더해주는 것도 나쁘지 않을 것이다. '넷째 주'에 설명한 회전하고 달리기 연습을 참조한다.

◈ **"이리 와"의 일반화** 행동을 확실하게

강화시키기 위해 어느 정도 방해 요소가 있는 외부 장소에서 신호에 맞춰 동작을 연습하자. 리드줄을 한 채로 울타리가 쳐진 공원 내부 또는 뒷마당에서 보호자의 감독하에 놀이를 진행하는 것이다. 처음에는 개가 편안함을 느낄 수 있는 거리에서 시작하다가 점점 능숙하게 잘하면 거리를 넓혀준다. 1분 또는 2분마다 개에게 "이리 와"를 하는 거리를 점차 늘리면 되는데 거리를 연장해서 할 때는 개가 다른 곳으로 달아날 수 있으므로 주의 깊은 감독이 요구되며, 이것 또한 새롭게 하는 기술이다.

❯ **매일 어디에서나 "이리 와"** 개가 하루의 대부분을 여러분에게 계속 집중하도록 일상생활 동안 "이리 와"를 적용하는 것이 중요하다. "이리 와" 신호는 일반적인 상황에서 개들이 유지하기 힘든 신호 중의 하나이므로 한동안은 트릿 사용을 하도록 권장한다. 그리고 무엇보다 중요한 것은 조심스럽고 안전하게 해야 한다는 것이다. 개가 하루 만에 또는 모든 상황에서 "이리 와"가 숙련될 것이라는 기대는 하지 말아야 하며, 이 역시 개에게는 새로운 기술이다.

기술 3: 리드줄 따라 걷기

❯ **첫 단계: "나무가 되세요"** 개가 리드줄을 잡아당길 때 움직이지 말고 리드줄을 잡은 손을 가슴 쪽에 놓고 기다린다. 개가

여러분을 바라볼 때 "옳지"라고 표시하고, "강아지야, 이리 와봐"라고 했듯이 "이리 와"를 하도록 한다. 만약 여러분 앞에 개를 앉힐 수 있다면 주변을 뛰어다니는 행동은 방지해줄 것이다. 개가 오면 칭찬해주고 트릿을 준 뒤 다른 방향으로 걷기 시작한다. 이는 거리상의 걷기가 아닌 단순히 앞뒤로 걸어보는 것인데, 개가 스스로 옆에서 걷고 있다면 칭찬해주고 보상한다. '첫째 주'를 참조한다.

❯ **허리벨트에 묶어놓기** 집안에서 걸어다닐 때 여러분의 허리벨트에 개의 리드줄을 묶어놓는다. 개가 집중하고 가까이 있을 때 보상해준다. '둘째 주'를 참조한다.

❯ **해결책: 리드줄을 당길 때** "나무가 되세요" 연습을 계속한다. '나'에 대한 집중도를 높이기 위해 루어를 따라가는 놀이를 한다. 개가 줄을 당길 때를 예상하고 당기기 전에 다른 방향으로 루어링을 한다.

❯ **걷기 연습: 걸을 때 방향 전환하기** 의도적으로 방향을 자주 전환하면서 루어링을 하고, 여러분의 변화를 따라갈 수 있도록 하는데, 장애물들을 지나치면서 걷기도 한다. '셋째 주'를 참조한다.

❯ **걷기 연습: 편안하게 옆에서 가기** 개를 옆에 걷게 하면서 "옳지, 옆에서 잘 걷네" 하며 표시와 칭찬을 해주고, 걷는 동안에

는 가끔 보상(슬롯머신 기술)을 해준다. 재빨리 다시 걷기를 시작하고 멈추는 연습을 반복적으로 한다. 허리벨트에 묶어 놓기 방법을 활용해도 좋다.

주의할 점
완벽하게 옆에 붙어서 걷는 것이 아니라 냄새를 맡거나 배변을 하면서 계속 여러분을 따라 걷게 해야 한다. '셋째 주'를 참조한다.

▶ **편안하게 옆에서 가기: 방해 요소와 더불어 실생활 걷기** 사소한 방해 요소가 있음에도 여러분에게 잘 집중하는 것 같은 확신이 생긴다면 도그파크 또는 방해 요소가 더 많은 장소에 가서 해보는데, 잘되지 않을 경우에는 안전하게 신속히 빠져나올 수 있는 곳이 좋다. 무리해서 강요하지 않도록 한다. 이 또한 새로운 기술이다.

집중을 유지함으로써 잠재적인 위험 요소들을 감지할 수 있다.

기술 4: "엎드려"

▶ **루어링** 먼저 "앉아"를 한다. 손가락 사이에 트릿을 잡고 루어를 하는데, 손바닥은 바닥을 향하고 트릿을 천천히 개의 가슴 쪽으로 밀어 넣는다. 트릿에 계속 집중할 수 있도록 해주고, 손을 아래로 내린다. 개의 엉덩이가 바닥에 닿으면 "옳지, 잘했어"라는 표시와 칭찬을 하고 트릿을 준다. 아직은 언어신호를 사용하지 않고 수신호만 사용한다. '둘째 주'를 참조한다.

▶ **강아지 푸시업** 수신호로 "앉아"를 시킨 뒤 "엎드려"를 한 뒤에 다시 "앉아"를 시킨다. 매번 반응해줄 때마다 "옳지"라고 표시하고 그다음에 "앉아"-"엎드려"-"앉아"라는 순서를 완전히 다 실행하고 난 뒤에 칭찬과 보상의 트릿을 준다. 익숙해지면 마지막에 "엎드려"를 한 번 더 하면서 복잡성을 더해주고, '강아지 푸시업'을 성공시키고 나면 다시 보상한다. 개가 더 많은 신호와 개인기들을 배울 때도 중간중간 '강아지 푸시업'을 포함시킨다. '셋째 주'를 참조한다.

▶ **언어신호 더하기** "엎드려"로 루어를 하면서 개가 반응하려고 할 때 언어신호를 붙인다. 수신호와 언어신호를 연결하는 것이라고 생각해야 하며, 이 동작에도 이름이 있다는 것을 개가 알게 한다. '넷째 주'

를 참조한다.

◆ 강아지 푸시업과 언어신호 합치기 모든 언어신호를 소개할 때의 과정은 일방적인데, 개가 일단 수신호를 확실하게 이해한 후에야 이름을 붙일 수 있다. 일단 시각적 신호와 언어신호들 사이의 연결을 이해시켜주면 개는 이 두 가지 신호에 맞춰서 반응할 수 있게 된다. 이미 강아지 푸시업을 하는 방법을 알기 때문에 수신호와 더불어 "앉아"와 "엎드려"라는 언어신호들을 더할 수 있다. '넷째 주'를 참조한다.

◆ 거리를 두고 "엎드려"와 "앉아" 한 번에 한 발자국씩 거리를 넓혀 "앉아"와 "엎드려"에 대략적인 수신호와 언어신호를 섞어서 해준다. 초기에는 할 때마다 개가 성공시키면 가까이 다가가서 트릿을 주고 작은 향상에도 보상해줘야 한다. 또 바로 다음에 나오는 "기다려" 연습과 함께해도 좋다. 새로운 기술이다.

기술 5: "기다려"

◆ "쿠키다. 앉아-가져가" 이 동작은 개가 허락 없이 과자를 마음대로 쫓지 않고 빨리 앉아서 보호자를 쳐다보며 기다리는 법을 가르쳐준다. 리드줄의 절반 길이를 손으로 둘둘 말아 잡고 개가 줄을 당길 때를 대비하여 다른 손은 개의 코에 닿을 수 있

도록 한다. 개를 옆에 앉힌 채 리드줄을 여러분의 엉덩이에 대고 "밀착"이라고 말해주면서 개의 코에 트릿을 대고 냄새를 맡게 한다. 그리고 나서 개 앞의 몇 발자국 거리에 트릿을 던지고, 개가 트릿에 다가가려고 할 때 움직이지 말고 그대로 서 있도록 한다. 리드줄을 짧게 잡고 있기 때문에 개는 트릿을 먹으러 갈 수 없다. 개가 여러분을 돌아보면 "옳지"라고 표시해주고 수신호로 "앉아"를 한다. 앉으면 "옳지"라고 표시해준 뒤 바로 트릿을 가져갈 수 있도록 손가락으로 트릿을 가리키고, 손에 묶여 있는 리드줄을 풀어서 트릿을 먹을 수 있게 해준다. '셋째 주'를 참조한다.

◆ "쿠키다. 앉아-기다려" "쿠키다. 앉아"와 유사하지만, 쿠키를 가져가기 위한 해제를 하기 전에 이번에는 "기다려"를 추가하는 것이다. '셋째 주'를 참조한다.

◆ "기다려" 개가 앞에 와서 앉을 때 얼굴 앞에 활짝 편 손을 부드럽게 올린 뒤 "기다려"라고 부드럽게 말해준다. 기다리는 중간에 트릿을 주면서 신호를 주는 손은 그대로 펼치고 유지한다. "옳지, 잘 기다리네"라고 칭찬해주고 다른 손으로는 트릿을 보상한다. 여기서 우리의 목표는 "앉아서 더 오래 기다릴수록 너는 더 많은 트릿을 얻게 될 거야"라는 것을 알려주는 것이다. 기다리는 것을 꾸준히 잘하게 되면 무

엇에 대한 보상을 받는지 알고 있다는 것이므로 그때는 트릿 사용이 줄어들 것이다. 처음에는 "기다려"를 짧지만 재미있게 진행하고 그다음에 "기다려" 능력을 천천히 개발하는 것이 좋다. 30초 정도 기다릴 수 있게 되면 "기다려"를 더 연장할 수 있게 동작에 방해되지 않는 다른 신호와 동작들을 추가한다. 그러면서 트릿을 더 많이 받게 되고 오랜 기다림은 보상이 더 많은 동작이라는 것을 연관지을 수 있게 된다. '셋째 주'를 참조한다.

기술 6: 서 있기

◆ **루어링** 개가 옆에 앉아있는 동안 손가락에 트릿을 잡고 천천히 개를 앞으로 루어를 시킨다. 트릿 냄새를 맡기 위해 서 있는 자세로 움직일 때 "옳지"라고 말해주면서 칭찬하고 트릿을 보상으로 먹게 해준다. 일단 성공시키고 나면 이제 여러분 옆에 앉는 동작을 연습한다. 서 있기 자세를 배운 뒤에는 트릿이 자기 앞에 올 때까지 기다리는 것을 계속 반복시켜 성공할 확률을 확실하게 높인다. '넷째 주'를 참조한다.

◆ **시각적 신호** 자세를 만들기 위해 수신호로 루어링을 하는 방식은 같지만, 이번에는 손가락으로 루어를 잡은 척한다. 개가 위장 루어를 따라가면 "옳지"라고 표시한 뒤에 칭찬하고 다른 손에 있는 트릿을

주면 된다. '넷째 주'를 참조한다.

◆ **언어신호 더하기** 여러분의 좌우 양쪽에서 서 있기 신호에 따라 익숙하게 동작을 해내면 이제는 완전히 섰을 때 "서"라는 언어신호를 해준다. '넷째 주'를 참조한다.

◆ **엎드려 자세에서 서 있기 자세로** 좌우 양쪽에서 "앉아"에서 "서" 동작을 잘하고 난 뒤에 "서"라는 음성신호에도 서기를 성공했다면 이번에는 "엎드려" 자세부터 시작해보는데, 개가 익숙해질 때까지 수신호와 언어신호를 둘 다 사용한다. '넷째 주'를 참조한다.

◆ **복합 신호: "서"에서 강아지 푸시업 추가하기** "앉아-엎드려-앉아-엎드려"라는 강아지 푸시업의 혼합 동작을 잘하게 되고 "앉아"와 "엎드려" 둘 다에서 "서"까지의 동작들을 익숙하게 잘 이행하면 "앉아-엎드려-서"에 해당하는 각각의 신호들을 무작위로 골라서 해본다. '넷째 주'를 참조한다.

기술 7: 엎드려서 자리 잡기

◆ **"엎드려 있어"** 개가 "엎드려" 자세로 있을 때 조용히 보상해주는데, 6~8개의 트릿을 한 개씩 연달아 보상해주고 나서 편안하게 엎드려서 자리를 잘 잡고 있으면 "옳지, 잘 엎드리네"라고 표시하고, 만약 트릿이 남아있으면 먹여주고 나서 조용

히 그리고 천천히 다섯을 센 다음 "옳지"라고 표시하고 칭찬을 하고 나서 자유를 준다. 멋지게 성공시킨 '자리 잡기'의 보상은 추후의 행복한 자유와 풍성한 칭찬 그리고 잘해준 것에 대한 고마운 손길이 따라오므로 개는 다시 시도하고 싶은 마음을 가지게 될 것이다. 중요한 것은 종류가 다른 트릿으로 "자리 잡아" 동작을 끝내지 않는 것이다. 왜냐하면 개가 여러분의 "자유" 신호와 마지막 트릿을 함께 연결지어 여러분보다 앞서서 동작을 진행시키거나 스스로 해제시킬 수 있기 때문이다. '넷째 주'를 참조한다.

◆ **보상을 주며 "자리 잡아"** 엎드려서 자리 잡는 법을 알고 난 후에는 개의 머리 위로 펼친 손바닥을 보여주는 수신호를 하거나 "자리 잡아"라는 언어신호를 해준다. 약 5~8초 후에 "옳지"라고 표시하고 칭찬과 보상을 해주는데, 아직 해제는 하지 않는다. 개가 제대로 이해했는지 확인하기 위해 초반에 잭팟을 실행하다가 습득하고 나서는 엎드려 있는 시간을 늘리고 8~10초마다 칭찬하고 보상하기를 이어가도록 한다. 30초 동안 '자리 잡기'를 할 수 있다면 그다음에는 슬롯머신 기술(트릿을 랜덤하게 주는 것)을 사용하는데, 성공 동작을 했을 때처럼 나중에는 트릿을 완전히 배제하는 것을 염두에 두면서 한다. 자리 잡기를

더 길게 하기 위해 맛있는 간식으로 채워진 '콩' 장난감을 트릿으로 활용해 1~2분 동안 있게 하고, "놔"와 "가져가" 같은 교환 기술을 사용하면서 콩을 치운다. 그러고 나서 완전히 익숙해지면 이따금씩 주는 '슬롯머신 트릿 주기'를 멈추고 트릿 사용도 중단한다. '넷째 주'를 참조한다.

◆ **실생활 쉬기** 개와 함께 공공장소에 갔을 때, 외부에서 기다리게 할 때, 친구의 집에 갔을 때 등의 상황이 생기면 "자리 잡아"를 연습하고 표시와 칭찬 그리고 초반에는 잭팟 트릿을 준다. 새로운 기술이다.

기술 8: "자유"

◆ **"자유": 언어신호** 모든 놀이 시간 동안 감독과 관찰을 하며 리드줄에 묶지 않고 실행하는데, 개가 달아나지 않도록 주변이 안전하게 울타리로 막힌 곳에서 하거나 실내에서 해야 한다. 그리고 즐거운 목소리로 리드줄을 놓으면서 "자유"라고 말해준다. '둘째 주'를 참조한다.

기술 9: "놔"와 "가져가"의 교환

◆ **"가져가": "쿠키다. 앉아-기다려"** (복습) "놔"와 "가져가"의 교환은 "쿠키다. 앉아-기다려"에서 발전한 것인데, 다음 단계로 넘어가기 전에 익숙하게 할 수 있도록

그 기술을 복습한다. 재미있게 만들어서 이 '게임'을 더 하고 싶게 한다. 지난 과정에서의 "쿠키다. 앉아-기다려" 부분을 복습하는데, '둘째 주'에 자세한 과정이 나와 있으니 참조하자.

◐ **"가져가" 연습** 손가락에 트릿을 잡고 개의 코 높이에서 팔은 돌리지 않고 손만 돌린 상태에서 "가져가"라고 말한다. 그리고 "옳지"라고 표시하고 즉시 다시 반복한다. '셋째 주'를 참조하여 교환하기의 "놔" 부분을 복습하자.

◐ **"놔" 그리고 "가져가" 교환 1단계** "가져가" 연습을 연달아 세 번 한 뒤 네 번째에는 "가져가"라고 말하지 않는다. 개가 트릿을 가져가려고 할 때 살짝 충격을 주듯이 갑작스럽고 조금 큰 소리로 "놔"라고 말한다. 일반적으로 그렇게 하면 개는 여러분을 쳐다보면서 트릿을 바로 놓아버리고 여러분이 무엇을 원하는지 이해하기 위해 노력할 것이다. 그때 여러분의 손에서 조금이라도 멀어진다면 "옳지"라고 표시하고 트릿을 주면서 동시에 동기부여를 위해 가장 행복한 음성으로 요란하게 칭찬해준다. 개가 "놔"와 "가져가"를 이해하는 것 같으면 "놔"와 "가져가" 사이를 지연시켜가면서 조금씩 시간 연장을 해본다. '셋째 주'를 참조한다.

◐ **"놔" 그리고 "가져가" 교환 2단계** 식탐을 줄이기 위해 음식 그릇을 두고 "놔" 그리고 "가져가" 신호를 붙여서 연습해본다. 그리고 음식 그릇보다 더 좋아할 맛있는 간식으로 채워진 콩 장난감 또는 개가 좋아할 다른 음식으로도 보상해준다. '넷째 주'를 참조한다.

기술 10: 제한구역 교육

◐ **파트 1: 실내의 문** 리드줄이 채워진 상태에서 "앉아"와 "기다려"를 한다. "기다려"를 잘하면 표시하고 칭찬과 보상을 해준다. 문을 열었는데 만약 일어나려고 하면 문을 닫고 "앉아"와 "기다려" 신호를 다시 준다. 그런 다음 문을 천천히 열면서 개가 잠시 기다리고 있으면 "옳지"라고 표시하고 문을 열고 데리고 나간다. 중요한 것은 문을 완전히 다 연 상태에서 데리고 나가기 전에 "앉아"와 "기다려"를 여러 번 반복하는 것인데, 점점 시간을 조금씩 늘린다. 이 과정은 문을 다 열어도 개가 움직이지 않을 때 끝낸다. '넷째 주'를 참조한다.

◐ **파트 2: 실내의 문** 이전의 기술을 익숙하게 하면 이번에는 "앉아-기다려"를 시킨 후 문을 열고 혼자만 나가도록 한다. 그러고 나서 루어를 하여 "이리 와"로 오게 하고, 루어를 따라 문을 나가면 "옳지" 표시를 하고 칭찬과 트릿을 준다. '넷째 주'

를 참조한다.

▶ **앞문** "쿠키다. 앉아-기다려"에서 한 것처럼 닫힌 문 앞에서 리드줄을 여러분의 엉덩이에 붙여서 잡고 보조자에게 초인종을 울리거나 문을 노크하게 하는데, 개가 점프하거나 짖어도 엉덩이에 붙인 리드줄은 꼭 잡고 있어야 한다. 당신은 그대로 조용히 있고 개가 당신에게 집중하면 "옳지"라고 표시해주고 "이리 와"라고 말하면서 루어를 하여 오게 한다. 다시 보조자에게 초인종을 울리게 하고 개가 얌전히 기다리고 집중하면 그때 문을 천천히 여는데, 만약 또 보조자에게나 방문객에게 점프하려고 시도한다면 문을 다시 닫도록 한다. 그러나 개가 계속 앉아있으면 잭팟을 준다. '넷째 주'를 참조한다.

▶ **방문객** 방문객에게 들어와도 좋다는 신호를 보내고 혹시라도 개가 흥분하거나 두려워한다든지 당신을 보호하려는 의도가 보인다면 개에게 다가가지 않게 한다. 하지만 개가 조용히 있으면 방문객을 다가가게 해도 좋다. '넷째 주'를 참조한다.

▶ **가구와 방** 미리 금지구역을 설정해서 울타리 철문이나 안전문으로 막아놓는다. 만약 금지구역으로 들어가거나 한두 발자국 들어가려는 조짐이 보인다면 "멀어져"라는 신호를 보낸다. '넷째 주'를 참조한다.

▶ **계단 오르기** 크레이트 밖에 나와 있는 동안 계단에 올라가지 않도록 안전문 또는 울타리 철문을 설치한다. 만약 여러분 옆에서 계단을 오른다면 벽 옆에서 걷게 하고, 여러분 옆에 계속 있으면서 앞으로 먼저 나아가거나 또는 뒤로 처지지 않게 짧은 리드줄을 사용하여 개를 이끌도록 한다. '넷째 주'를 참조한다.

축하합니다! 이 과정을 여러분과 개가 성공적으로 함께 끝낸 것에 축하하고, 에너지 넘치는 교감을 이루게 된 것에 응원을 보낸다. 이제 하나의 팀으로 여기에 나온 간단한 지침들을 활용하고 각 동작의 신호를 복습하거나 지금까지 한 기초 교육 프로그램을 다시 한번 훑어볼 것을 권한다. 이 책의 아무 페이지나 펼쳐서 이전에 당신이 해온 부분을 찾아 다시 읽어본다면 문제를 해결하기 위해 고민했던 특별한 방법이나 도전 과정, 그리고 여러분을 웃게 만든 어떤 사건 같은 것을 떠올릴 수도 있을 것이다. 또는 한때 불가능하게 느껴졌던 동작이 이제는 평범하게 이루어지는 것에 반가움을 느낄 수도 있다.

여기까지 잘 이행해준 우리의 반려견들에게 감사의 하이파이브를 해주고, 다음 과정에서는 다른 개인기를 더 배워보고 실제로 하이파이브 동작을 어떻게 만드는지 배워볼 것이다. 그동안 교육을 하면서 느꼈을 텐데, 지속적인 교육은 가족들과의 유대감을 강화하고 개에게는 보상받기 위한 방법을 이해하도록 집중을 유지시켜주었다. 또한 이 말썽쟁이의 버릇을 고치는

데 수고로움을 덜어주기도 했다. 그동안 쉽지 않은 작업들을 잘 이행해주었고, 앞으로도 지속적인 연습과 개의 좋은 행동들을 유지하는 데 초점을 맞춰주기 바란다.

엎드려 인사하기

9장

트레이닝 게임과 활동들

단언컨대 새로운 반려견을 집에 데려왔을 때 보호자들은 많은 것들을 깨닫게 되고, 이 소중한 생명들이 노는 것을 좋아한다는 것도 알게 된다. 그러므로 그들과 우리 자신을 위해 재미있는 활동들을 익힐수록 반려견들도 더 많이 배우기를 원하게 된다.

기본 교육 프로그램에서는 각 장의 끝부분에 그 주의 과정과 연관된 활동들을 제시했는데, 이것 외에도 개의 수준에 맞으면서 즐거워할 놀이나 게임들을 같이해 본다면 좋을 것이다. 그리고 새로운 놀이가 더 재미있어지면 기존의 놀이는 흥미가 줄어들 수 있다는 것 역시 참조한다.

열린 마음과 열린 눈으로 가능한 한 많은 시도를 지속시키다 보면 개와 여러분의 기술이 더 숙련되면서 지금의 동작들을 변형시킬 수 있게 된다. 그리고 여러분만의 놀이를 만들어낸다거나, 집에 아이가 있다면 함께 참여하는 놀이로도 진화시킬 수 있다. 앞 장에서 아이들하고 같이하는 놀이들에 대해 다루었으니 참조하기 바란다.

선택하는 활동이나 놀이가 무엇이건 간에 개가 배울 수 있게 해주고, 성공할 때는 칭찬과 보상을 함으로써 놀이 규정을 개가 명확하게 이해하도록 만드는 것이 중요하다.

이 책에 포함된 활동들은 반려견에게 다음 네 가지 특정 분야를 연습할 수 있도록 고안되었다.

- ❯ 관계 발달
- ❯ 기술 트레이닝
- ❯ 동작과 안전
- ❯ 사회화 기회

관계 발달 활동들

이 간단한 놀이들은 유대감을 강화하는 것에 목표를 두고 있다. 각각의 목표는 여러분에게 더 집중하게 만들고 주의를 기울이게 해준다.

❯ **"어느 손?"** 간단한 추측 놀이다. 개가 여러분의 한 손에 트릿을 놓는 것을 보게 한다. 그러고 나서 주먹을 쥔 채 등 뒤로 가져간다. 다시 개 앞에 양쪽 손을 보여주면서 "어느 손?"이라고 말한다. 개가 처음에는 냄새를 맡거나 한쪽 손을 만지려고 할 텐데, 만약 그 손에 트릿이 있다면 엄청나게 칭찬해줌과 동시에 먹을 수 있게 해준다. 그러나 다른 손을 선택했다면 손을 펼쳐 보이고 다시 닫기 전에 아무것도 없는 손을 잠시 보게 한다. 그러고 나서 다시 놀이를 시도한다. 개가 교육을 받기 전에 준비놀이로 활용하고, 규정을 이해하고 나면 나중에 교육하는 중간에 집중력이 떨어져 있을 때 해보는 것이 좋다.

❯ **"나 찾아봐라"** 이 놀이는 '숨바꼭질'로 불리기도 하는데, 개가 60초 동안 "앉아-서"를 할 수 있거나 당신이 방에 없는 동안 10초 정도 "기다려"가 가능하다면 이 놀이를 시도해보도록 한다. 개가 다른 방에서 기다리는 동안 당신은 다른 방에 가서 서 있으면서 이 놀이를 시작한다. 그러고 나서 이름을 부르며 "나 찾아봐라"라고 말한 다음에 찾으면 "옳지, 잘 찾았어"라고 표시하면서 목을 만져주며 칭찬을 듬뿍 해주고 보상해준다. 그런 다음에는 바로 그 자리에서 다시 놀이를 시작하는데, 기다리라고 말하고 이번에는 점점 더 찾기 어려운 장소에 가서 숨고 울타리가 있다면 나중에 마당에도 나가서 찾게 해본다.

만약 60초 동안 "앉아-기다려"를 할 수 없다면 보조자가 개를 기다리게 하는 동안 여러분이 다른 장소에 숨는 방법도 있다. 그리고 "나 찾아봐라"라고 할 때 보조자가 개를 풀어주고 여러분이 있는 대략적인 위치로 루어를 하면서 데려다 준다. 만약 루어를 할 필요가 없다면 하지 않아도 된다.

❯❯ **이름 게임** 간단히 해볼 수 있는 놀이들과 활동들 중 이번 놀이의 목표는 개가 자기 이름이 불리는 것을 좋아하게 하는 것이다. 개에게 손으로 음식을 먹일 때나 살살 만져줄 때 또는 교육하는 잠깐 동안 나지막이 이름을 불러주도록 한다. 그러고 나서 더 많은 방해 요소가 있는 곳에서 교육하거나 집이나 다른 방에 있을 때 수시로 이름을 불러주면서 집중도를 시험해보다가 자기 이름을 인지하면 "이리 와" 신호를 사용해 같이 놀아주면 좋다.

❯❯ **눈 맞추기 놀이** 수시로 눈 맞추기를 시도하는데, 개가 동작을 보여주었을 때 보상해주고 난 뒤 개의 관심을 끌기 위해 코에 트릿을 대주고 나서 여러분의 눈으로 가져간다. 그리고 집중하면 표시하고 칭찬한 뒤에 보상해준다. 만약 눈 맞추기를 하면서 "준비", "봐봐" 또는 "여기" 등의 언어

신호들을 사용했다면 놀이 연습을 할 때 그것들을 사용해본다. 강화된 눈 맞추기 연습들은 걷는 동안이나 경쟁적인 방해 요소들이 주변에 있다면 지속적으로 "봐봐" 또는 "여기" 등의 언어신호를 사용하면서 요구한다.

❯❯ **여러분이 좋아하는 것 해주기** 요청하지 않았는데도 적어도 하루에 한 번 개가 내가 좋아하는 행동을 하면 인정해주는 것이다. 눈 마주치기가 될 수도 있고 웃어준다거나 스스로 앉는 것 아니면 여러분 옆에서 잘 걷는 것, 또 오랫동안 주의 깊게 관찰하는 것 등이다. 스스로 하는 자발적인 노력을 인정해줄수록 개들은 칭찬받기 위해 더 열심히 많은 동작을 해줄 것이다. 이 부분에 대해서는 '셋째 주'를 참조한다.

자발적인 동작을 할 때마다 추가적인 잭팟을 해주고 과장된 칭찬과 맛있는 트릿들을 제공한다. 이러한 변형으로 여러분은 개에게 더 집중할 수 있고, 이 놀이를 하면서 개가 스스로 하는 다른 동작들을 찾아낼 수 있다.
기술 트레이닝 놀이 중 일부는 개가 이미 알고 있는 동작들과 신호들을 시험하기 위해 사용된다. 동시에 다양한 신호를 연습하기 위해 그것들을 숙련시킬 때도 시도해볼 수 있다.

기술 트레이닝 게임

▶ **오가기** 이 놀이를 하기 위해서는 "이리 와"를 할 수 있어야 하고, 트릿을 가진 보조자도 필요하다. 여러분이 3m 떨어져서 서 있는 동안 개는 보조자의 옆에 앉는 것부터 시작한다. 보조자가 허리를 굽히고 여러분을 가리키며 "가"라고 말한다. 그 즉시 여러분은 허리를 굽히고 팔을 벌린 채 강렬한 톤으로 개의 이름을 부른다. 예를 들면 나는 "브리오, 이리 와!"라고 한다. 개가 앞에 오면 "앉아" 신호를 주고, 앉고 나면 "옳지, 잘 앉네"라고 칭찬해주고 나서 목을 쓰다듬으면서 트릿을 준다. 그러고 나서는 옆에 앉히고 몸을 숙여 보조자를 가리키면서 "가"라고 말한다. 이번에는 보조자가 몸을 숙여 팔을 벌리고 열정적으로 "이리 와"를 외친다. 이런 방식으로 개에게 "이리 와"와 "가"를 교대로 하고 "앉아" 신호를 준 뒤 앉고 나면 트릿을 준다. 이처럼 오가기는 기술을 강화하는 것 외에도 신뢰하는 사람들과 신호로 소통하고 행동하는 등의 사회화를 향상시켜주기도 한다.

변형
① 거리를 넓힌다.
② 개가 오갈 때 다른 신호나 이미 알고 있는 동작을 한 번씩 한다. 예를 들면 엎드리기나 강아지 푸시업 또는 다른 개인기를 하나씩 하면 좋다.
③ '오가기'와 함께 "나 찾아봐라"를 하는데, 다른 방에서 개에게 "이리 와" 하면서 같이 해본다.
④ 한 명 이상의 보조자와 함께 놀이를 하는데, 어느 보조자에게 갈 것인지 해본다.

▶ **루어 따라가기** 이것은 개에게 긍정강화 경험을 만들어주는 쉽고도 재미있는 놀이다. 천천히 개의 코로 트릿을 가져간 뒤에 따라가게 하기 위해 3초 정도 움직인다. 그러고 나서 칭찬하고 목을 만져주며 트릿을 준다. 그다음에는 다른 트릿을 꺼내어 4초 동안 해보고, 그 뒤 5초, 6초로 늘려나간다. 개에게 루어링으로 여러분 주변을 한 바퀴 돌게 하거나 다리 사이로 통과시킨다든지, 한 발자국 또는 두 발자국 앞으로 가게 루어를 할 수도 있고, 아니면 뒤로 물러나게 할 수도 있다. 이 놀이가 어떻게 진행되는지를 개가 알게 되면 좀 더 빠른 루어링을 실행하도록 하며, 개를 놀린다든지 또는 실패하게 하는 것이 아니라 루어를 따라가기 위한 기술을 습득시키기 위함이다.

◆ **찾아내기** "나 찾아봐라" 또는 보물찾기와 비슷한 놀이로 개에게 물건을 찾도록 가르치는 것이다. 방 바깥으로 나가서 물건을 숨기고 다시 돌아오는 약 10초 동안 개가 충분히 "앉아-기다려"를 할 수 있으면 이 놀이를 시작할 수 있다. 처음에는 개가 좋아하는 물건으로 시작하는데, 일단 그 물건의 냄새를 맡게 한다. 그러고 나서 "앉아-기다려" 신호를 주고 다른 방에 물건을 숨기는데, 처음에는 눈에 쉽게 띄는 곳에 놓도록 한다. 그다음에는 좀 더 어려운 장소, 예를 들면 상자 속에 숨긴다. 기본 교육 프로그램 외에 이 놀이를 잘하게 되면 물건에 이름을 붙여 개에게 특정 물건을 구분하는 것을 가르친다.

◆ **묶어놓기** 여러분의 허리벨트에 리드줄을 묶고 나서 개가 옆에 서서 여러분을 주시하면 표시와 칭찬, 보상을 하고 특히 속도를 올리거나 또는 느리게 하거나 급작스러운 회전을 할 때는 더 과장된 표시와 칭찬 그리고 보상을 해준다. 그리고 이렇게 짧게 묶기 연습에 다른 신호들도 더해준다. 이 책 앞부분의 '리드줄 따라 걷기'에 자세한 내용이 나와 있으니 참조한다.

◆ **보호자의 감독하에 하는 "이리 와"/"자유" 놀이** 반려견을 교육하는 동안 다양성을 더할 수 있도록 놀 기회를 주는 것이 중요하다. 지금까지는 여러분이 수업을 이끌어왔지만, 때에 따라서는 개가 자유롭게 자신의 의지대로 해보는 것도 필요하다. 예를 들면 사회화가 잘된 비슷한 덩치의 개 두 마리가 인사하거나 겨루기를 하려고 자세를 잡는 것 또한 교육의 일부다. 그 두 마리가 장난감을 공유해야 한다면 바로 뒤에 소개하는 터그 장난감을 교환놀이로 소개할 수 있다.

보호자의 감독하에 놀이하는 것은 좋은 학습 기회가 되기도 하고 두 마리가 한창 놀고 있을 때 몇 분 뒤 여러분이 "이리 와" 신호를 해서 개들이 와주면 표시를 하고 칭찬과 보상을 해준다. 그리고 개가 앉을 수 있게 여러분 쪽으로 루어를 시켜 신호를 준 뒤 앉고 나면 표시, 칭찬, 그리고 보상을 한다. "이리 와"를 하는 동안에는 새로운 신호를 가르치지 않는데, "이리 와" 신호에 맞춰서 여러분에게 성공적으로는 왔지만 아직 "앉아" 신호를 배우지 않았다면 온 것에 대해서만 표시해주고 칭찬해준다. 즉 "이리 와"를 간략하게 하고 다시 놀 수 있게 "자유"를 시키는데, 동시에 보조자도 자기 개에게 "자유"를 시키면서 다시 다음 놀이를 시작하면 된다.

◆ **터그** 밧줄 장난감이나 다른 터그 장난감으로 당기기를 하는 것은 모호한 놀이일 수 있다. 한편으로는 장난감을 물어서 가져갈 수 있도록 시도하는 것이기도 하

지만, 다른 측면에서는 안전을 위해 이 놀이가 전적으로 여러분의 통제하에 있다는 것을 개가 이해하는 것 또한 중요하기 때문이다. 그렇다면 터그는 물건을 소유하는 놀이가 아니라 교환놀이로 가르치는 것이 맞다. 앞에서 배운 대로 교환 행동은 장난감과 음식에 집착하여 지키려고 하는 것을 예방하는 중요한 학습이므로 모든 교환품은 개가 지금 가지고 있는 물건의 가치 이상으로 흥미로운 것이 제공되어야 하고, 그런 면에서 개들에게 교환을 가치 있게 만들어주는 안정적인 방법은 트릿을 제공하는 것이 가장 일반적일 것이다.

터그 장난감을 줄 때 초반에는 '셋째 주'와 '넷째 주'에 나와 있듯이 교환원칙의 "놔"와 "가져가"를 사용하는데, 터그를 빼앗을 때 낙심하지 않도록 맛있는 트릿과 장난감을 준비해서 교환한다.

그러고 난 뒤 터그를 포기하는 것이 놀이 시간이 완전히 끝난 게 아니라는 것을 알도록 터그와 여러분이 준 장난감을 바로 다시 교환한다. 이런 식으로 초반에 엄격하게 터그 교환을 통제한다면 여러분의 개는 "놔"와 "가져가"의 교환을 훨씬 원활하게 해낼 것이다.

❯ 회수해오기 일부 개들은 회수해오는 것을 즐기지 않는 반면, 어떤 개들은 과하게 몰입하는 경우가 있다. 혹시 반려견이 후자에 속한다면 오히려 회수하는 물건을 루어로 사용할 수 있는데, 일반적으로 공 또는 원반, 아니면 회수용으로 제조된 장난감들이다.

회수하기를 가르치기 위해 처음에는 놀이용으로 특별히 준비한 장난감을 개에게 주어 신나게 해주는 것부터 시작한다. 대부분의 어린 강아지들은 특별한 장난감에 흥분하고, 성견들은 꺼내 먹을 수 있는 트릿들이 채워진 공이나 장난감 등을 물어오도록 가르친다. 사실 회수하기는 2개의 장난감이 필요한 놀이이지만, 중요한 것은 던지는 거리다. 첫째로 장난감에 계속 집중할 수 있을 뿐만 아니라 여러분이 불렀을 때 집중을 유지하며 돌아올 수 있도록 충분히 가까운 곳이어야 한다는 것, 그리고 던지기 전에 개가 이 장난감에 신이 나 있어야 한다는 것이다. 장난감을 던지면서 "가져와"라는 언어신호를 사용하는데, 설사 개가 여러분의 신호보다 눈앞에 있는 장난감에만 집중한다 하더라도 개의치 말아야 한다.

개가 장난감을 문 순간 "옳지, 잘 물었어"라고 표시해준다. 그렇게 한참 장난감을 즐기게 해주고 관심을 끌기 위해 똑같이 생긴 장난감을 흔들면서 "이리 와"라고 하면서 부른다. 다행스럽게도 개가 첫 번째 장난감을 물고 오면 칭찬을 마구 해주면서 동시에 여러분이 가지고 있는 똑같이 생긴 장난감을 보여주고 그때 개가 물어온 장난감을 떨어뜨리면 보상으로 트릿을 주면 된다. 동시에 몇 발자국 떨어져서 똑같이 생긴 두 번째 장난감을 던지며 "가져와"라고 신호를 준다. 그러나 만약 첫 번째 장난감을 회수하지 않고 돌아왔다면 개가 여러분에게 다가오는 순간에 두 번째 장난감을 던지고 여러분이 첫 번째 장난감으로 달려간다. 개가 두 번째 장난감을 물면 여러분에게 오도록 첫 번째 장난감으로 루어를 해서 "이리 와"라고 한다. 어떨 때는 2개의 장난감이 가까이 있어서 개가 첫 번째 장난감을 다른 장난감이 있는 곳으로 그냥 가져올 수도 있다.

개가 첫 번째 회수한 장난감을 떨어뜨리는 것은 "놔"와 "가져가"의 교환처럼

"이리 와" 기술을 더 잘할 수 있도록 만들어준다.

회수 연습을 할 때 개의 흥미를 끄는 또 다른 방법으로는 장난감을 던진 후 여러분에게 집중할 때까지 리드줄을 엉덩이에 계속 붙인 채 "쿠키다. 앉아-기다려"를 하는 것이다. 이 기술은 만약 개가 "쿠키다. 앉아-기다려"를 이미 숙지하고 있다면 가장 적절히 활용할 수 있다. 회수에 관해 좀 더 자세히 알고 싶다면 10장의 '개인기 나누기'를 참조한다.

놀이 교육은 개와의 유대감을 강화하고 기술을 향상시킬 수 있는 매우 좋은 방법이다.

동작과 안전

기본 동작과 안전 훈련을 놀이로 변형시킬 수도 있고, 이렇게 매우 중요한 기술들을 학습함으로써 개는 좀 더 재미있어하고 적극적으로 참여하게 된다.

❯❯ **손 급여(3장 손 급여 원칙 참조)** 손 급여 원칙을 연습하는 동안 여기에서 소개한 일부 놀이들도 같이해볼 수 있다. "나 찾아봐라" 놀이를 하는데, 찾을 때마다 손 급여

를 해주고 그러기 위해 음식 그릇을 가지고 숨으면 된다. 또 보조자와 함께 오가기 놀이를 진행하는데, 보조자는 이전에도 여러분의 개에게 손 급여를 해준 경험이 있어야 한다. 단계마다 식사 일부를 손 급여로 해주는 경주놀이도 같이해볼 수 있다는 것을 기억하자.

❯❯ **물기 억제, 핸들링과 젠틀링**(좀 더 자세한 사항은 첫째 주의 기본 프로그램과 3장 참조) 대략 하루 동안 핸들링과 젠틀링 연습으로 강아지를 쓰다듬어주는데, 만지는 것을 불편해하면 보상을 주면서 진행해야 할 수도 있다. '강아지 전달하기'와 '피카부' 놀이를 하면서 발가락 숫자를 세어보고, 발을 만져보거나 발톱을 자르는 척도 해본다. 개의 입안을 들여다보거나 잇몸을 마사지해주고 치아 숫자도 세어본다. 그리고 물기 억제를 가르치기 위해 살짝 깨물 때도 "아야"라고 표시해야 한다.

❯❯ **크레이트 교육**(추가적인 자세한 사항은 3장 참조) "나 찾아봐라"놀이를 할 때는 숨기는 장소로 이동장을 활용한다. 그리고 이동장 주변에서 교육이나 놀이를 한다. 개의 안식처로 이동장을 만들어주고, 실생활에서 고립되었다는 생각이 들지 않도록 익숙한 장소로 만들어주는 것이 중요하다.

❯❯ **리드줄 따라 걷기**(교육 프로그램을 하는 동안 전반적으로 걷기 연습을 한다) 교육의 일부로 걸음걸이에 대해 생각하는 것 자체도 놀이가 될 수 있는데, 예를 들면 이미 알고 있는 여러 신호들을 연습하기 위해 잠시 멈추고 다시 걷기를 지속한다. 제대로 된 동작을 할 때마다 표시하고 칭찬, 그리고 보상을 확실하게 해준다. 걷기 교육에서는 개에게 성공할 때마다 다양성과 재미 그리고 성취의 기쁨을 맛보게 할 것이다.

사회화 기회

사회화가 잘된 개는 과도하게 흥분하지 않고, 두려워하거나 공격적이지 않으면서 자신감을 가지고 다른 개들이나 사람들과 차분히 잘 지낸다. 주기적이면서 일정하게 사회화하는 계획이 잡혀 있다는 것은 재미있는 기회들과 새로운 경험들, 그리고 새로운 사람들로 가득 채워진 보상의 세계로 도약하는 것이다.

◆ **방문** 반려견이 준비되었다고 판단되면 공공장소들을 방문할 계획을 세운다. 예를 들면 동물병원이나 미용실 등에 인사차 무심코 들러 트릿을 얻는다거나 따뜻한 손길을 경험해본다. 또는 출입이 가능한 외부 공공장소들이나 가게들도 가본다.

◆ **산책 교육: 이웃과 인사하기** 반려견이 보호자와 동행한 다른 개들을 마주쳐도 편안하고 안정적이라면 함께 다른 사람에게 다가가서 인사하고 걸음을 멈춘 뒤에 개에게 "앉아"와 "기다려"를 하게 한다. 만약 이웃이 그냥 지나치려고 하면 상냥하게 "반려견이 지금 교육 중이므로 잠시만 시간을 내달라"고 정중히 요청하는데, 일반적으로는 기꺼이 협조해준다. 약간의 거리를 두고 이웃과 간단히 이야기를 나누는 동안 몇 발자국 더 움직이고 다시 멈춘다. 그리고 개를 동반한 보호자를 맞닥뜨렸을 때 상대방 개가 흥분해 있더라도 계속 "앉아-기다려"를 유지하는 것도 중요하겠지만, 혹시 모를 상황이 벌어진다면 교정보다는 피하는 것이 최선책이라는 것을 항상 명심하자. 충동 자제를 배우고 나면 개들이 앉아있는 동안 여러분은 이웃과 인사를 나눈다.

◆ **도그파크 가기** 처음으로 공원에 갈 때는 여러분과 개가 더 쉽게 적응할 수 있도록 사람이 많은 시간대를 피해서 가는데, 먼저 도그파크에서 편안함을 느끼는 것이 중요하다. "이리 와"를 마지막에 하지 말고 훨씬 많이 그리고 자주 "이리 와"와 "자유"를 번갈아 가며 지속적으로 연습한다. "이리 와" 신호에 잘 따를 수 있다면 개들끼리 싸움이 벌어졌을 때 더 수월하게 빠져나올 수 있다는 것을 명심하고 "이리 와"와 보상은 같은 것임을 인식시키는 것이 중요하다. 실생활에서 경험을 통해 싸움의 전조 신호인 견제 분위기와 신체 자세의 시그널들을 미리 간파하여 "이리 와" 신호를 사용하도록 한다. (뒷부분에 나오는 '더 즐거운 도그파크 방문하기'를 참조한다.)

◆ **감독하에 하는 자유 놀이** 도그파크에서 누구와 가장 활발하게 놀지 정해본다. 놀다가 부르고 또다시 놀게 하는 동안 이따금씩 "이리 와"를 하고, 여러분의 놀이 보조자도 "이리 와"를 같이한다. 이런 과정 동안 개는 "이리 와"가 놀이의 끝이 아니라는 것을 이해하게 된다.

아이들과 개들

개와 아이들이 함께 있을 때 우리의 교육 목표는 어떻게 정해야 할까? 개가 가끔 곤혹스러워질 수도 있겠지만, 그럼에도 아이들과 함께 즐길 수 있도록 도와준다. 전문가나 수의사의 평가를 통과했고 아이들에게 공격성과 두려움이 없는 개라면, 그러나 가족 중 아이가 없다면 아이가 있는 지인에게 놀이를 같이할 수 있도록 부탁해보자. 한 가지 기억해야 할 점은 아이가 당신의 반려견과 상호작용하는 방법을 익히는 동안에는 안전한 감독을 위해 부모도 같이 참여해줄 것을 명확하게 전달한다. 그리고 아이가 편안하고 안전한 마음이 들 수 있도록 손바닥을 펼쳐 트릿을 주도록 한다.

이 책에 소개한 대부분의 놀이는 아이들과 함께할 수 있는데 아이의 개별적인 성숙도, 자기절제, 자신감과 조화에 따라 참여 여부를 정한다. 그러나 준비되지 않은 것을 아이들에게 강요하지 않도록 하고, 아이가 개와 함께 놀기를 원한다 하더라도 마찬가지다. 일부 아이들은 개가 손을 핥으면 자지러지게 놀라는 경우가 있는데, 그런 아이들에게는 거리를 두고 개들을 보게 하거나 살짝 쓰다듬는 것만으로도 충분하다. 개에게도 주변에 아이가 있는 것이 약간의 방해 요소만 줄 뿐이므로 나쁘지는 않다.

많은 아이들이 "어느 손?", '오가기'와 "나 찾아봐라" 등의 놀이를 굉장히 좋아한다. 아이들이 반려견에 대한 신뢰와 편안함을 경험하도록 아이와 반려견 둘 다 준비가 되었다면 손 급여를 같이하게 해줘도 좋지만, 항상 어른의 주의 깊고 안전한 감독이 수반되어야 함을 기억하자.

아이들은 간혹 놀라울 정도로 즐거운 놀이를 개발하곤 한다. 생각만 해도 웃음 짓게 만드는 그런 놀이들을 소개해본다.

▶ 계산대 놀이 장난감 계산대를 트릿으로 채운다. 아이는 개가 앉거나, 악수하거나, 또는 다른 신호들에 동작할 때 계산대를 열어 트릿을 꺼낸다. 어떨 때는 인내심 많은 개에게 큰 옷을 입히고 패션쇼를 하며 트릿을 주기도 한다.

▶ 티파티 티파티를 위해 아이용 테이블을 준비하고 플라스틱 컵과 냅킨을 놓는다. 개를 위한 작은 그릇이 테이블에 놓여 있고, 가슴에 유아용 냅킨을 두르고 테이블에 앉힌다. 놀다 보면 가끔 개가 아이용 피넛 버터 샌드위치를 먹거나 아이가 강아지 비스킷의 일부를 먹는 경우도 있는데, 서로에게 그렇게 해롭지는 않더라도 주의할 필요가 있으므로 놀이를 할 때는 이것

을 염두에 두어야 한다.

➤ **종교의식** 개의 "간청하기"(10장의 "더 많은 트릭" 편 참조) 동작과 함께 해본다. 한 아이가 개에게 축복을 내리고 비스킷들과 크래커들을 쪼개서 준다.

반려견 파티

반려견 파티를 할 때도 아이들의 놀이와 활동은 정교해지는데, 손님이 오면 반려견은 모든 손님들과 어울릴 수 있어야 한다. 이는 손님이 데리고 오는 개들에게도 해당하며, 초대되는 개도 다른 개들 또는 사람들과 잘 지낼 수 있어야 한다. 반려견 파티는 상대적으로 짧고 조용한 시간에 이루어져야 하는데, 만약 파티가 공원에서 열린다면 여러 가지 발생할 수 있는 요소들에 주의해야 할 것이다. 아래 내용은 아이들이 참여할 수 있는 몇 가지 반려견 파티다.

➤ **입양 환영 파티** 반려견을 입양하고 나서 1~2주 후가 적당하지만, 반려견이 새로운 사람들 주변에서 어떻게 적응하는지에 따라 다르다. 일단 몇 명의 손님이 와서 개를 쓰다듬고 손으로 간식을 먹이는 것이 가능해야 한다. 아이들이 '주인의식' 또는 '보호자의 마음'을 가지고 가족의 일원인 반려견의 즐거움에 한몫하기 위해 새로운 환경을 보여준다거나 장식하는 데 같이 참

여하면서 차분한 파티가 되도록 협조해준다면 좋을 것이다.

➤ **생일파티** 반려견을 위해 두 번의 생일 축하파티를 해주는데, 진짜 생일과 여러분을 따라서 집에 처음 온 날이다. 사람들에게 반려견이 할 수 있는 개인기와 신호들을 보여준다. 놀이를 같이할 수도 있는데, 반려견이 쉽게 열 수 있도록 신문지에 냄새나는 트릿들을 헐겁게 포장해서 준다.

➤ **학교 졸업** '기초 교육 프로그램'에서 배운 새로운 기술과 개인기들을 뽐내본다. 그리고 '역대 최고의 개 학위증'에 정보를 입력하여 공식화한다. 이제 좀 더 사회화되었으므로 대외적으로 축하받는 자리를 마련해보는 것도 추천한다. 만약 다른 개들도 참여할 수 있다면 일종의 도그쇼를 펼쳐보는 것도 재미있을 것 같다.

수료증을 자랑스럽게 전시한다.

다음 단계들

10장

클리커 교육과 반려견 트릭(개인기)

나의 반려견 교육생들이 5주간의 기초 과정을 종료했으니 이제는 상위 단계인 트릭(개인기) 교육에 대해 소개할 차례다. 트릭들을 가르칠 때 클리커 교육도 진행하는데, 클리커는 트릭을 학습할 때 속도를 빠르게 올려줄 수 있기 때문이다. 그리고 트릭을 배우는 개는 도전 욕구가 왕성해지고 적극적이 되는 반면에, 지루하고 할 일이 없는 개는 생기가 없거나 우울해지는 경향이 있다.

아이들의 예를 들어보자. 공부가 너무 쉬워서 흥미를 잃었거나 지루해하는 아이가 학교에서 행동하는 것을 보면서 개들도 무료해지면 그와 같이 될 수 있다고 생각하면 적절할 것이다. 뛰어난 아이가 학습과정을 이미 이해했는데도 꼬박 8시간 동안 앉아있어야 한다면, 도전 욕구는커녕 무기력해지거나 산만해질 수 있고 짜증의 원인이 될 수도 있을 것이다. 그리하여 허전함을 채워줄 무언가를 찾게 되는데, 주로 그런 대체거리들은 파괴적인 행동이 될 가능성이 크다.

그것은 개들에게도 유사하게 적용된다. 긍정적인 방식에서 지속적으로 도전할 무언가에 임하게 될 때

훨씬 문제를 덜 일으킨다는 것이다. 알다시피 5주의 기본 교육 프로그램은 많은 시간을 개와 함께할 것을 요구했다. 개에게 완전히 집중하는 시간이나 더 어려운 동작을 시킨다든지, 자주 칭찬해주고 많은 트릭을 제공했던 것과 더 나은 학습을 위해 생각하고 궁리하고 기록하는 등의 일들을 했다. 혹시라도 만약 이러한 단계들을 다 거쳤기 때문에 개가 이제는 관심이나 교감을 덜 원할지도 모른다고 생각한다면, 분명히 말해주고 싶은 것은 우리의 개들은 언제나 더하면 더했지 관심과 집중을 덜 원할 일은 절대로 없을 거라는 것이다. 이러한 관점에서 볼 때 트릭을 연마하는 것은 긍정적인 집중을 제공하는 매우 훌륭한 방법이 될 것이고, 클리커 트레이닝은 학습하는 트릭들을 더 쉽고 성공적으로 할 수 있게 만들어줄 것이다.

클리커 트레이닝의 기초를 이해한 뒤에 당신과 개가 하나의 트릭을 배우기 위해서는 약 일주일의 시간이 소요되고 하루에 5분씩 5회를 연습해야 한다. 그러나 그만큼의 시간을 낼 수 없다면 그것을 배울 때까지 아마도 좀 더 오래 소요될 것이다. 그리고 거의 모든 상황에서 무언가를 주기 전에는 "앉아"를 하게 하여 실생활 보상체계를 유지해야 한다.

트릭은 재미있는 트레이닝이다. 우리 가족이 반려견과 함께하는 많고 많은 이유 중 하나가 넘치는 즐거움과 기쁨을 함께 나눌 수 있기 때문이라는 것에 다들 수긍할 것이다. 수많은 시간 동안 나는 개들이 악수하고 구르고 신문을 물어다주는 등의 능력들을 뽐내며 그들의 보호자들이 자신감과 즐거운 경험을 하는 것을 기쁜 마음으로 지켜봤다. 그리고 노는 데 완전히 몰입된 우리의 개들에게도 똑같은 즐거움이 었을 것이다.

정확한 시점에 '클릭'

기본 교육 프로그램에서는 루어와 신호에 맞춰서 성공하면 "옳지"라는 표시를 해주고 교육을 성공으로 이끄는 방법을 학습했다. 이제는 다음 단계로 넘어가서 신호와 보상이 약간 다른 방식으로 활용되는 클리커 교육을 소개할 것이다. 클리커 교육은 클리커에서 나오는 클릭 소리가 그동안 표시용으로 사용한 "옳지"라는 말을 대신한다.

클리커는 원래 아이들의 '크리켓' 장난감으로 수백 년 전부터 진화해왔는데,

현재는 동물들이 요구하는 동작을 만들었을 때 정확한 순간에 뚜렷한 클릭 소리로 잘했다는 표시를 해주는 용도로 사용된다. 그뿐만 아니라 클리커는 손바닥 안에 들어갈 만큼 작아서 사용하

박스 타입 클리커

기가 매우 편한데, 특히 교육용 클리커는 작고 간단한 박스 스타일에서부터 손가락 고리가 달려 있는 버튼 스타일까지 다양하게 진화해왔다. 어떤 것은 타깃봉이 달려 있어 개의 머리, 발, 몸 등을 특정 자세나 목표지점으로 유도하여 이동시키는 데 활용하기도 한다.

클리커는 음성 표시보다 이로운 점이 더 많은데, 소리의 크기와 음조가 유동적인 사람의 음성보다 훨씬 정확하고 명료한 소리를 만들어내는 것이 특징이다. 사람의 목소리는 그날의 컨디션이나 계절에 따라 영향을 받지만, 클리커는 개 입장에서 트릿으로 연관 지을 수 있는 일정하고 규칙적인 소리를 낸다. 그리고 클리커는 악수하기 위해 개가 발을 드는 특정한 동작의 정확한 순간을 포착해줄 수 있는 수단이기도 하다. 왜냐하면 클리커는 짤막한 묘사가 가

버튼 타입 클리커

능한 반면, 사람의 목소리는 마치 길게 노출되는 사진과도 같아서 정확하게 표시하는 클리커의 성능이 개가 자연스럽게 만드는 동작을 올바른 타이밍에 정확하게 인정하기 위한 도구로 더할 나위가 없기 때문이다. 이 책을 통해 '자유로운 동작 형성'으로 개가 보여주는 기발한 재능들이 재미있고 즐거운 개인기로 변형되는 것을 경험하게 될 것이다.

클리커 트레이닝의 대모 격인 카렌 프라이어 여사는 해양 포유동물들을 트레

타깃 포인터가 있는 내장형 클리커

이닝시키는 기술을 처음으로 대중화시킨 사람 중의 한 사람이다. 1960년대에 하와이에 있는 해양생물공원(Sea Life Park)의 개업을 준비 중이던 남편이 그곳의 돌고래들을 트레이닝하기 위해 카렌 여사에게 도움을 요청했는데, 그녀는 당시 아이들을 키우는 가정주부였지만 대학에서 행동생물학과 동물학을 전공한 그 분야의 전문가였다. 그녀와 다른 지도사들이 개발한 돌고래 트레이닝 기법은 그야말로 너무나 효과적이고 효율적이라서 그때부터 클리커 기술은 전 세계 해양동물공원 곳곳에서 사용하는 일반적인 트레이닝이 되었다. 그러나 개들에게 클리커 기법을 적용하는 것은 꽤 많은 세월이 필요했는데, 이전의

반려견 지도 학교들은 혐오처벌 트레이닝 방식을 주로 사용했고, 그것만으로도 잘되어가는 듯 보인 것도 그 이유 중 하나였다.

오늘날에는 긍정강화 방식으로 교육할 때 클리커가 중요한 역할을 한다. 간단하게 예를 들면, "앉아"를 가르칠 때 처음에는 코 높이에서 루어를 위로 하면서 개의 뒷다리가 접히도록 한 다음 엉덩이가 땅에 닿으면 "옳지"라고 표시하면서 칭찬해주고 트릿으로 보상하는데, 클리커 교육에서는 만들고자 하는 행동을 표시하기 위해 "옳지"라고 하는 대신에 개의 엉덩이가 바닥에 닿자마자 정확한 순간에 클리커로 클릭을 해준다. 클릭 후에는 이전에 한 것처럼 칭찬하고 트릿을 준다.

말로 표시하는 데 익숙한 사람들은 클리커의 효과에 대해 의구심을 품을지도 모르겠지만, 사실 클리커는 매우 효율적인 학습도구다. 개들은 연습만 시키면 클릭 소리를 기가 막히게 이해한다. 기억할 것은 클리커를 사용할 때는 교육 시간을 5분으로 제한하는 것이 좋은데, 개들이 이미 기초 프로그램을 배웠기 때문에 긴 시간보다는 매일매일 여러 번의 짧은 시간 동안 배우는 것에 더 익숙하다. 만약 개가 교육 후반부에도 집중과 관심이 여전히 남아 있다면 그 또한 매우 바람직한 것으로 다음 교육을 시작할 때쯤에는 이미 즐거움에 빠져 있을 것이다. 그리고 단계들을 다 하고 완성된 동작에 새로운 신호를 붙이는 작업을 하기 전까지는 트레이닝 세션들을 여러 번 나누어 끝내는 것이 일반적인 방법이니 명심하자. 즉, 다음 교육을 시작할 때는 그전 시간에 한 과정들에 대해 먼저 복습하고 이전에 배운 것에 대한 기억과 성공을 습관화시킨 뒤에 그다음 세션을 이어가면서 마침내 완성된 동작에 신호를 붙인다.

클리커의 단점이라면 클릭하는 소리가 개에게 경계심이나 두려움을 줄 수 있다는 것이다. 혹시 그런 경우라면 클리커를 두꺼운 양말 여러 개로 둘둘 말아 소리를 감소시킨 뒤에 개가 조금씩 편안해지면 한 장씩 걷어내도록 하는데, 만약 계속해서 두려워한다면 양말을 더 싸서 소리가 거의 들리지 않게 한다. 또는 소심한 개들에게는 클리커 냄새를 맡게 해주면서 조금씩 알아가게 해주고, 클리커를 양말로 싸는 것을 보여주는 것도 고려해본다.

손 급여와 함께 클리커 사용하기

처음에는 클릭 소리의 의미를 가르칠 것이다. 일단 나흘 정도에 걸쳐 식사 내내 손 급여를 할 것이다. 일반적으로 새롭고 어려운 기술을 배우거나, 위탁교육 중인 다른 개들을 지도할 때, 또는 점점 집중력을 잃기 시작하는 것이 보일 때 손 급여는 좋은 교육 방법이 될 수 있다.

것을 바로 보게 하고 손 급여를 한다. 그러고 나서 클리커를 다시 누르기 전에 잠시 가만히 있는다. 이러한 단계는 음식과 클리커 소리를 관련짓게 하는 것으로 다섯 번 정도 반복한다. 대부분의 개들은 꽤 빨리 이해하고 이 새로운 놀이를 즐기기 시작할 것이다.

1 클릭하고 손으로 급여한다 의자나 바닥에 앉은 채로 개를 여러분 앞에 앉게 한다. 그리고 여러분의 허벅지 위 또는 옆에 음식 그릇을 놓고 개가 클리커에 집중하지 않게 손안에 클리커를 쥐도록 한다. 조용한 상태에서 다른 소리들은 최소한으로 줄인다. 클리커를 누르자마자 음식 한 움큼을 손으로 먹인다. 먹는 것이 끝나면 잠시 가만히 있다가 다시 여러분 또는 음식에 집중하게 한다. 그러고 나서 다시 클리커를 누른다. 여러분이 그릇에서 음식 한 움큼을 쥐는

2 급여하기 전에 기다린다 이번에는 클리커를 누르기 전에 처음 했을 때보다 좀 더 길게 가만히 있다가 클리커를 누른 뒤에는 재빨리 음식을 먹인다. 다섯 번 정도 하는데, 할 때마다 1초씩 추가함으로써 기다리는 시간을 연장한다. 그러고 나서 그다음 다른 다섯 번의 손 급여는 1~10초의 범위를 두고 클리커 소리와 멈추는 시간의 길이를 불규칙하게 진행시킨다. 그러나 클리커를 누르자마자 음식이 바로 급여되도록 하고, 똑같이 조용한 분위기에서 진행한다.

3 **개가 계속 집중하게 한다** 개가 행복하고 생기 있는 신체언어를 보여주기 시작했다면 클리커 소리와 음식의 연관관계를 이해했다고 판단해도 좋다. 한 움큼의 음식을 주기 전에 클리커를 누른 후 잠깐 기다려본다. 개가 클리커 소리를 들은 뒤 음식을 쳐다보는지 확인하고, 만약 쳐다본다면 '클릭' 뒤에 트릿이 따라오는 것을 이해한 것이다.

식사를 한 번에 하기 위해 1단계를 재빨리 마치고 2단계와 3단계를 위해 음식을 남겨야 한다. 이렇게 며칠 동안 클리커 소리와 음식의 연관관계를 명확하게 이해하는 학습을 할 것이다. 그리고 다른 장소에서도 손 급여를 시도하면서 클리커 소리와 음식의 연관관계를 일반화시킨다.

악수하기

이번에는 클리커와 새 기술을 결합해 첫 번째 개인기로 '악수하기'를 만들어볼 것이다. 다시 한번 강조하지만, 방해 요소가 전혀 없는 조용한 방에서 새로운 동작을 가르치는 것이 좋다.

1 **트릿 제공하기** 먼저 개를 여러분 앞에 앉게 하고 손바닥에 트릿을 쥐는 것을 보게 한 뒤에 손을 오므린다. 개의 턱 높이에서 오므린 손을 살짝 위로 움직인다. 개를 자세히 관찰하면서 발을 조금이라도 움직이면 클리커를 누르고 바로 트릿을 준다. 개의 코가 트릿을 쫓아 위로 올라가며 몸을 쭉 뻗으면 살짝이라도 발을 들 수 있다. 트릿을 쫓느라 머리를 위로 뻗으면 움직이는 정도와 상관없이 발이 동시에 움직이는 순간을 포착하여 클리커를 누르고 트릿을 준다.

만약 트릿을 쫓은 뒤 5초 뒤에도 발이 움직이지 않는다면 다른 장소에서 다시 시도해본다. 개가 이미 알고 있는 동작 신호를 해보는데, "엎드려" 동작 같은 것을 해봐도 좋다. 개가 신호에 맞춰 동작을 하면 클리커를 누르고 트릿을 먹을 수 있게 손바닥을 펴준다. 이는 좋은 동작을 하면 클리커 소리가 난다는 것, 그리고 더

중요하게 클리커 소리가 나면 트릿을 얻게 되는 것을 이해하게 만드는 것이다.

성공했으면 다시 시도해본다. 발을 움직일 때마다 클리커를 누르고, 손바닥을 펼쳐서 트릿을 먹게 해준다. 만약 실패한다면 무시한다. 클리커도 누르지 말고 트릿도 주지 말고 다시 처음부터 시작한다. 그렇게 하다 보면 결국 클리커 놀이를 이해하게 될 것이고, 클리커 소리와 트릿을 얻었던 성공에 대해 생각하게 될 것이다.

2 루어 하기 이제 개가 여러분의 손을 향해 발을 조금씩 움직인다는 가정을 해보자. 발의 작은 움직임에도 클리커로 표시하고, 매번 트릿으로 보상한다. 그렇게 하면 곧 개는 자기 발의 움직임을 여러분이 보고 있고 기다리는 중임을 알아채게 된다. 그런 순간이 오는 것은 마치 개의 머릿속에서 빛이 번쩍이는 것과 같은데, 이 모든 상황을 파악하게 되었기 때문이다. 그때부터 개가 조금씩 발을

의도적으로 움직일 것이고, 그에 따라 여러분은 더 적극적으로 발을 움직일 때까지 점차 클리커-트릿 시간을 지연시킨다. 이것은 여러 번의 연습 과정이 필요하고 한 번에 되는 것이 아니므로 인내심을 갖자.

3 개인기 연마하기 개에게 비어 있는 손을 펼쳐 보인다. 발을 움직이는 것을 학습했으므로 이제는 클리커를 지연시키면서 발을 조금씩 더 높이 들 때까지 기다리는데, 손바닥에 앞발을 점점 가까이 댈 때까지 클리커 소리를 아껴둔다. 물론 트릿도 마찬가지다. 그리고 나서 마침내 앞발이 여러분의 손을 만지면 클리커를 눌러주고 잭팟 트릿을 준다. 클리커를 사용해 잭팟을 하는 정확한 방법은 클리커를 딱 한 번만 누르고 펼친 손바닥에 있는 여분의 트릿을 모두 주며 열정적인 말로 칭찬하는 것이다. 그때 목 주변을 어루만져주면 개는 목을 만지는 것이 좋은 것임을 다시 한번 상기하게 될 것이다.

만약에 개가 자기 앞발을 연달아서 놓으려고 한다면 그것은 아마도 악수와 클리커 소리와 트릿을 연관 짓는 것이라 생각하고 한 번만 잭팟 보상을 해주면 된다. 트릭을 가르친다는 것은 기다리는 것과 관찰하는 것, 그리고 원하는 동작을 할 때 클리커를 누르면서 표시하는 등을 다 함께하는 게임 같은 것이다. 만약 다른 동작을 한다 해도 혼내지 말아야 하고 무시해야 한다. 그리고 새로운 트릭을 가르칠 때는 한 번에 하나의 동작에만 집중하도록 한다.

여러분이 원하는 것이 손을 만지는 것임을 개가 이해하고 나면 이제는 동작에 이름을 붙여줄 때다. 대부분의 사람은 "악수" 또는 "손"이라고 말하는데, 수신호를 지속하는 동안 언어신호도 같이하기 위해 당신이 지어낸 이름을 같이 말하면 된다.

이제는 동작에 이름을 붙였고 개도 여러분이 원하는 것을 하는데, 그다음에는 한 단계 높여서 개가 여러분의 손을 만지는 순간에만 클리커를 누르도록 하고 너무 느리게 하면 클리커를 누르지 않는다. 그리고 무시하고 또다시 악수를 요청한다. 개가 더 잘해주기를 바란다면 약간의 스트레스가 될 수도 있겠지만, 오히려 그런 최소의 스트레스로 인해 개는 여러분이 설정해놓은 다음 단계에 도달하기 위해 더 열심히 할 것이다. 개가 원하는 것은 오직 클리커 소리와 보상물이라는 것을 기억하면 된다.

만약 악수하기를 빠르고 완벽하게 할 수 있으면 그다음 단계로는 수신호 없이 언어신호만 주는데, 단 한 번의 언어신호에 맞춰서 성공적인 악수하기를 해낸다면 그때야말로 잭팟을 줄 때다. 그런 다음에는 언어신호와 시각적 신호를 각각 따로 분리하여 교환해서 반복해보고, 그러고 나서는 언어와 시각적 신호를 짝을 이루어서 함께하기도 하고, 또 그 다음번에는 분리해서 각각 다시 해보는 것이다. 매번의 성공에는 클리커 소리와 트릿이 주어져야 하고, 시각적 신호와 언어신호들을 따로 잘 해낼 수 있으면 트릿 자판기 방식으로 보상한다.

자, 첫 번째 개인기가 만들어졌음에 축하하고 여러분 또한 성공적으로 동작을 만든 것에 박수를 보낸다.

트레이닝 개념: 단계별 형태화

악수를 가르치는 동안 동작을 단계별로 형태화했는데, 이 과정은 원하는 동작을 조금씩 만들어가는 단계다. 많은 개들이 '악수하기'를 어렵지 않게 할 수 있기 때문에 이것을 첫 번째 트릭으로 자주 가르친다. 개가 자연스럽게 하는 행동들이 어떤 것인지를 관찰해보고 그것을 트릭으로 가르치는데, 자발적이기 때문에 신호에 맞춰서 가장 쉽게 형태화할 수 있다. 이 장의 후반부에는 자연스러운 개의 행동들을 쉽게 발견하는 것과 그 행동들을 독려하는 기술들을 부분적으로 알려줄 것이다.

사실 기본 교육 프로그램을 하면서 동작을 형태화하는 작업을 이미 했는데 "이리 와"를 예로 들어보겠다. 처음 "이리 와"를 가르쳤을 때는 개가 한 걸음 또는 두 걸음 거리에서 "이리 와"를 하면 보상을 해주었다. 그 뒤 점점 더 거리를 늘려나가면서 멀리서 "이리 와"를 성공하면 보상했고, 더 나아가 다른 장소에서도 완전하게

> 개가 자연스럽게 하는 동작들은 트릭과 기술로 형태화할 수 있다.

"이리 와"를 계속 잘할 수 있을 때까지 "앉아"를 더하거나, 또는 이 방에서 저 방으로 "이리 와"를 하게 하는 등 다양한 변화를 주면서 강화해나갔다. 그렇게 방해 요소와 상관없이 거리가 멀건 또는 가깝건 언제라도 부르면 와야 한다는 것을 이해하기까지 단계적으로 동작을 형태화하면서 완성해나갔다.

클리커 트레이닝을 하면서 형태화 기술의 두 가지 타입에 대해 이야기하자면, 하나는 '지시된 형태화'라고 하고 또 하나는 '자유 형태화'라고 한다. 이 두 가지 기술은 특정 상황에서 여러분의 학습 능력을 확장하기 위한 이점들을 골고루 가지고 있기 때문에 여러분과 개 둘 다 배울 것을 추천한다.

지시된 형태화

개에게 악수하기를 가르쳤을 때는 지시된 형태화 방법을 사용했다. 즉, 루어를 개의 머리 위로 살짝 올리면 음식을 얻어먹기 위해 몸을 위로 쭉 뻗도록 만드는 것이다. 개가 발을 움직였을 때 트릿을 주었고, 점점 더 높이 발을 올릴 때까지 클릭을 지연

시키면서 범위를 넓혀가며 지속하다가 여러분의 손을 잡을 때까지 이어나갔다. 처음에는 여러분의 손을 만진 후 움직임을 재정비시키고 반응시간을 단축하기 위해 지시된 형태화를 계속 사용했다.

펼친 손바닥은 타깃 트레이닝을 시작하기에 좋은 도구가 될 수 있다.

손: 타기팅

악수하기를 위해 지시된 형태화를 사용했을 때 여러분의 손은 개가 만져야 하는 타깃이 되었다. 그리고 이것을 트릭으로 더 발전시키기를 원한다면 개의 코를 여러분의 손에 대는 코 터치 기술을 일반화해야 한다. 일단 개가 손이 타깃이라는 것을 배우면 언제 어디서나 "타깃" 또는 "터치"라고 말하면서 개에게 지시할 수 있다.

개들은 거의 모든 사물을 타깃으로 배우는 것이 가능하다.

여러분의 손이 타깃이 되기 위해서는 손가락 사이, 특히 엄지손가락 안쪽 또는 손바닥에 트릿을 잡고 개가 계속해서 여러분의 손 타깃을 만지면 그때 "터치" 또는 "타깃"이라고 이름을 붙이고 수신호와 언어신호를 함께 사용한다. 며칠 동안 익숙해지게 한 후 수신호만 하거나 언어신호만 따로 번갈아 가면서 사용하거나, 또는 언어신호와 수신호를 동시에 사용하면서 일반화한다.

어떤 지도사들은 주먹 타깃과 손바닥 타깃을 코 터치와 발 터치로 연결해 이름 붙인 언어신호로 트릭을 만들기도 한다.

일단 개가 여러분의 손이 자기가 만져야 할 타깃이라는 것을 이해하고 난 뒤에 그다음 단계로 특정 타깃을 가르치도록 한다.

타기팅: 롤오버, 구르기

이번에는 구르기에 타깃 터치를 사용하도록 한다. 구르기는 재주를 뽐낼 수 있는 재미있는 트릭인데, 이는 개에게 등을 대고 눕는 것이 위험하지 않다는 것을 알게 해준다. 보는 사람도 같이 즐거워지고, 특히 이 트릭을 사용하면 수의사나 미용사가 좋아할 것이다. 그러나 만약 엉덩이에 문제가 있다면 옆으로 눕는 것으로 대체할 것을 권장한다. 또 튼튼한 엉덩이와 등을 가졌다고 해도 구르기를 할 때는 카펫 또는 잔디 같은 부드러운 표면에서 가르치는 것이 좋다.

1 **"엎드려"로 시작한다** 구르기를 가르칠 때는 "엎드려" 신호를 주면서 시작한다. 그리고 나서 손가락에 트릿을 잡고 개의 어깨를 가로질러서 개 옆구리의 반대 방향인 등 쪽으로 코를 움직이도록 루어를 해준다. 개의 코와 머리가 루어를 조금 따라가면 클릭하고 간식을 준다.

2 **가로질러서 루어를 한다** 반복하면서 조금씩 루어를 점점 더 멀리 어깨를 가로질러서 한다. 개가 등 쪽으로 구르기를 하는 동안 천천히 여러분의 움직이는 손에 코를 터치하게 하면서 루어를 따라갈 때마다 클리커를 누르고 간식을 주도록 한다.

3 **등 쪽으로** 절반 정도 돌 때 잭팟을 주고, 나머지 절반은 완전히 돌게 하기 위해 루어를 끝까지 계속한다.

4 **완전히 뒤집어서 드러누운 뒤에 다시 원상태로 오면** 꼿꼿하게 엎드린 자세를 만들기 위해 루어를 한다. 그리고 자세가 만들어지면 잭팟을 주면 된다. 이렇게 완전하게 하나의 움직임을 조화롭게 만들고 나면 조금 더 빨리 루어를 하면서 움직임에 속도를 가하지만, 만약 개가 속도를 따라가지 못하면 무리하지 않도록 한다. 그리고 성공하면 클릭하고 간식을 준다.

구르기 수신호로 루어를 형태화하기 위해 루어의 전체 움직임을 짧게 한다. 손바닥을 위로 한 채 루어의 움직임을 시작하고, 개가 절반 지점을 돌 때 루어링 하는 손을 뒤집어서 손바닥이 땅 쪽을 보게 하면서 나머지 절반도 다 돌 수 있게 루어를 따라가도록 만든다. 이 단계를 통해 클리커와 트릿의 사용을 지속시키고, 루어링 하는 움직임에 익숙해지면 "굴러"라는 언어신호를 더해주자. 이렇게 루어와 언어신호에 맞춰 잘하고 난 다음 언어신호만으로 동작을 성공시킬 때는 잭팟을 주면 된다.

손 흔들기와 하이파이브, 주먹 맞대기를 가르치기 위해 손 타깃을 없앤다

악수하기로 돌아가 보자. 손 타깃 하나만으로 트릭 교육을 완성시킨 다음 단계는 타깃을 없애는 것이다. 개가 마치 앞발을 흔드는 것처럼 보이도록 앞발을 올리도록 가르치는 것인데, 이 개인기는 '악수하기'의 변형으로 움직임이 유사하다. 악수하기와 다른 점은 더 높이 들기 때문에 만져야 할 타깃이 없다는 것이다.

첫 번째로, 여러분의 손이나 타깃을 점점 더 높이 올려 개의 발도 높이 따라 올라가게 하면서 '악수하기'를 '하이파이브' 또는 '주먹 맞대기'로 변형시킨다. 이전의 트릭들과 동작들을 만들 때 클리커를 누르고 트릿을 제공한 것처럼 이 동작 또한 성공할 때마다 클리커 표시와 트릿을 제공하면 된다. 여러분의 손을 좌우로 더 높이, 더 낮게 조금씩 움직여가면서 개의 이해를 일반화시키는 것이 중요하다. 개들은 여러분의 빠르게 움직이는 손을 자기가 만져야 하는 이 '놀이'를 곧잘 이해할 것이지만, 혹시 그렇지 못하다면 다음 연습에는 성공했던 부분으로 다시 돌아가서 그 부분부터 시작하면 된다. 그리고 나서 연습 단계들을 세분화·형태화시키면서 차근차근 해나간다.

개를 향해 손바닥을 보이면서 개가 하이파이브를 할 수 있게 하거나 개에게 주먹을 쥐어 보이면 '주먹 맞대기'를 가르칠 수 있으므로 이로써 '악수하기'와 '하이파이브' 그리고 '주먹 맞대기'라는 세 가지 트릭을 한꺼번에 가르칠 수 있다.

'악수하기'를 앞발 흔들기로 발전시키기 위해서는 개를 향해 손을 움직이면서 악수하기 신호를 준다. 그리고 나서 개가 만지려고 하면 손을 점점 더 높이 올려 보다가 개의 앞발이 여러분의 손을 만지기전에 조금이라도 위로 들면 클릭하고 보상해준다. 그다음의 지속적인 반복에서 개가 점점 더 높이 손을 올리면 클릭하고 트릿을 준다. 개가 앞발을 위로 올리는 데 익숙해지면 여러분의 손을 위, 아래, 다시 위로 올리는 순서로 개의 앞발이 따라갈 수 있게 형태화하고 익숙하게 할 때까지 원하는 동작에 클리커를 누르고 보상해주는 것을 지속시킨다. 개가 이해하지 못한다면 부분으로 나누어 하나씩 이해시키면서 가르치고, 조금씩 위와 아래의 움직임에 익숙하게 만드는 것이 좋다.

위의 단계를 잘 이행하면 이제 짧은 거리에서 앞발을 흔드는 것을 가르치는데, 이번에는 여러분의 손을 만지기 위해 개가 위로, 아래로 또 위로 이렇게 따라갈 때 빨리 손을 치우면서 클리커를 누르고 보상해주면 된다. 여러분의 손 타깃을 만지지 않았어도 손의 움직임들을 따라갔으므로 클릭하고 보상해주는 것이다. 이렇게 조금씩

손을 멀리 빼주다가 다음에는 손이 어디로 사라질 것인지 추측하게 하는 게임을 하는데, 낮은 높이의 '악수하기'를 혼합해본다. 상대적으로 쉽기 때문에 개들은 계속해서 보상을 받게 되는 이런 도전들을 무척 좋아할 것이다.

이제 개가 익숙하게 하면 수신호를 주면서 언어신호도 같이 해준다. '앞발 흔들기'를 위한 전형적인 언어신호들로는 "앞발 흔들어" 또는 "안녕"인데, 그 단계에 익숙해지고 나면 언어신호만 따로 하거나 시각적 신호만 따로 번갈아 가면서 한다. 만약 자연스럽게 하지 못하면 이전에 성공한 지점으로 다시 돌아가 클릭 소리와 트릿을 얻을 수 있도록 해주고, 그다음 단계로 나아가기 전에 능숙하게 할 수 있게 도와주면 된다. 최종적으로 이제 몇 발자국 떨어져서 개에게 "안녕"이라는 수신호 또는 언어신호를 보여주자. 그러면 보답으로 자기도 앞발을 흔들면서 당신에게 인사할 것이다. 상상만 해도 귀여운 모습이라서 웃음이 절로 나고 행복이 멀리 있는 것이 아니라는 생각이 든다.

이 트릭을 다 배우고 난 후에는 (손) 타깃을 더 이상 사용하지 않아도 된다. 그리고 그 대신 수신호 또는 언어신호만으로 동작을 완성시키는데, 이것은 트릭을 가르칠 때 중요한 완료 단계임을 기억하자.

더 많은 타깃 기술들: 물건 타깃과 막대 타깃

더 어려운 트릭을 배우고자 한다면 전문 지도사들이 사용하는 교육 도구들을 가지고 세밀하게 계속 도전해볼 수 있다. 물건 타깃은 루어 대신 사용할 수 있는 도구이고, 개는 여러분의 신호에 맞춰서 타깃을 만지면 클리커 소리와 보상을 얻게 된다는 것을 알게 된다. 이미 여러분의 손이 타깃으로 '악수하기'와 '구르기'를 위해 사용되었고, 개가 손을 만지면 클릭 소리와 트릿을 얻을 수 있었다. 그리고 이번에는 손을 사용하는 대신에 물건 타깃이나 특별한 지시봉 같은 것들을 만지면 클릭 소리와 함께 보상을 받게 된다는 것을 배운다.

그럼, 물건 타깃을 먼저 시작해보자. 프리스비 원반은 물건 타깃을 가르치기 위해 적절하게 시작할 수 있는 타깃 용품이다. 개가 원반 타기팅에 익숙해지면 점점 더 작은 원반으로 진행하거나 나중에는 말랑한 플라스틱 음식 뚜껑 같은 것을 사용할 수도 있을 것이다. 축구할 때 사용하는 삼각콘 타깃은 멀리서도 특정한 지점에 가도록 학습시킬 수 있다는 장점이 있다. 개가 자주 삼각콘을 만질 수 있게 되면 "터치" 또는 "타깃"이라는 신호를 붙여 거리를 점진적으로 증가시킨다.

첫 번째 단계는 타깃에 대해 호기심을 갖게 하는 것이다. 그것을 개 주변의 바닥

프리스비 또는 요거트 용기 뚜껑 같은 원반 타깃으로 시작한다.

삼각콘은 장거리 타깃에 이상적이다.

에 툭 밀어주고 개가 쳐다보면 클릭하고 트릿을 준다. 그러다가 삼각콘에 점점 더 가까이 가면 클릭과 보상을 해주면서 타깃 물체에 호기심을 더 품게 한다. 그리고 처음에 코 또는 발을 사용하여 삼각콘을 만진다면 굉장한 잭팟 보상을 해준다. 참고로, 나중에는 발 터치와 코 터치가 다르다는 것도 가르쳐야 한다. 예를 들면 개가 드나드는 문이 있다면 덮개를 통과해서 지나가도록 코 터치를 이용하는 신호를 준다거나 또 배

변하러 나갈 때 문 앞에서 발 터치로 종을 사용하여 알리는 방법도 있기 때문이다.

타깃을 만질 때마다 보상받을 수 있다는 것을 완전히 이해하고 나면 여러분 앞에 앉게 한 뒤, 타깃을 손으로 지시한 다음 동작에 이름을 붙여서 개에게 신호를 주는데(나의 경우에는 단순하게 "터치" 또는 "타깃"이라고 말해준다), 동작을 성공시키면 클릭하고 보상한다. 클리커 누르는 시간을 잘 조절해야 하는데, 개가 타깃을 만지는 정확한 순간에 클릭하는 것이 중요하다. 계속해서 성공하면 타깃을 옆 또는 조금 멀리 이동시키고, 그것도 능숙하게 잘하면 "앉아-기다려"를 시킨 뒤 타깃을 지시하면서 "터치" 또는 "타깃"이라고 말하며 언어신호를 주면 된다. 지시하는 시각적 신호와 언어신호를 함께 사용하면서 지속적으로 반복한다.

이번에는 타깃 막대 끝의 지시봉을 만지는 막대 타깃을 해보도록 하자. 위에서 원반 타깃을 한 것처럼 비슷한 기술로 교육하면 된다. 타깃 막대기는 일반적으로 클리커 트레이닝을 위해 만들어진 1m 미만의 안테나봉 또는 자 같은 것을 사용할 수 있고 끝 지점에는 안전을 위해 부드러운 고무봉 또는 푹신한 봉을 달아서 어디를 만져야 할지를 가르쳐준다. 막대 타깃을 가르치는 동안에는 주의를 기울여야

하며, 특히 아이들에게는 안전을 고려해서 사용하게 한다. 평균적으로 보호자들은 손이나 물건 타깃을 더 쉽게 생각한다.

타깃 막대봉을 만지도록 가르치기 위해서는 먼저 막대 끝에서 3cm 정도 되는 부분을 잡고 개가 그것을 보면 클릭하고 트릿을 준다. 그리고 나서 막대기를 개에게 더 가까이 이동시켜 개가 코로 봉을 터치할 수 있도록 동작을 형태화하기 시작한다. 이것을 쉽게 할 수 있을 때까지 반복하고 타깃 막대봉을 점점 더 잘 만지면 그다음에는 막대를 쭉 늘려서 잡도록 한다. 그리고 막대를 높게 또는 낮게 들거나 발 위에서도 움직여본다.

일단 개가 타깃 막대의 끝 지점을 만져야 클릭과 보상을 얻게 된다는 기본 개념을 알게 되면 이제는 움직이게 하면서 동작을 형태화할 수 있을 것이다. 여러분의 다리 사이나 몸 주변 등 타깃 막대기를 천천히 이동시키면서 개가 막대의 끝 지점을 따라가며 주변을 걷거나 원을 그리며 도는 등 일정한 양식으로 개를 움직이게 한다. 더 잘하면 원반 타깃을 할 때와 마찬가지로 "타깃" 또는 "터치"라는 언어신호를 사용하면서 동작을 시작한다.

자, 이제는 트릭의 간단한 동작 중 '돌기'를 해볼 차례다.

1 머리 돌리기 타깃 막대 끝이 개의 얼굴 옆에 몇 인치 정도 거리를 두고 내린 상태에서 타깃 막대를 잡는다. 타깃을 보기 위해 머리를 움직이면 클릭하고 트릿을 준다. 처음에는 머리를 약간만 움직여도 보상한다.

2 앞발 움직이기 이번에는 막대를 좀 더 멀리 이동시킨다. 개의 앞발들이 움직이는 것은 막대를 따라가려고 하는 것이므로 이때 바로 잭팟을 주도록 한다.

3 뒷발 움직이기 막대를 계속 움직여 전체적으로 몸이 움직이면 또다시 잭팟을 준다. 여러분에게서 더 멀리 개를 움직이게 하는 것이 가까이 오게 하는 것보다 더 어렵기 때문에 조금이라도 잘해내면 보상해야 한다.

4 돌리기 시작할 때 지속적으로 막대로 원을 그리면서 개가 머리를 돌리면 클릭과 보상을 해주고, 그다음에 앞발을 움직이면 클릭과 보상 그리고 뒷발을 움직이면 다시 클릭과 보상을 해준다.

5 **완전한 돌기** 막대를 원래 시작점으로 돌아오게 하고, 개가 하나의 원을 그리 듯 돌면 클릭과 잭팟을 주고 폭풍칭찬을 해준다. 이렇게 완전한 돌기를 능숙하게 하면 좀 더 속도를 내어 타깃 막대를 움직인다. 그러고 나서 더 부드럽고 빠르게 할 수 있도록 동작을 형태화함과 동시에 클릭하고 보상을 한다.

종 울리기를 가르치기 위해 타깃을 없앤다

마지막 단계는 원반, 막대기, 손 타깃을 사용하지 않는 대신 수신호 또는 언어신호로 대체해본다. 한 가지 동작을 익혀보도록 하는데, 실외 배변을 하러 나갈 때 종 또는 방울을 울려서 여러분에게 알려주는 것이다.

외부로 나가는 문에 개가 냄새를 맡거나 발로 칠 수 있도록 소의 방울 또는 다른 방울이나 종을 낮게 건다. 배변하기 위해 문을 열기 전에 종을 울리면서 개가 종의 의미를 이해할 수 있게 가르치는 것부터 시작하도록 하자. 먼저 여러분이 종을 울리는 것을 보게 하는데, 몇 주 동안 이 단계 과정을 반복함으로써 소리에 익숙해지도록 만든 후 종이 울리면 나간다는 것을 연관시킬 수 있도록 가르친다. 종을 울리는 것에 소심하게 접근하면 종의 추를 천으로 싸서 소리를 낮추는 것도 좋은 방법이 될 수 있을 것이다.

개가 어떤 특정한 위치에 있어야 할 필요는 없고 방울 옆에 서 있는 것만으로도 충분하며, 개가 방울을 만질 수 있도록 물건, 막대기 또는 손 타깃 중 편한 것을 사용한다. 예를 들어 손 타깃을 사용한다면 손을 종 앞에 놓고 개가 종을 울릴 수 있도록 손 타깃을 시킨다. 약간의 속임수를 쓰자면 혹시 개가 여러분의 손을 너무 살짝 치는 것 같으면 일부러 방울 쪽으로 손을 더 움직여서 울리도록 하는 것도 한 가지 방법이다.

개가 능숙하게 종을 울리는 단계가 되면 문 여는 과정을 시작해보는데, 그때는 외부에 나가는 것을 여러 번 반복한다. 개가 배변하지 않음에도 트레이닝을 위해 종을 울리게 한 다음 바깥으로 나가서 실외 배변 장소로 데려가고, 다시 바로 실내로 데리고 들어오는 것을 반복한다. 종이 울리면 반드시 바깥으로 나가야 한다는 것을 잊지 말아야 한다. 이 시점에서는 배변

신호를 주는 대신에 조용한 움직임으로 한 번에 이 과정을 습득하는 것이 좋다. 기본 교육 프로그램에서 학습했던 도어 트레이닝 기술을 사용하는데, 여러분보다 앞서서 탐색하게 하지 않게 하고 신호가 떨어질 때까지 개는 문 앞에서 기다려야 한다. 내 경험에 비추어봤을 때 한두 달의 과정을 거치면 스스로 종을 울려서 배변하기 위해 문을 열어달라고 하는 것이 가능해지는 것 같다.

종 또는 방울을 울리는 것은 매우 효율적인 트릭이지만, 거꾸로 개가 방울을 울려서 여러분이 자기에게 달려오게 만들 수도 있으니 주의하자. 한때 나의 플랫 코티드 리트리버종인 메릿이 마당에서 아이들과 놀고 싶을 때나 한밤중에 풀장에서 수영하고 싶을 때 등 아무 때나 방울을 울린 적이 있었다. 또한 이 트릭은 나가고 싶을 때 문 앞에서 짖는 트릭과 마찬가지로 주의해야 하는데, 실외 배변을 하려고 울리지 않을 수도 있다는 것이다. 메릿은 우리를 역으로 잘 이용했는데, 그거 때문에 한동안 방울을 숨겨놓은 적도 있었다.

회수하기 / "가져와"

개에게 근처에 있는 콩 장난감이나 공을 물어오게 하려면 '회수하기' 트릭이 유용하다. 그리고 이 트릭은 실생활에서도 활용도가 매우 높은데, 예를 들어 열쇠가 바닥에 떨어졌지만 주울 수 없는 상황이거나 또는 개가 장난감을 물어서 바구니에 집어넣어야 할 때 등이다. 또한 회수하기는 문제행동을 보일 때 개의 주의를 다른 곳으로 돌리기 위해 할 수 있는 좋은 트릭이기도 하다. 이 부분에 대해서는 11장에서 자세히 다룰 것이며, 9장의 '회수하기'를 참조하기 바란다.

'회수하기'를 가르칠 때는 리드줄에 개를 채운 뒤 동작의 제일 끝부분부터 시작한다. 무슨 말인가 하면 회수하려고 하는 콩 장난감 또는 매듭 밧줄 장난감을 입에 무는 "물어"를 먼저 가르치는 것이다. 첫째, 개가 입을 벌리면 클리커를 누르고 장난감을 물려준 뒤 물고 있는 상태에서 많은 칭찬의 언어와 터치 보상을 해준다. 그리고 몇 초가 지나면 "내려놔"라고 말하면서 장난감 아래에 여러분의 펼친 손을 댄다. 장난감을 내려놓으면 클리커를 눌러 칭찬하고 보상하는데, 손에 트릿을 가지고 기본 교육과정에서 배운 '교환하기'와 "가져와" 방식으로 장난감과 교환하면 된다. 혹시라도 개가 예전에 이 트레이닝을 했을 때 문제가 있었거나 "물어"만 할 수 있다면 교환하는 동작을 부분으로 나누어서 가르치는 것이 적절할 것이다.

일단 개가 "가져가"라는 말을 들었을 때 입으로 장난감을 회수한 뒤 안정되게 물고 있을 수 있다면 다음 단계로 이동한다. "쿠키다. 앉아"를 가르칠 때처럼 리드줄을 손에 감고 절반 정도의 길이로 여러분의 엉덩이에 붙이면서 시작하는데, 아직 "앉아"를 시도하지는 않는다. 개를 서 있게 하고 코앞에서 장난감을 살살 움직이다가 1m 정도 앞, 또는 개가 닿을 수 있을 만큼의 거리에 던진다. 개가 1초 정도 기다리면 "가져와"라고 말하면서 개와 함께 장난감 쪽으로 뛰어간다. 그리고 장난감을 무는 순간 클리커를 누르고 언어와 신체적으로 칭찬과 보상을 해준다. 물고 있는 상태에서 몇 초 뒤 개의 코에 트릿을 대어 냄새를 맡으면 여러분의 펼쳐진 손에 장난감을 떨어뜨리도록 한다. 떨어뜨리면 클리커를 누르고 같은 트릿으로 보상한다. 다시 정리하자면, 개가 "가져와"라는 말을 듣고 1m 거리에 안정적으로 달려가 장난감을 문 뒤, "놔"라는 지시를 들을 때 그것을 여러분에게 주는 것이다. 이 과정을 잘할 수 있다면 이제 거리를 좀 더 넓혀서 시도해

보는데, 장난감을 더 멀리 던지고 같은 방식으로 반복적으로 진행하면 된다.

다음 단계는 개가 달려가서 약 120cm 거리에 있는 장난감을 능숙하게 물어온다면 이제는 더 이상 거리를 늘리지 않는 대신에 장난감을 가지고 오는 것을 가르치는데, 초반에는 120cm 전방에 던지고 1초 정도 기다린 후 "가져와"라고 명령하고 같이 달려나간다. 그다음에는 여러분이 도착하기 전에 개가 장난감에 먼저 다가가 그것을 물고 여러분에게 가져오려고 하면 "가져와"라고 말하면서 용기를 북돋워주고 여러분은 그 장소에 그대로 기다리고 있다가 개가 장난감을 가져오면 "놔"라고 말하고 펼친 손에 장난감을 떨어뜨릴 수 있게 한다. 처음부터 끝까지 개가 혼자 달려가 자동으로 장난감을 가져오지는 않을 것이므로 처음에는 30~40cm의 가까운 거리에 장난감을 던져서 회수시키는 것부터 가르친 뒤 여러분의 손에 떨어뜨리게 만드는 기본 트레이닝을 반복하여 잘하도록 하는 것이 중요하다.

그런 다음에 기본적인 회수 기술을 능숙하게 하면 한 번에 30cm 정도씩의 거리를 더하여 늘려준다. 만약 필요하면 개를 6m 길이 또는 안전하게 손잡이가 달려있는 긴 줄에 묶어서 하는 것도 권장한다. 그리고 나서 이전에 한 것과 똑같이 진행하는데, 처음에는 개를 옆에 서 있게 하고

장난감을 던지고 나서 1초 동안 기다린 뒤 "가져와"라고 말하면서 리드줄에 개를 묶은 채 함께 뛰어가서 물게 하고 다시 원래 지점으로 달려온다. 그런 다음 여러분의 손바닥을 보여주고 장난감을 놓을 수 있도록 "놔"라고 말한다. 이러한 단계를 밟아가면서 하는 연습은 장거리 회수를 이해하는 데 도움을 줄 것이다. 현재 내가 권장할 수 있는 최대 거리는 60m 정도이며, 이 정도의 먼 거리에서 회수할 수 있으려면 수개월 또는 1년이 걸릴 수도 있다.

몇 가지 힌트를 준다면, 힘든 부분을 해냈을 때 잭팟 트릿을 주는데 한 번의 긴 트레이닝 시간에 하는 것보다 여러 번 짧게 하는 것이 훨씬 더 효과적이고 재미있어한다는 것을 기억하자. 개의 성숙도와 충동자제력이 성공에 높은 기여를 하는데, 여러분이 "가져와"라고 말할 때 장난감을 물고 올 수 있는 것과 "놔"라고 하면 그것을 떨어뜨리는 동작을 실행하는 것이 먼 거리에서 반응할 수 있는 것보다 더 중요하다는 것을 잊지 않도록 하자.

끝 동작부터 거꾸로 형태화하여 만들기

개에게 물기를 가르칠 때 '거꾸로 연결하기'라고 불리는 동작 트레이닝 기술을 사용할 것이다. 예를 들어 회수하기 동작이 목적이자 최종 동작이라고 한다면 그것을

> 처음에 동작을 세분화한 뒤, 단계를 밟으면서 진행한다면 복잡한 동작을 더 잘 배울 수 있을 것이다.

부분으로 나누어서 연습하다가 나중에 하나의 전체 동작으로 연결하여 완성시키는 것이다. 즉, 동작의 마지막 순서부터 가르치면서 거꾸로 연결하며 앞으로 나아가면 된다. 예를 들어 「징글벨」이라는 노래를 거꾸로 연결하기로 배운다면, 마지막 부분인 "기쁜 노래 부르면서 빨리 달리자"부터 배우고 난 다음에 그 앞의 소절을 또 배우고 소절의 끝부분과 그 바로 앞 소절을 연결하면서 점차 뒤에서 앞으로 연습하다가 첫 소절인 "흰눈 사이로 달리는 기분"을 마지막으로 익혀나가는 것이다. 그렇게 배우다 보면 그 노래를 한 번에 부를 때 "종소리 울려라 종소리 울려" 부분의 전 단계 가사들이 이미 매우 익숙해졌기 때문에 첫 소절부터 막히지 않고 훨씬 더 능숙하게 잘 부를 수 있게 된다. "종소리 울려라 종소리 울려" 부분에 오기 전까지 자신감과 익숙함으로 능숙하게 부르는 것과 마찬가지로 개가 복합 신호 또는 트릭들을 배울 때도 이와 유사하게 트레이닝하는 것이 좋다.

즉, 부분으로 쪼개어 거꾸로 연결방식으로 가르치듯이 이렇게 뒤에서부터 형태화해나가면서 가르치면 복잡한 동작들을

이해하는 데 도움을 줄 수 있다. 이런 방식의 이점으로 배울 수 있는 트릭 중 하나는 '장난감 정리하기'다. 이미 알고 있는 몇 개의 신호인 "가져와", "물어", 그리고 "놔" 등의 동작을 거꾸로 연결하여 가르치면 '장난감 정리하기'라는 하나의 동작이 완성된다.

자유 형태화

가끔 나의 개입이나 방향 설정이 없음에도 보상을 주고 싶을 정도로 개가 스스로 무언가를 완전히 해낼 때가 있다. 개의 자유 동작들에 보상을 주는 것을 '자유 형태화'라고 하는데, 이것은 문제 해결 능력을 향상시켜줄 뿐만 아니라 보상도 얻기 때문에 자발적인 동작을 만들도록 부추겨주고 에너지가 넘치는 성격으로 만들어준다.

아이들이 하는 놀이 중에 "뜨거워, 차가워?"라는 놀이가 있다. 이 놀이는 방에서 여러분의 친구가 하나의 사물을 생각하고 친구가 무슨 물건을 생각하는지 알기 위해 방안을 돌아다니다가 여러분이 물건에서 멀어지면 친구는 "차가워"라고 말하고, 반대로 가까워지면 "따뜻해"라고 말하는 게임이다. 자유 형태화도 비슷한 방식으로 하는 것인데, "차가워, 따뜻해, 뜨거워"라는 말들을 하는 대신에 "따뜻해"처럼 개가 여러분이 원하는 것에 가까운 동작을 하면 클리커를 누르고 보상을 해주는 것이다. 그리고 "뜨거워" 동작을 하면 클리커를 누르고 잭팟을 주지만, "차가워" 동작을 하면 클리커를 누르지 않는다. 개에게 전달하는 메시지나 신호, 또는 그 어떤 힌트도 없이 개가 스스로 자유롭게 추측하면서 해나가는 것을 '자유 형태화'라고 부른다. 이것은 개 스스로 시행착오를 거쳐 답을 찾아가는 과정이기도 하다.

개에게 새로 산 방석을 보여주며 "방석에 가서 엎드려"를 자유 형태화로 가르친다고 하자. 자유 형태화 대신 단순한 루어를 통해 방석 위에 올라가게 하거나 방석 위에 타깃을 놓고 개가 그것을 만지도록 방향 설정을 한 뒤 "엎드려" 또는 "자리잡아" 신호를 주면 되지 않냐고 생각할 수도 있다. 그러나 이 동작을 교육하기 위해서는 방석 위에서 엎드리기를 먼저 가르쳐야 하는데, 그것은 자유 형태화를 통해 진행한다. 여러분이 방석 옆에 서 있는 상태에서 클리커와 트릿을 가지고 있는 것을 개가 본다면 아마도 곧 재미있는 시간이 펼쳐질 것을 예측하므로 자발적으로 여러분 앞에 이미 앉아 있을 수도 있다. 그때 개에게 "옳지, 잘했어"라고 말하는데, 클리커를 누르지 않고 트릿도 주지 않는다. 개는 인내심을 가지고 기다리지만, 아직 아무 일도 일어나지 않는다. 여러분도 기다리고 개도 기다린다.

정지 상태가 아닌 무엇이라도 해야 한다는 것을 아직 개가 인식하지 못했다면 방석 위에 트릿을 던지면서 약간의 힌트를 줄 수도 있고, 만약 개가 방석 위에 발을 올린다면 바로 클릭하고 잭팟을 준다. 그리고 나서는 장난감을 가지고 놀게 하거나 아니면 세션을 마치고 산책 등을 하러 나간다든지, 게임을 지속할 수 있는 개의 열정과 집중도에 따라 결정하면 될 것이다. 참고로 자유 형태화 학습의 권장 시간은 5~15분인데, 개의 경험도와 호기심의 정도에 따라 다를 수 있으니 참조한다. 단, 주의할 것은 세션을 끝낼 때는 성공한 상태로 마쳐야 하며 행복한 기억을 가지도록 하는 것이 중요하다. 설사 그것이 방석 위에 발만 올려도 얻을 수 있는 쉬운 잭팟이라 할지라도 성공한 동작으로 연습을 마치는 것이 중요하다.

어떤 때는 개가 조금이라도 움직이면 클리커를 눌러 트릿을 줄 수도 있다. 그러면 개는 클릭을 또 얻기 위해 계속 움직일

것이다. 세 번째 움직임에는 클릭하지 않는 대신 개가 방석 가까이로 움직이거나 방석을 쳐다볼 때까지 기다린다. 개가 지루해하거나 고민에 빠졌다는 신호로 하품을 할지도 모르는데, 그때는 클릭을 해주면 된다. 이렇게 되면 개는 더 궁금해하게 되고 자기가 왜 클릭을 얻었는지 알 수 없어서 아무 행동이나 시도할 것이다. 이렇듯이 자발적으로 개가 동작하면서 만들어 나가는 것이 자유 형태화의 주요 목적이다. 그다음에는 개가 방석 쪽을 향해 머리를 돌릴 때 클릭과 함께 트릿도 얻는다. 반복하여 머리를 돌리자 클릭 소리가 또 나고 두 번째 트릿을 얻는다. 그리고 다시 또 하자 세 번째 클릭과 트릿을 얻게 된다. 그런데 네 번째 돌릴 때는 클릭이 없다. 다시 방석 쪽으로 머리를 돌리는데, 이번에는 여러분이 확실하게 볼 수 있도록 좀 더 강하게 머리를 돌린다. 그러면 클릭을 해주고 약간의 잭팟을 준다. 그리고 나서 개가 다시 강한 동작을 반복하면 이번에는 클릭과 한 개의 트릿만 주도록 한다. 개가 다시 적극적으로 움직여 클릭을 받고 나서 트릿 그리고 다시 또 그 과정을 반복하는 것이다. 자, 이번에는 개가 적극적으로 다시 움직여도 클릭을 하지 않는다. 그러면 개는 더 적극적으로 움직여서 클릭을 얻을 것이고 잭팟을 받게 될 것이다.

이제 개는 방석으로 향하는 움직임에

더욱 확신을 가지게 된다. 몇 분 동안 시행 착오를 겪으면서 개는 처음으로 방석을 만져 클릭과 잭팟을 얻게 되고, 그다음에는 더 확신을 가지고 방석을 만지며 또 잭팟을 받는다. 이번에는 방석 위에 서 있자 클릭과 잭팟이 나온다. 그러면 방석 위에 계속 서 있겠지만, 아무 일도 벌어지지 않는다. 그리하여 개는 방석 쪽으로 머리를 수그리기도 하고 몇 가지 다른 움직임들을 시도해볼 것이다. 머리를 수그리자 클릭과 트릿을 준다. 머리를 다시 수그리면 클릭과 트릿을 또 받는다. 이번에는 코로 방석을 문지르고 작은 잭팟을 받는다. 코 터치를 반복하면 클릭과 한 개의 트릿을 받는다. 이번에는 잭팟이 아닌 것에 주의한다. 그러고 나서 개가 좀 더 강하게 매트에 코를 대면 클릭을 해주고 몇 개의 트릿을 주도록 한다.

최종적으로 방석 위에 엎드리면 엄청난 잭팟을 주고 폭풍칭찬과 함께 격렬하게 쓰다듬어주면 된다. 그러고 나서는 개에게 방석 옆에 앉으라는 신호를 주고, 그렇게 하면 "옳지"라고 말하면서 바로 언어표시를 해주지만 아직 클릭하지 않고 기다린다. 개 역시 기다릴 것이다. 다시 방석 위로 올라가 엎드린다면 잭팟을 해주면서 많

은 칭찬과 함께 쓰다듬어준다. 방석 위에 엎드린 다음에는 다시 방석 옆에 앉게 하는 동작을 반복한다. 그러고 나서 이제는 동작에 이름을 붙이도록 하는데, 엎드리려고 할 때 "방석, 엎드려" 또는 여러분이 결정한 신호를 말해준다. 그다음 반복에서는 "엎드려"를 시작할 때 이 신호를 말하면서 패턴을 지속시켜야 한다. 이번에는 매번 조금씩 다른 장소에 앉아서 방석으로 가게 하고 살짝 방석의 위치를 바꾸는 등 다양한 변화를 주면서 여러분의 신호인 "방석, 엎드려"라는 동작을 만들고 일반화시킨다. 이런 단계들을 능숙하게 해내면 이제 "방석, 엎드려"라는 신호를 주고 방석에 가서 엎드린다면 잭팟을 주면 된다. 반복을 통해 신호와 동작을 계속 강화해나가고, 능숙해지면 이미 할 수 있는 다른 신호와 동작들과 같이하거나 방석을 다른 위치에 놓고 해본다.

자, 드디어 개가 스스로 행한 동작들을 자유 형태화하면서 새로운 신호로 연결했다. 그뿐만 아니라 클릭과 트릿을 가장 많이 받을 방법을 알아내게 했고 자발적 문제 해결에 대한 자신감도 가질 수 있도록 만든 것에 축하한다.

자유 형태화와 101상자

아이들이 상자를 가지고 노는 것을 관찰해본 적이 있다면 일부 아이들은 상자 안에 있는 장난감보다 상자 자체를 가지고 노는 것에 더 흥미를 보이는 경우가 있다. 개도 유사하게 단순한 골판지 상자를 탐색하고 노는 것을 더 즐거워할 수도 있다. 개를 좀 더 이해하는 한 가지 방식은 개가 무언가에 대해 배우는 것을 관찰하는 것인데, 이 경우에는 골판지 박스가 학습 도구로 온전히 개만의 것이 된다. 그뿐만 아니라 자유 동작들을 발굴하기 위해 자유 형태 연습을 해보기도 하고 상자 하나만으로 101가지 놀이를 할 수 있으므로 이것을 '101상자'라고도 부른다.

우선 이 놀이를 하기 위해 큰 상자의 덮개를 자르고 길이를 이전보다 절반으로 줄이도록 한다. 상자를 개 주변에 놓고 개가 그것을 보면 클릭을 누르고 트릿을 준다. 다시 또 상자를 보고 냄새를 맡거나 코를 대는 등 상자와 관련된 동

101상자를 가지고 할 수 있는 놀이는 무궁무진하다.

작을 하면 클릭 소리와 트릿을 준다. 매우 단순한데, 101상자를 가지고 자유 형태화할 때는 개가 자발적으로 하는 어떤 새로운 동작들에 클릭하여 아주 많이 칭찬하고 트릿을 주는 것이 좋다.

만약 개가 상자를 놀이와 관련시키지 못한다면 상자를 옮긴 뒤에 상자 속에 트릿을 던져서 자기의 동작을 형태화하고 있다는 의도를 알 수 있게 만들어주고, 그 트릿을 가져가려고 하거나 상자 방향으로 움직이면 클릭을 해주고 잭팟을 준 다음 교육을 마무리하면 된다.

101상자 놀이를 할 때는 항상 성공적으로 마무리하여 행복한 상자 놀이로 기억하게 하고, 마친 뒤에는 상자를 다른 곳으로 치우고 나서 장난감을 주고 놀게 하거나 산책하러 나간다.

이 놀이의 장점은 과정을 진행하는 동안 '상자'라는 도구를 가지고 개가 할 수 있는 온갖 동작을 자유자재로 다 보여주면서 클릭 소리와 트릿 보상을 얻게 된다는 것이다. 예를 들면 발 들기, 상자 밟아보기, 코를 대고 누르기, 냄새 맡기, 덮개 뒤집기, 씹거나 끌고 다니기, 안에 들어가기, 앞발을 위에 올리기 등인데 이런 동작을 하면 최대한 빨리 클리커를 누르고 트릿을 주면 된다.

일단 개가 이해하면 이제는 이미 보여준 동작들에 트릿 주는 것을 멈추도록

한다. 그 대신 새로운 동작들에만 클릭하고 트릿을 주는데, 먼저 상자를 시험해보게 한다. 만약 개가 이미 상자를 살짝 움직였다면 이번에는 더 움직일 때까지 기다렸다가 강하게 했을 때 클릭하고 트릿을 준다. 또는 개가 그전에 상자 안으로 발을 넣었다면 상자 바닥에 발을 놓을 때까지 기다렸다가 클릭과 보상을 하면 된다. 새로운 동작들을 단계별로 형태화할 때 언제 상향할지에 대해 기회를 엿보는 것이 중요하다. 상자 놀이의 장점 중의 하나는 여러분이 찾는 특정한 결과가 나오지는 않았지만, 간단하게 새로운 동작들을 찾을 수 있다는 것이다. 게임을 난이도 있게 변경하면서 오직 새로운 동작들을 위해 클리커를 하고 트릿을 주었기 때문이다. 또 개가 조금씩 조급해지지만, 여전히 새로운 시도를 하고 창의적으로도 해보고 문제를 풀 수 있도록 동기를 부여해주니 약간의 조급함은 오히려 장점이 되고 학습 단계의 일부분이 되기도 한다.

일부 개들은 상자에 접근하는 것을 무서워하거나 소심해지기도 하는데, 이런 상황에 맞닥뜨린다면 상황을 무리해서 이끌지 않도록 하고 상자 안에 트릿을 던지는 것만으로 충분하다는 것을 기억하자. 같은 방식으로 계속 트릿을 상자 안으로 던진다. 만약 개가 좋아하는 트릿들이라면 상자 속에 보상물이 있다는 것을 알 것이므로 트릿을 쳐다보면 클릭해주고, 트릿을 준 뒤 또 다른 트릿을 상자 안으로 던진다. 이번에는 트릿을 상자 가까이 던진다. 그리고 상자를 그대로 놔둔 채 개에게 루어를 하여 여러분 주변에 오게 하고 다리 사이로 루어를 하는 등 다른 트레이닝을 하는데, 상자 옆에서도 하다 보면 개는 어느덧 상자에 대한 두려움을 잊게 될 가능성이 크다. 교육의 후반부까지도 개가 상자 안에 쌓여 있는 잭팟 트릿을 얻지 못했다면 트릿들을 줍고 상자도 같이 치우도록 한다. 조바심을 내지 말고 다른 기회에 다시 시도하며, 단지 어떤 개들은 이런 이상하고 움직이는 상자에 익숙해지기까지 시간이 오래 걸린다고 생각하면 될 것이다.

자유로운 단계로 형태화된 모든 동작을 일지에 적는데, 교육일지를 계속 쓰는 것은 중요할 뿐만 아니라 그로 인해 개의 자연스러운 패턴들에 대해서도 통찰력을 가져다준다. 개가 상자를 탐색하기 시작했을 때 먼저 코를 사용했는지 아니면 앞발을 사용했는지 알 수 있게 되고, 그런 다음에 상자를 보여줬을 때 개가 똑같은 패턴으로 접근했는지 아니면 새로운 방법으로 접근했는지도 알 수 있다. 또는 열린 부분이 위로 가 있는 상태에서 상자를 내려놓으면 개가 어떻게 반응하는지도 알게 되고, 개가 상자에 호기심을 품는 것처럼 여러분도 개가 어떤 반응을 보일지 궁금해질 것이다. 개의 동작들에 그러한 통찰력을 가지면 개가 좋아할 만한 트릭들이나 장난감, 활동들을 찾아낼 수도 있다. 나아가 여러분은 개가 하는 특이한 동작들에 기반하여 101상자를 활용한 나만의 트릭들을 만드는 것도 좋아할지 모른다.

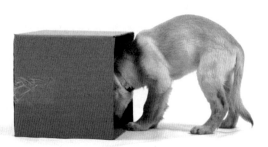

새로운 모든 동작을 할 때 칭찬과 트릿을 얻는다.

더 많은 트릭

이제는 여러분과 개 둘 다 클리커 기술과 타깃 터칭에 익숙해졌으므로 몇 가지 기본 트릭을 추가로 배워볼 것이다. 개가 트릭 트레이닝을 즐긴다는 것을 간파했을 수도 있는데, 내 경우에는 자발적인 단계로 만드는 형태화에서 개들이 자연스럽게 제공하는 것에 따라 보호자들이 스스로 트릭 개발을 하는 것이 매우 즐거웠다. 교육일지를 눈여겨보고 과정 동안 어떻게 발전하는지 유심히 살피다 보면 성공할 수 있는 트릭들에 대해 더 집중할 수 있다. 배울 때는 여러 개가 아닌 한 개의 트릭을 연습하고, 개의 관심을 유지시키며, 이미 알고 있는 놀이나 동작 또는 다른 연습으로 언제든지

변경할 수 있도록 한다. 일단 여러분과 개가 트릭 하나를 능숙하게 하면 목록에 있는 다른 것도 추가한다. 기초반 보호자들은 일주일에 한 가지 정도 트릭을 완성시킨다.

차렷 자세(간청하기)

차렷 자세가 개의 중심 근육과 등을 강화시키는 운동이 될 수 있다 하더라도 만약 척추와 고관절에 문제가 있거나 닥스훈트나 바셋하운드처럼 몸통이 긴 개들은 허리에 너무 많은 압박이 가해지므로 하지 말 것을 권장한다.

1 루어로 일으키기 이 트릭을 하기 위해서는 타깃 막대기가 효율적이기는 해도 트릿 루어를 사용할 것을 권장한다. 처음에 "앉아"를 시키고, 개의 머리 위 2~3cm 정도에서 루어를 잡으면서 차렷을 형태화한다. 개가 루어로 머리를 들게 되면 클릭하고 트릿을 먹을 수 있도록 해준다. 그다음은 2~3cm 조금 더 위로 루어를 잡는다.

2 균형감각을 키워준다 다음 반복에서는 머리에서 7cm 정도 위에서 루어를 잡는다. 여러분이 해야 할 것은 개가 트릿을 얻기 위해 목을 점점 더 길게 늘이도록 형태화하는 것이다. 하다 보면 개

는 루어를 먹기 위해 앞발을 들게 되는데, 앞발을 면밀히 관찰하다가 하나라도 들면 잭팟을 준다. 그리고 연달아서 세 번 앞발을 들면 루어를 조금 더 높이 올리기 시작한다. 그렇게 몇 센티미터씩 계속 올리다가 처음으로 두 앞발을 다 들면 풍부한 잭팟을 주면 된다.

3 앞발 올리기 이제 두 발을 다 지속적으로 들 수 있게 할 것이다. 두 발을 들면 여러분의 앞팔을 개의 발밑에 올려서 균형을 잡을 수 있게 하고, 앞발을 놓을 수 있게 해준다. 클리커 소리와 보상을 받을 새로운 기본 라인을 만드는 것이다. 그러다가 나중에는 트릿 없이 빈손으로 루어를 한다. 개가 두 앞발을 들어 올려 여러분의 한쪽 팔 위에 얹을 때 잭팟 보상을 꼭 해줘야 하므로 다른 손으로는 클리커를 누르면서 트릿을 준다. 개가 이해하고 익숙하게 할 때까지 빈손으로 루어링을 지속시킨다.

다음 단계는 이 트릭에 새로운 신호를 만든다. 가장 일반적인 언어신호는 "주세요", "기도", "예쁘게 앉아" 등이다. 또는 여러분 팔에 개의 앞발을 올리게 하고 팔 아래에서 루어를 하여 개의 머리를 아래쪽으로 향하게 한 다음 개의 코와 눈을 여러분의 팔 아래에 수그리도록 하면서 "대피 자세"라고 조금 위트 있게 붙여줄 수도 있다. 처음에 언어신호를 더할 때는 수신호를 동시에 사용하면서 말하도록 하고, 몇 번 더 반복한 후에는 속도를 내어 원활하게 진행하도록 한다. 첫 번째와 두 번째 반복에 언어신호와 수신호를 둘 다 사용하고, 세 번째 반복에는 언어신호만 사용하도록 한다. 만약 개가 언어신호만으로도 "차렷"을 할 수 있다면 그때야말로 잭팟을 줘야 한다. 그러고 나서 "옳지, 잘하네"라고 표시해주고 성공시킬 때마다 칭찬과 보상을 잊지 않는다. 개가 시각적 신호나 언어신호에만 맞춰서 트릭을 능숙하게 할 때까지 언어와 시각을 함께 사용하거나 또는 언어신호만 사용하거나 두 가지 방법을 번갈아 가면서 하도록 한다. 최종 단계는 슬롯머신 기술을 사용하여 트릿을 사라지게 하는 것이므로 개가 익숙하게 해낼 때까지 빈손 루어링을 계속 사용할 것을 권장한다.

여러분의 도움 없이 균형을 잡는 것을 가르치기 위해서는 처음에 아주 잠깐 동안 여러분의 팔을 치우고 개에게 표시하여 칭찬과 보상을 해주고, 혼자서 "차렷"을 하는 시간을 증가시킬 때마다 클릭과 칭찬과 보상을 해주면 된다.

쿠키 코

이 트릭은 코에 트릿을 올려놓고 균형을 잡다가 신호에 맞춰 트릿을 코 옆으로 민 다음 땅에 떨어지기 전에 낚아채서 먹는 것이다. 어떤 개는 트릿을 공중으로 날린 뒤에 그것이 내려올 때 낚아채서 먹기도 한다. 이 트릭은 충동자제를 가르쳐주는데, 핸들러는 주의사항을 잘 지키는 것이 중요하다. 개가 아직 음식에 대한 소유욕이 남아 있다면 위험 요소가 될 수 있으니 조심하도록 하자. 또한 퍼그나 불독처럼 주둥이가 뭉툭한 단두종이라면 코 위에 트릿을 놓고 균형을 잡는 것이 매우 어려울 수 있으므로 이 트릭은 하지 않는 것이 좋다.

완성된 차렷 자세는
이런 모습이다.

1 균형을 잡는다 개에게 "앉아-기다려" 신호를 주고 시작한다. 기본 교육 프로그램에서 "쿠키다. 앉아-기다려"를 가르쳤을 때와 마찬가지로 트릿을 코에 댄다. 처음에는 손으로 개의 머리를 잡고 움직이지 않게 하는 것도 한 가지 방법이다. 개가 움찔하며 놀라지 않는다면 클릭을 해주고 트릿을 개에게로 향하면서 입에 트릿을 넣어주면서 "가져가"라고 말한다. 중요한 것은 개에게 트릿을 먹기 위해 움직이는 것이 아니라 움직이지 않고 가만히 있는 것에 보상이 있다는 것을 알려주는 것이다.

만약 "가져가"라고 말하기 전에 개가 트릿을 먹으려고 한다면 "놔"라고 말해야 한다. 그리고 개가 "놔" 신호에 반응하면 기다렸다가 잠시 후에 "가져가"라고 말해줌과 동시에, 트릿을 개 쪽으로 가지고 가면서 손에 있는 트릿을 가져가도록 허락한다. 혹시라도 개가 "놔" 신호에 즉시 반응하지 않는다면 트릿을 치우고 개가 성공할 수 있는 다른 동작의 신호를 주고 연습한 뒤 다시 시도한다.

여러분이 개의 코 위에 놓인 트릿을 잡고 있는 동안 개가 가만히 앉아 있는 것이 가능하다면 이번에는 트릿을 좀 더 길게 잡고 있은 뒤에 "가져가"라고 말한다. 그렇게 조금씩 "가져가"라고 말하기 전에 시간을 점점 늘리는 것이다. 여러분이 개의 코 위에 놓인 트릿을 10초 동안 잡고 있어도 가만히 앉아 있다면 다음 단계로 넘어갈 수 있다.

2 뒤집는다 개의 코 위에 트릿을 균형 있게 놓는다. 트릿을 올린 뒤에 "가져가"라고 말할 준비가 될 때까지 손은 그대로 놔둔다. 그리고 "가져가"라고 말하고 나서 트릿을 먹게 해준다. 개는 트릿을 살짝 옆으로 밀기 위해 코끝을 움직일지도 모른다. 어떤 지도사들은 개의 주둥이 아래에 손을 놓고 뒤집도록 하기도 한다. 다음 반복에서는 손을 천천히 개의 코에서 2cm 정도 움직인다.

그러고 나서 "가져가"라고 말하고 그다음에는 2cm, 또 그다음에는 5cm 이런 식으로 점점 멀어지도록 한다.

3 **잡는다** 혹시 개가 잡지 못했다 하더라도 바닥에 떨어진 트릿은 먹을 수 없다. 왜냐하면 개가 바닥에 떨어진 트릿을 먹게 되면 개의 시선이 바닥으로 옮겨지면서 여러분이 주는 신호가 무의미해질 수 있기 때문이다. 나중에 알게 되겠지만, 이 트릭은 개에게 충동을 자제할 수 있도록 도와줄 뿐만 아니라 보는 사람도 즐겁게 해주는 트릭이기도 하다.

뒤로 걷기

'뒤로 걷기'는 매우 유용한 동작이기도 하다. 개가 식탁 주변에 너무 가까이 앉아 있을 때 또는 좁은 주차 구역에서 차 문을 열고 뒷좌석에 타야 하는 경우 등에 활용할 수 있기 때문이다. 그뿐만 아니라 '옆에 서기' 트레이닝을 할 때도 뒷걸음질은 유용한데, 개가 혹시 여러분보다 앞질러 나아갈 때 "뒷걸음"이라고 말하면 여러분이 계속 걸어가는 동안 개가 한 발자국 뒤로 걸으면서 옆에 설 수 있기 때문이다.

처음에 시작할 때는 개가 여러분을 보면서 정면에 서 있게 하고 개를 향해 한 발자국 앞으로 걸어간다. 그때 개가 뒷걸음질하면 클릭을 해주고 트릿을 준다. 또 한 발자국 더 앞으로 갔을 때 개가 뒤로 가면 클릭과 트릿을 또 준다. 그렇게 한 번에 한 걸음씩 계속 뒤로 가게 하여 매번 클릭과 트릿을 주는데, 벽 또는 장애물에 거의 가까이 가게 되면 루어를 해서 그다음 반복을 위해 앞으로 오게 한 뒤에 다시 한 발자국씩 뒤로 가기를 연습한다. 개가 능숙하게 자신감을 가지고 해낼 수 있을 때까지 계속하다가 "뒷걸음"이라는 말과 동시에 수신호를 같이하도록 한다. 손바닥을 아래로 향하게 하고 부드럽게 개를 향해 손목을 꺾어준다. 처음에는 한 걸음으로 "뒷걸음" 그리고 클릭과 트릿, 그다음에는 두 걸음으로 "뒷걸음" 그리고 클릭-트릿을 수신호와 언어신호를 함께 사용하여 시도해본다. 능숙하게 해내면 그다음에는 세 걸음, 네 걸음 등으로 늘려나가도록 한다. 또 다른 곳에서 이 동작을 일반화할 수 있도록 하고, 집 주변의 공간이나 복도 같은 곳에서도 "뒷걸음"을 연습해본다.

'통로' 기술 사용하기 혹시라도 개가 뒤로 잘 가지 않으면 복도에서 하거나 벽 또는 울타리 옆에서 해본다. 벽 옆에 평행하게 의자들을 일렬로 놓아 좁은 통로를 만든다. 소형견이면 의자 사이로 빠져나갈 수 있으므로 개가 돌아 나갈 수 없도록 통로를 아주 좁게 만들어야 한다. 처음에는 통로로 한 걸음 들어가 서서 개에게 여러분 앞으로 오도록 신호를 준다. 그리고 "옳지"라고 칭찬은 해주지만 따로 클릭이나 보상은 주지 않는다. 그리고 나서 개가 통로 안에서 한 걸음 뒤로 물러날 수 있도록 개를 향해서 걸어가는데, 뒤로 물러나면서 통로 바깥으로 나가게 되면 클릭을 해주고 트릿을 주면 된다. 처음부터 개를 뒷걸음질로 통로에 들어가게 하지 않고 앞걸음으로 통로 안에 들어온 뒤 뒷걸음질로 나가게 하는 이유는 갇힌 공간에서 나가려고 하는 개의 자연적인 습성을 이용하기 위해서다. 즉, 막힌 통로 안에 뒷걸음질로 다시 들어가야 하는 자연적 거부감을 거슬러 억지로 들어가게 하는 게 아니라는 것이다.

이런 식으로 몇 번 반복하고 나면 개가 한 걸음 뒤로 가는 것이 익숙해질 것이다.

통로로 들어가는 개의 첫걸음이 능숙해질 때 "뒷걸음"이라는 언어신호를 추가함과 동시에 수신호를 해주도록 한다. 수신호는 손바닥이 아래쪽을 보도록 하고 손목을 부드럽게 개 쪽으로 꺾는다. 수신호와 언어신호를 같이 사용해서 통로 바깥으로 개가 한 걸음 뒤로 가면서 나오게 하는 것이다. 이 기술이 능숙해지면 이번에는 통로 안으로 두 걸음 걸어 들어와서 능숙하게 뒤로 갈 때까지 지속하도록 한다. 이러한 초기 단계는 어떤 개들에게는 매우 쉬운 작업일 수 있는데, 중요한 것은 어찌 됐든 여러분이 개와 직접 해보는 것이다. 왜냐하면 이 작업은 신뢰를 쌓는 일이기 때문이다. 여러분이 뒤로 가기를 시켰을 때 개의 입장에서는 뒤를 보지는 못해도 위험한 상황에 놓아두지 않을 것이므로 안전하다는 것을 배우게 된다.

이와 같이 통로 안에서 뒷걸음질하는 것은 뒤로 가기를 조금 더 단순하게 만들기도 하고 대부분의 개들은 보상을 받을 수도 있다. 혹시라도 여전히 여러분과 개 모두에게 너무 어렵다면 그때는 개가 이미 알고 있는 신호의 동작들을 하고 하루쯤 뒤에 "뒷걸음"을 다시 해보도록 하는데, 이러한 초기 단계들을 트레이닝할 때는 개의 신뢰를 얻는 것이 가장 중요하다는 것도 기억하자.

처음 두 번 정도 할 때 개가 자신감을 얻은 듯하고 능숙하게 해 보이면 다음 단계로 이동하는데, 통로 안으로 세 걸음 들어가서 선 다음에 개가 여러분 앞으로 오도록 신호를 주고, 여러분에게 왔을 때 언어로 "옳지"라는 표시를 해준 다음 즉시 개 쪽으로 걸어가 수신호와 언어신호를 사용해서 바깥으로 나가게 해준다. 아마도 개가 뒤를 돌아보거나 주변을 둘러보지 않고 통로에서 뒤로 가는 것에 편해지기 위해서는 여러 번의 과정을 거쳐야 할 것이다. 천천히 단계를 밟아가도록 하고, 개가 혹시라도 주저한다면 그때는 개가 이미 알고 성공할 수 있는 동작, 예를 들면 '강아지 푸시업'을 그 자리에서 몇 번 하면서 분위기를 바꿔보도록 한다. 그리고 루어를 해서 개를 여러분 쪽으로 오게 한 뒤 뒷걸음 연습을 다시 하고 둘 다 통로에서 나오면 또 다른 반복을 위해 다시 통로로 들어간다.

집 주변의 다양한 장소에서 통로를 만들어보고 '뒤로 걷기'를 일반화하도록 한다. 통로의 도움 없이 '뒷걸음'을 잘하게 되면 한 번에 하나의 통로를 끝까지 뒷걸음으로 가게 하고 변화된 환경에 익숙해질 수 있도록 만들어준다. 다양한 복도나 공간에서 뒤로 가기를 해보면 나중에는 통로가 없어도 어디에서나 '뒤로 가기' 동작이

가능해질 것이다.

개가 '뒤로 걷기'를 능숙하게 하면 함께 댄스 스텝을 밟으면서 재미있게 하는데, 앞뒤 또는 뒤앞으로 움직이면서 함께 춤을 춘다. 댄스 방향의 안무를 짜보는데, 여러분이 등을 돌리고 가면 개가 여러분을 따라오고 여러분이 다시 돌아 개에게 갈 때는 개가 뒤로 가기 등을 해보면서 춤동작을 만들어보도록 한다. 개와 함께 춤추기에 관심이 있다면 이 책의 후반부에 나오는 도그 댄스를 참조하도록 한다.

인사하기

개가 놀고 싶어 할 때 다른 개에게 절하듯 인사하는 것을 봤을 것이다. 이것을 연습시켜서 동작을 만들고, 퍼포먼스 끝에 신호를 줘서 마무리 트릭으로 재미있게 만들 수도 있다. 자, 그럼 어떻게 동작을 완성시킬 수 있을까? 신호에 맞춰 하는 '인사하기'를 형태화하기 위해 '서 있기'부터 시작할 것이다. 그리고 루어를 해서 아래쪽으로 내려가게 하는데, 트릿을 개의 가슴에서 바닥으로 내리고, 개가 앞다리를 구부리기 시작할 때 클릭을 한다. 이전에 배운 완전히 엎드리기와 구분 지을 수 있도록 발만 구부리기 시작할 때 클릭을 한다.

개가 완전한 엎드리기와 앞다리 구부리기를 구별하게 되면 그때 엉덩이는 공중

에 떠 있는 채로 더 멀리 구부리도록 형태화시킨다. 이럴 때 개의 엉덩이가 바닥에서 떨어질 수 있도록 개의 뒷다리 앞의 배 아래에 당신의 팔을 대는 것도 괜찮다. 또는 개가 앞다리를 구부리는 동안 뒷다리들은 올라가도록 배 아래에 리드줄을 놓는 것도 한 가지 방법이다. 개가 처음으로 앞다리만으로 바닥에 엎드리면 잭팟을 준다. 혹시라도 리드줄을 사용하는 것이 개에게 혼란을 줄 수 있으므로 여러분은 교육하는 개를 아주 잘 알아야 하고 개도 자기 배 아래에 줄이 있는 것을 불편해하지 않아야 한다. 일반적으로 소품이나 팔을 대주기 전에 개에게 수신호로 알려주는 것이 가장 좋다고 생각하는데, 여러분이 할 수 있는 확실한 수신호 중 하나는 팔을 휘는 모양으로 바닥을 향하여 미끄러뜨린 뒤에 다시 개를 향해 팔을 휘는 모양으로 살짝 올리는 것이다. 개가 이러한 활모양의 팔 신호에 능숙하게 인사 동작을 하게 되면 그때 배 아래에 놓는 팔과 리드줄의 보조를 완전히 없애도록 한다.

개가 보조 없이 반복적으로 인사를 능숙하게 성공한 뒤에는 "인사"라고 언어신호를 붙이면 된다. 그런 식으로 다섯 번 성공하게 되면 이번에는 수신호를 빼고 언어신호로만 동작을 할 때다. 어떻게 하는가 하면 처음에는 리드미컬하게 시도하는데, 수신호를 한 즉시 언어신호를 말하고 다음 반복에서도 똑같이 한다. 세 번째는 수신호와 언어신호를 동시에 하고 인사할 때 클릭한다. 이 시점에서는 언어신호에서 수신호를 하거나 언어신호만 또는 수신호만 하거나 번갈아서 해보도록 한다.

또 하나 팁을 주자면, 더 깊숙이 인사하기 위해서는 개가 등을 굽히기 전에 여러분의 손을 개의 가슴 가까이 밀어 넣는 것이다. 그리고 나서 손을 위로 젖혀 올리면 개가 여러분의 신호를 따라가기 위해 나머지 몸은 인사하기 위치에 있고 머리만 루어를 따라가 위로 올리게 될 것이다.

'인사하기'는 놀이를 위한 초대장이다.

"나를 돌아(Circle Me)"

"나를 돌아"는 재미있는 트릭을 하면서 동시에 개가 내 옆에서 잘 걷도록 만들기 위한 것이기도 하다. 개가 옆에 서 있으면 일반적인 동작을 제재할 때도 매우 유용하다. 또한 여러분의 양쪽 손에서 나오는 신호들에 집중하도록 가르치는 트릭이기도 하다.

1 **루어를 시작한다** 루어를 가지고 "나를 돌아"를 가르치자. 먼저 개를 여러분 앞에 앉게 하고 산만하지 않은 조용한 환경이라면 리드줄을 바닥에 놓고 할 수 있다. 또는 리드줄을 여러분의 벨트 고리에 묶고 할 수도 있지만, 단 리드줄을 잡아당기지 않고 돌 수 있도록 충분한 공간이 확보되어야 한다. 개가 이전에 다룬 '루어를 따라가세요'를 이미 습득했다면 아주 쉽게 여러분의 오른편을 돌아 루어하는 것이 가능할 것이다.

2 **여러분의 엉덩이 주변에서** 개가 여러분의 오른쪽 엉덩이를 돌 때 클릭하고 트릿을 주는데, 이때가 첫 번째 잭팟을 줄 때다. 그런 다음에 여러분 뒤로 한 번에 가기 위해 형태화하고 성공하면 두 번째 잭팟을 준다.

3 **루어를 이동한다** 개가 여러분 뒤에 있을 때 오른손에 있는 트릿을 왼손으로 넘기고 여러분의 왼쪽 엉덩이를 돌도록 루어를 하고 세 번째 잭팟을 주도록 한다.

a b

4 **앉을 수 있게 루어를 시킨다** 마지막으로 여러분의 왼편에 앉도록 루어를 시키는데, 그때가 네 번째 잭팟을 줄 때다. 이렇게 개가 여러분을 돌아 왼쪽 옆에 능숙하게 완전히 앉을 수 있을 때까지 연습하도록 한다.

"나를 돌아"를 더 잘하게 하기 위해서는 여러분의 왼손에 몇 개의 트릿을 쥐고 아무것도 없는 오른손으로는 루어를 한다. 개가 여러분 뒤로 돌면 여러분의 왼편에 앉게 하기 위해 등 뒤에 있는 왼손으로 루어를 하고 나서 앉으면 잭팟을 주는 것이다. 그다음 반복에는 왼손을 점점 덜 움직여 더 가까이 여러분의 왼쪽 엉덩이에 있게 한다. 그렇게 하면 결국 아무것도 없는 오른손으로 여러분 주변을 다 돌게 할 수 있고 왼쪽 엉덩이에는 루어를 쥐고 있는 손을 놓고 있는 것이 가능해진다. 개가 능숙하게 여러분 주변을 돌 때 "나를 돌아"라고 언어신호를 붙여준다. 개에게 언어

신호를 가르쳤다 하더라도 수신호를 계속해서 사용할 것을 권장한다.

장난감 정리

이 장에 나와 있는 '회수하기' 기술을 숙련시킨 후에 '정리하기'를 가르칠 수 있다. 이 복합 트릭은 "물어. 그리고 가져와" 신호를 사용해서 하는 회수하기 기술이다. 역시 이전에 나왔던 '거꾸로 연결하기' 기술을 사용해서 장난감 정리 작업을 좋아하도록 교육시킨다.

1 **"가져가" 그리고 "놔"** 먼저 개가 상자에서 장난감을 물면 즉시 클릭하고 트릿을 준다. 그러면 개가 자연스럽게 장난감을 놓게 되는데, 이것은 이 트릭의 한 부분으로 가르치는 것이기 때문에 괜찮다. 그러고 나서 이번에는 "놔"라고 말하면서 상자에 장난감을 떨어뜨리게 한 다음 클릭하고 트릿을 보상해준다. 그다음 반복에서는 클릭하거나 트릿을 주기 전에 몇 초 동안 장난감을 물게 하고 상자에 다시 놓게 한다.

다음 단계는 장난감이 있는 상자를 개에게서 한 걸음 옮기고 나서 개에게 장난감을 가리키면서 "가져가"라고 신호를 주고 그것을 물게 했다가 다시 상자에 놓게 한다. 각

갈 때까지 클릭하고 기다리며, 또 한 걸음 더 가까이 가면 또 클릭하는 식으로 잭팟을 얻을 수 있는 동작을 성공시킬 때까지 한다. 그리고 그다음 과정에서는 장난감을 물게 만들어 잭팟을 얻을 수 있도록 한다.

각의 단계마다 클릭과 보상을 해주어야 한다는 것을 잊지 말자.

위의 과정들이 익숙해지면 전체 트릭의 뒷부분부터 연결하면서 강화해나가도록 한다. 예를 들면, 장난감을 먼저 물게 하고 상자에 놓는 동작인데 이 부분은 인내심을 요구하는 과정이 될 수도 있다. 여유 있는 태도를 갖추고 개가 이해하지 못하면 세분화 단계를 거쳐 계속 동기 부여를 해주는 것이 중요하다.

혹시라도 개가 처음에 장난감을 그냥 쳐다보기만 한다면 "가져가"에 대한 동작을 더욱 세분화시켜 개가 이해할 수 있도록 한다. 예를 들면 장난감을 쳐다보기만 해도 클릭과 트릿을 주고, 개가 더 가까이

2 **회수하기를 연습한다** "잡아"/회수하기 기술을 이용하는데, 개가 여러분에게 장난감을 가져오게 가르치는 것이다. 그리고 성공하면 잭팟 기회를 준다. 여러분 앞에 빈 장난감 상자를 놓고 앉는다. 그리고 여러분의 손을 상자 위로 가져가면서 개에게 "놔"라고 말하면 개가 장난감을 놓는데, 그때 잭팟을 또 준다.

혹시 상자에 장난감을 떨어뜨리는 것이 어렵다면 이 과정을 세분화하여 가르치고 나서 이전에 한 것처럼 거꾸로 형태화하여 가르치도록 한다.

3 **장난감과 거리를 늘려준다** 개가 장난감을 물어서 상자에 내려놓는 것이 숙련되면 두 번째 장난감을 더하고, 세 번째 장난감도 물어서 상자에 내려놓는 연습을 한다. 그리고 개가 얼마나 많은 물건을 상자에 넣는지를 본다. 내 경험에 비추어보면 3개의 장난감을 넣을 수 있다면 4개나 5개도 쉽게 넣을 수 있을 것이다. 이 트릭을 가르칠 때는 장난감과 상자를 매회 반복할 때마다 다른 곳에 놓고 동작을 강화시키는 것이 필요하다.

장난감 정리를 더 잘하기 위해서는 상자를 톡톡 치는 등의 시각적 신호를 더해주고 언어신호도 해주어야 한다. 나는 상자 가까이에 있는 동안 장난감을 가리키면서 "정리"라고 말한다. 마지막으로 상자를 점점 더 멀리 이동시키고 해본다. 성공률에 따라 상자의 거리를 정해서 해보는데, 비교적 잘 배우는 것 같으면 상자에서 조금 멀리 떨어져서 시도해보자. 단순하면서 짧게 그리고 재미있게 하는 것이 중요하다.

처음부터 되돌아보기

내가 보호자들과 즐겨 하는 것 중의 하나는 트릭 과정을 마칠 때쯤 그들이 반려견을 처음 집에 데리고 왔을 때의 기억을 짤막하게 이야기해보는 것이다. 여러분은 개를 처음 봤을 때 어땠는지 기억할 수 있는가? 어떤 마음이 들었는지, 또는 아직도 목표 항목들을 가지고 있고 발전해왔는지 등

을 물어보고 싶다.

이렇게 기본 과정들은 완료했고, 이제 앞으로는 새로운 기술과 트릭들로 개의 도전을 가속화할 수 있을 것이다. 그리고 반려견과 여러분을 위해 처음에 세운 목표들을 다시 점검해보는 것도 좋은 생각이다. 또 미래에는 무엇을 희망하는가? 원하는

기술이나 트릭들이 더 있는가? 보호자의 관찰하에 개에게 숙련시키는 기술들은 가정 내에서뿐만 아니라 광범위하고 다양한 실생활의 경험을 그들에게 가져다줄 것이다. 자신감 있고 에너지가 넘치는 반려견을 공공장소에 데리고 다닐 수 있다는 것은 정말로 뿌듯한 일이다.

앞으로도 개들과 함께 새로운 기술과 트릭들, 그리고 사회화 기회를 계속 연마할 것을 당부한다.

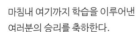
마침내 여기까지 학습을 이루어낸 여러분의 승리를 축하한다.

11장

행동 문제들

교육에 쏟은 열정과 시간에도 불구하고, 심지어 최고의 태도를 갖춘 개라 할지라도 가끔 나쁜 습관들이 발생하게 되는데, 예를 들면 닥치는 대로 물어뜯거나 마룻바닥을 파는 행동을 하거나 공격성을 드러내는 등의 모습을 보일 수도 있다. 어떠한 경우든 반려견의 행동 문제로 패닉 상태에 빠진다거나 포기하는 일이 있어서는 안 될 것이다. 본질적으로 대부분의 문제는 개의 잘못이 아니라 인간의 실수로 인한 결과이기 때문이다. 심지어 우리의 의도가 나쁘지 않다 하더라도 나도 모르게 개들이 잘못 행동하게 만드는 원인을 제공하는 실수를 할 수 있다. 예를 들면 많은 개들이 집 안에서 배변 또는 파괴적인 행동 문제 때문에 보호소 또는 구조단체에 버려지는 경우가 있는데, 이런 행동들은 충분히 예방이 가능하고 문제의 원인은 올바른 구역 설정에 실패한 우리의 실수이거나 개의 자연스러운 욕구에 대한 관심 부족으로 생긴 결과들이다. 개의 실수를 참지 못하여 지하실이나 화장실 또는 폐쇄된 공간에 가두어 놓는다거나, 교육을 멈춘다든지 방치해서 문제를 더 악화시키는 경우도 많다.

개는 보호자로부터 더 많은 관심을 얻기 위해 무엇이든 할 것이고, 심지어 그것이 나쁜 행동이어도 개의치 않고 기꺼이

할 것이다. 개들은 사회적 동물이고, 무리와 같이 활동하기를 원하며, 무시당하는 것보다는 차라리 혼이 나더라도 관심을 더 받기를 원한다. 부정적이거나 벌을 받거나 상관없이 관심을 못 받는 것보다 차라리 혼나는 게 낫다고 생각하니 개가 얼마나 충직한 동물인지 새삼스럽게 느껴질 뿐이고, 개의 성향이 그렇다 보니 이런 행동 문제나 파괴적인 문제들이 더 야기되는 것이다. 다시 말하면, 야단을 치는데 그것이 오히려 더 야단맞을 짓을 하도록 부추기는 결과를 낳게 된다. 의도치 않게 개의 나쁜 행동을 강화시키게 되고 더 하도록 충동받게 되면서 이러한 파괴적인 순환들이 더욱 야기된다. 문제는 이런 결과들을 우리 스스로 해결할 수 없게 되고, 안타깝게도 결국은 개를 포기하고 더 이상 노력하는 것까지 그만두게 만들어버린다. 혹시라도 그러한 순간이 있었다면 단연코 부끄러워할 이유가 없다고 말해주고 싶다. 실수는 언제나 할 수 있는 것이고 더 중요한 건 그것을 통해 무엇을 배웠느냐가 핵심이기 때문이다.

다시 말하자면 개가 관심을 받고자 할 때는 무엇이든 하는데, 여러분이 알아야 할 첫 번째는 개는 자기가 잘못하고 있다는 것을 모른다는 것과 오직 아는 것은 그렇게 해야 한다고 생각한다는 것뿐이라는 것이다. 그야말로 개들은 그와 같이 단순하다. 다음 장에서는 특정 행동들을 멈추게 하거나 예방하기 위한 도구 사용법에 대해 다루는데, 우리가 개들하고 있을 때 일반적으로 저지르는 몇 가지 실수에 대해 먼저 요약해보겠지만 사실 이러한 것들은 모두 피할 수 있고 예방이 가능한 것들이다.

우리가 하는 가장 일반적인 실수 중의 하나는 위반 행동을 한 개에게 벌을 주는 것인데, 시간이 지난 후에 하기 때문에 오히려 문제를 더 어렵게 만든다. 예를 들면 집에 오니 개가 소파 쿠션을 다 찢어놓고 찢어진 쿠션 속에 얼굴을 파묻고 천연덕스럽게 자고 있다. 여러분은 매우 화가 나 있을 것이고 나 역시 충분히 이해되는 상황인데, 그렇지만 개는 자기가 한 행동은 모르고 여러분이 흥분한 것을 보고 매우 즐거워할 것이라는 거다. 개의 코에 증거물을 들이대면서 소리를 지르고 야단을 쳐보지만, 그렇다고 개가 그것을 연결하여 다음에는 소파 쿠션을 뜯으면 안 되겠다고 기억할 가능성은 없을 것이다. 오히려 반대로 개는 여러분이 집에 왔을 때 자기가 얌전히 엎드려 있으면 야단을 맞을 것이라고 생각하게 될 확률이 훨씬 높다. 그러므로 이런 방식의 훈육은 개를 혼란에 빠지게 하고 그들과의 유대감도 망칠 수 있다.

원치 않는 행동을 멈추게 하는 최고의 방법은 행동할 때를 포착해서 원치 않는 행동을 원하는 행동으로 전환시키는 것이다.

개들은 일관성 있는 것을 좋아하는데, 만약 갑자기 규칙을 바꾼다면 어떻게 행동해야 할지 어리둥절할 수 있다. 예를 들면 처음에 강아지를 데려왔을 때 작고 귀여운 네 다리로 우리에게 막 뛰어 올라와도 개의치 않아했으며 교감을 나누려고 했고, 어찌 보면 그런 상황을 즐거워했던 부분도 있었을 것이다. 그러나 개가 점점 자라면서 나에게 올라타는 것이 더 이상 기분 좋은 일이 아니게 되니 규칙을 재정비하게 된다. 점핑도 안 되고, 때에 따라서는 앞발 올리기도 안 되고, 귀여운 "주세요"도 제한적이 되어버린다. 이렇게 규칙을 맘대로 바꿔버린다면 개들은 여태까지는 괜찮았는데 왜 벌을 주고 야단을 맞는지 알 수가 없다. 또한 과거와 달리 지금은 여건이 바뀌었으니 새로운 규칙을 따르라고 하는 것 역시 그들에게는 매우 불공평한 일이다. 그들의 관점에서 봤을 때 여러분의 행동은 독단적이고 심술궂고 일관적이지 않고. 개의 문제가 아니라 여러분의 체계가 확립되지 않아서 생긴 일이니 말이다.

이렇게 무의식적으로 우리가 말하는 것은 중요하지 않다고 가르치는 결과를 낳다 보니 개들의 나쁜 행동을 강화하고 원인을 제공하게 된다. 5장에서 논의했듯이 행동학자들은 이를 '비연관적 학습'이라고도 부른다. 일관성 있게 오직 딱 한 번, 그리고 같은 어조로 언어신호를 주는 것을 기억하자. 이것은 수신호에도 똑같이 해당하는데, 오직 한 번 그리고 지난번에 한 것과 똑같으면서 정확한 제스처를 사용해야 한다는 것이다.

비연관적 학습은 너무 많은 칭찬을 해줄 때도 발생할 수 있다. 마치 너무 많은 사탕을 먹는 것처럼 말이다. 처음 먹는 사탕은 맛있어서 음미하게 되지만, 열 번째 먹는 사탕은 어떤가. 그야말로 너무 과하다. 개에게도 칭찬 요법은 똑같이 적용되는데, 개가 하는 행동의 사소한 부분까지 일일이 칭찬하고 계속 보상해주면 칭찬의 가치가 하락해버린다. 시간이 흐르면서 긍정강화를 시도하는 좋은 의미가 역효과를 낳게 되고, 결국 개는 신호에 따라야 하는 특별한 의미를 상실해버리는데, 그것은 자기가 하는 모든 것에 보상을 받기 때문이다. 처벌도 마찬가지로 적용할 수 있다. 너무 자주 그리고 혹독하게 개를 야단치고 경고를 준다면 개는 그것을 무시하는 방법을 알게 되고, 더 나쁘게는 무기력해지고 좌절하다 보니 결국 포기해버릴 수도 있다.

개의 행동들이 왜 갑자기 변할까?

보호자들이 가끔 걱정에 찬 목소리로 전화해서는 항상 순종하고 문제가 없던 개가 갑자기 나쁜 습관을 만들기 시작했는데 어떻게 하냐고 물어본다. 이 질문에 간단하거나 확실한 답은 결코 있을 수 없지만, 그래도 개의 집중력을 잃게 만드는 어떤 공통적인 촉발점을 찾는 것이 1차 순서다. 우리 자신에게 빗대어보면 요리하는 중에 갑작스러운 등의 경련이나 내내 앓던 치통에 신경 쓰느라 음식을 태웠다거나 자동차 라디오에서 흘러나오는 노래를 듣다가 수년 전의 뭉클한 기억이 떠올라 순간 고속도로 출구를 놓친 적이 있을 때와 흡사하다. 우리가 좋아하는 그런 촉발점이 우리를 곤란하게 만들 수 있듯이 개들 또한 특정한 어떤 원인들이 예의 발랐던 그들을 완전히 돌변시킬 수 있다. 그러므로 그 촉발점이 무엇인지 알아내는 것이 중요하며, 돌발상황을 예상해보고 나쁜 행동들을 좋은 행동들로 대체할 필요가 있다.

건강과 관련된 원인들

나의 아이리시 워터 스패니얼종인 아이즐리는 더할 나위 없이 완벽한 강아지였다. 학습 속도가 빨랐을 뿐만 아니라 사회화도 아주 잘된 강아지였다. 그런데 태어난 지 9개월이 된 어느 날, 작은 포착물을 가지고 상상 속의 파리들을 잡는 것 같은 이상한 행동을 한 후 밤마다 일어나서 파리들한테서 도망치는 것처럼 의자 뒤에 숨거나 뒤집는 것이었다. 그러고 나서 아이즐리는 다른 개들에게 점점 공격적으로 변했고, 낯선 사람들이나 아이들에게는 위협적인 모습을 보이기까지 했다. 나 역시 개의 그런 모습이 무섭기도 했고 당황스럽기도 했다. 이렇게 아이즐리처럼 이유 없이 보여주는 갑작스러운 행동변화는 여러분이 인지하지 못하는 어떤 건강상의 문제가 발생했기 때문일 수도 있다. 엉덩이 통증이 있는 개는 자기 몸 뒤쪽에서 가까이 다가오는 다른 개들에게 위기의식을 느낄 수 있고 공격성을 보일 수 있다. 또 치통이 있는 개라면 얼굴을 만지려고 할 때 공격적인 반응을 보여줄지도 모른다.

그러므로 만약 개가 갑작스럽게 행동변화를 보인다면 수의사의 진단을 받아보고 혹시나 건강상의 문제가 있는지 확인해볼 것을 권장한다. 그리고 입양 전에 개가 있었던 보호소나 번식업자에게 전화를 걸어 여러분이 겪고 있는 문제를 의논한다.

환경적 원인들

개의 환경은 계속 변화하는 중이다. 자녀의 친구가 여러분이 안 보는 동안 우연치 않게 개에게 해를 가했다면 그 아이가 집에 올 때마다 개가 숨거나 으르렁거리는 촉발점이 될 수 있다. 이와 같이 특정 인물들 또는 동물들이 의도하지 않게 두려운 행동이나 공격성을 가져다주는 존재들이 될 수 있다. 반면에 확실한 이유가 있는 경우도 있는데, 예를 들어 이웃집 수고양이가 우리 개의 코를 할퀴었다 치자. 그러면 그때부터 그 어떤 고양이라도 보면 등 뒤에 숨어서 짖거나 겁을 먹을 수 있다. 또 진공청소기의 괴물 같은 으르렁거리는 소리는 여러분이 청소를 시작할 때마다 개를 짖게 만드는 촉발점이 될 수도 있을 것이다. 이처럼 진공청소기나 쇼핑 카트, 스케이트보드 또는 휠체어 같은 이동하는 물체들은 개를 도망가거나 물어뜯고 싶은 충동을 부추기는 원인들을 일으킬 수 있으므로 주의한다.

행동 문제를 해결하는 도구들

옛 속담에 "내가 가지고 있는 유일한 도구가 망치라면 세상 모든 것이 못으로 보일 것이다"라는 말이 있다. 그러나 능력 있는 지도사의 해결 상자에는 실행 방법들이 가득 차 있어야 하고, 그중에 적어도 하나 이상의 해결책은 즉시 활용하는 것이 가능해야 한다. 그리고 주어진 상황에서 어떤 방법을 사용할지, 더 잘 사용할 수 있는 방법을 위해 지식을 축적하고 좋은 활용방안을 위해 연습한다. 개의 바람직하지 않은 행동을 살피는 것은 시간이 걸리므로 좌절하지 말고 오히려 자신의 인내심을 시험해 보는 계기로 만들자. 그리고 힝싱 다정하고 일관성 있고 확고해야 하며, 무엇보다 긍정강화 기술을 사용하는 것이 중요하고, 그렇게 하면서 다른 점을 보게 될 것임을 확신한다.

재전환시키기

개가 당신이 원치 않는 행동을 할 때 벌을 주기보다는 '방향전환'이라고 부르는 기술을 적용하여 재집중하는 것이 훨씬 더 효과적이다.

'보즈'라는 이름을 가진 유기견 보더콜리는 현재 내가 위탁받아 교육 중인데,

캔 따는 소리 또는 프린터 작동 소리를 들을 때마다 흥분하거나 매우 예민해진다. 그러면서 컹컹대거나 으르렁거리면서 물어뜯을 무언가를 찾아낼 때까지 돌진하는데, 그때마다 내 수첩이나 침대보가 희생양이 되곤 한다.

일단 이런 패턴을 인식하면 그것을 멈추는 최선의 방법은 보즈의 주의를 재전환시키는 것이다. 예를 들면 캔을 따기 전에 무언가 다른 것으로 관심을 전환시키는 것인데, 보즈에게 좋아하는 공을 던지면서 그것을 가져오라고 신호를 준다. 그리고 공을 물면 보즈가 반응을 보이기 전에 캔을 따면서 보즈에게 공을 가져오라고 하는데, 이것은 앞 장에 나온 '회수하기' 트릭과 유사하다. 별거 아니라는 것처럼 캔을 들고 있으면서 "앉아"를 시키고 내 손에 공을 떨어뜨리게 한다. 그러고 나서는 또 공을 던지고 다시 가져오게 하는 식으로 잠깐씩 하루에 여러 번 반복하는데, 지금은 내 손에 소다 캔이 있는 것만 보면 80% 정도 자동으로 나에게 공을 가져오고 칭찬과 보상을 줄 것임을 예상한다. 이렇듯 나는 보즈의 짖는 행동과 광적인 행동을 훨씬 더 많은 보상을 주는 것으로 재전환시켰는데, 공을 물고 있게 하고 회수하고 나에게로 다시 가져오게 하는 이 게임을 반복하면서 계속 그의 기분을 변환시켜주고 지금도 여전히 진행하는 중이다.

재전환은 원치 않는 많은 행동을 교정하기 위한 유용한 기술인데, 핵심은 좋은 타이밍 기술이 요구된다는 것이다. 예를 들어 냉장고에서 소다 캔을 꺼내기 전에 먼저 보즈의 공을 확보해놓아야 한다. 만약 공이 준비되지 않은 상태에서 소다 캔을 보게 된다면 보즈는 매우 예민해질 뿐만 아니라 집중력도 흐려지게 되고, 그 상태에서 재전환을 하는 것은 훨씬 더 어려운 일이 될 것이다.

1 일찍 반응한다 개가 금지 물품이나 금지구역 가까이 다가가는 것을 보면 즉시 치운다. 자꾸 개를 보다 보면 움직임을 예상할 수 있게 되고, 더 재빨리 준비할 수 있게 된다. 또는 집에 있는 금지 물품들을 다 치우거나 아니면 금지구역 설정을 확실히 하여 아예 처음부터 원천봉쇄하는 것도 한 가지 방법이 될 수 있다.

2 개의 집중을 다른 것으로 전환한다 개에게 가치 있는 물건에 집중하게 하고, 원치 않는 행동에서는 멀어지게 한다.

3 개의 행동을 전환시킨다 개에게 완전하게 칭찬과 보상받는 행동을 하게 하고 참여시킨다.

대체 교환

또 다른 유용한 기술은 대체 교환 또는 금지 물품 교환이다. 개들은 동등하거나 더 나은 물품으로 교환하는 것을 너무나 좋아한다. 나의 반려견 메릿을 기억하는가? 싱크대에서 닭뼈를 훔쳐서 내게 가져오면 더 엄청난 것으로 바꿔질 것임을 아는 개였다. 물론 사람이 있거나 없거나 그렇게 닭뼈를 아무데나 놔두면 절대로 안 되지만, 하여튼 메릿은 그렇게 함으로써 맛있는 것이 잔뜩 들어간 콩 장난감과 폭풍칭찬을 교환으로 얻었다.

대체 교환을 효율적으로 하기 위해서는 항상 대체품을 준비해놓아야 한다. 나의 경우에는 냉장실이나 냉동실에 음식으로 가득 찬 콩 장난감이 항상 저장되어 있다. 만약 개가 특히 좋아하는 장난감이 있다면 쉽게 찾을 수 있는 곳에 놓아두도록 한다. 기본 교육 프로그램에서 했던 "놔"와 "가져가"를 바탕으로 주기적인 대체물의 교환 연습을 할 것을 추천한다.

역조건화, 둔감화 그리고 습관화

보즈는 내가 소다 캔을 들고 있는 것을 볼 때마다 자기 공을 가지고 집중의 재전환을 배울 수 있었다. 보즈의 충동은 소다 캔 따는 소리를 들을 때 파괴적인 행동으로 분출되기 때문에 그의 반응을 '역조건화'한 것이다. '역조건화'란 개의 본능적인 충동에 반하여 무언가 다른 것을 하도록 가르치는 것이다. 메릿에게 대체 교환의 가치를 가르쳐주고 8주령부터 지속적으로 역조건화를 시켰기 때문에 메릿은 닭뼈를 씹고 싶은 충동을 내려놓을 수 있었다.

'둔감화'는 '역조건화'의 주요 부분이다. 행동과학자들은 DSCC라는 약어와 함께 빈번하게 지칭하는데, 영어로 desensitizing과 counter conditioning이다.

기본 교육 프로그램에서는 보조자가 초인종을 눌렀을 때 소리를 완전하게 무시함으로써 둔감화하는 것을 진행했다. 벨이 울리면서 개가 미치도록 짖는 동안 우리의 엄청난 인내심을 담보로 결국 개는 그 소리에 익숙해졌는데, 그 작업은 개에게 소리를 둔감화했기 때문이다. 다시 말하면 초인종은 두려워할 게 아니라는 것을 개에게 알려주었고, 그것에 반응해보았자 보상이 없을 것임도 알게 했다. 우리가 초인종 소리를 무시함으로써 개에게 둔감화된 모습을 직접 보여준 것이다.

어떨 때는 개에게 두려움에 대처하여 점차 역조건화를 시킬 필요가 있다. 예전에 내 프로그램에 참여했던 '핍'이라는 보더콜리가 있었는데, 교실의 미끄러운 리놀륨 바닥을 매우 두려워하는 것이었다. 핍에게는 미끄러운 바닥을 걸어다니는 것이 얼음판을 걷는 것 같았는지 시종일관 집중도 못 하고 학습에 참여하지도 못하는 것이었다. 그리고 너무 무서웠기 때문에 내가 만지는 것조차 허락하지 않았다. 그래서 나는 핍의 보호자에게 교실에 올 때마다 카펫을 가져오라고 했고 핍이 교육받을 수 있도록 매주 카펫을 펴놓았는데, 그 후 핍은 카펫 위에서 너무 편안해했을 뿐만 아니라 학습도 가능해졌다. 수업이 끝나면 보호자와 핍은 환경이 다른 곳에서 카펫 위에 올라가 그날의 과제를 같이 진행하곤 했고 그러면서 핍이 배우는 내용들을 일반화시키도록 했는데, 카펫이 아닌 미끄러지지 않는 다른 표면 위에서도 시도를 했다. 그러다가 교실에 와서는 핍이 매주 사용하는 카펫의 크기를 점점 줄이고 정확하게 카펫의 같은 지점에서 항상 교육하다가 4주차가 되었을 때는 교실의 다른 곳에 더 작은 카펫을 깔고 교육하는 것이 가능해졌다. 5주차 후반에는 아예 카펫 없이 학습하는 것도 가능하게 되었고, 환경이 아닌 보호자와 교육에 온전히 집중할 수 있게 되었다. 그뿐만 아니라 몸과 목을 만질 수 있도록 허락해주었고, 손 급여로 음식을 받아먹고 "앉아" 신호에 앉는 것도 가능해졌는데, 이는 핍이 이해하고 받아들일 수 있는 속도로 가르쳤기 때문에 리놀륨 바닥의 둔감화가 가능했다.

또 하나 '둔감화'와 관련된 것으로 '습관화' 개념이 있다. 습관화의 예로 이웃집의 수리 과정을 설명해본다면 처음에는 건축 소음이 시끄러워서 집중하기 어렵지만, 얼마 지나서는 소음이 배경으로 사라지고 더 이상 처음처럼 산만해지지 않는다. 오히려 소음에 너무 익숙해진 나머지 소리가 멈추었을 때는 너무 조용한 것 같은 기분이 들 수도 있다. 여기서 농담 한마디 하자면 대도시에서 온 귀족이 조용한 시골 별장에서 잠을 잘 수 없어서 하인들에게 자기가 잠들 때까지 쓰레기통을 침실로 가져와 그것을 치도록 했다는 말도 들은 적이 있다. 이렇게 우리는 예기치 못하게 습관화되고 개들 또한 그렇게 될 수 있다.

나는 '색슨'이라는 자이언트 슈나우저를 진공청소기에 습관화시켰는데, 매우 천천히 뜸을 들이면서 교육을 진행했다. 처음에는 진공청소기를 작동시킬 때마다 방

바깥으로 나오게 했고, 그러고 나서 거실의 보이는 곳에 청소기를 놓아두었다. 그러자 색슨은 진공청소기를 하나의 장식품이나 가구로 보기 시작하는 것이었다. 그러면서 습관이 들어 청소기 소리와 움직임에 대한 반응을 멈추었다. 거기서 한 단계 더 나아갔는데, 색슨이 청소기를 좋아하게 만드는 것이었다. 그러기 위해 그 주변에 트릿들을 놓아두었고, 그 근처에서 식사하도록 했으며, 옆에서 교육도 함으로써 색슨은 기계와 긍정적인 연관성을 만들어낼 수 있게 되었다. 그 후로는 기계 옆에 있으면 밥이 나올 것처럼 졸졸 따라다닌다거나, 심지어 나중에는 청소하는 중에 기계 주변에서 멀어지라고까지 말하는 지경에 이르렀다.

특정적인 행동 문제 해결하기

두 가지 범주로 행동 문제를 분류하는 것은 매우 유용하다. 그것이 교육적인 문제이든 아니면 사회적인 문제이든 잘 생각해보자. 두 범주 내에 부분적 공통점이 있기는 해도 범주를 구분하면 효율적인 해결책을 찾는 것이 더 쉽다는 것을 알 수 있을 것이다. 쉽게 말해서 교육적인 문제늘은

둔감화나 역조건화 같이 행동을 감소시키거나 재집중하게 하는 도구들을 사용해야 해결되는 것이고, 사회적인 문제들은 우리 개가 다른 개들과 잘 어울릴 수 있도록 돕는 등 그야말로 사교성과 그에 맞는 예의범절을 가르치는 것이다.

교육적 문제들

이 섹션에서 각각의 문제 사항은 교육의 기초들이 세분화되기 시작할 때 생기는데, 이런 일들은 종종 발생한다. 여러분과 함께 기본 교육 프로그램을 완성했거나 개가 교육이 잘되었다 할지라도 지속적으로 꾸준히 하는 것이 중요하다. 그러므로 새로운 트릭을 배우거나 과제연습을 계속해야 하는데, 그렇지 않으면 문제들이 야기될 수 있다. 장점은 이러한 문제들의 대부분이 기본과정의 내용들을 복습할 때 그리고 문제 행동들을 원하는 것들로 교체하며 줄여나가기 위해 사용하는 둔감화와 역조건화에 의해 교정이 가능하다는 것이다.

리드줄 당김

리드줄을 당기지 못하게 하는 최선의 방법은 제로 관용 정책이다. 만약 같이 걷는 동안 당기는 것이 허락되면 개는 자기에게 통제권이 있다고 생각하게 되고 그렇게 되면 걷는 것을 제어하기가 무척 힘들어진다. 혹시 개가 당기기 시작하면 그 자리에서 멈추고 기본 교육 프로그램에서 배운 '나무 되기' 연습을 한다. 그러고 나서 개가 다시 당신에게 온전히 주목할 때까지 기다렸다가 당신에게 주의를 옮기면 그때 걷기를 재개하는데, 이번에는 새로운 방향으로 개를 이끌어야 한다. 당신이 이와 같은 문제에 직면해 있다면 긴 거리의 걷기 또는 산책보다는 여러 번의 짧은 걷기나 산책으로 바꾼다.

허리벨트에 묶은 채로 걷기, 또는 루어 따라가기 같은 기본 교육 프로그램에서 다룬 다른 방식의 리드줄 걷기 연습을 재점검하고 같이해보도록 한다. 또한 걷는 동안에 집중시키는 연습도 추천하는데, 예를 들면 갑자기 멈춘 다음 빠른 신호에 맞춰 행동하거나 지금쯤이면 아마도 익숙해졌을 강아지 푸시업 등을 해본다. 그러나 산만하거나 유혹거리가 많은 지역에서 개의 리드줄 걷기가 잘 통제되지 않는다면 그런 곳은 피하는 것이 좋다. 개들은 보거나, 냄새를 맡거나, 우리가 듣지 못하는 것들도 들을 수 있기 때문에 리드줄 걷기를 할 때는 항상 주의하도록 한다. 때에 따라서는 주고받는 접근을 시도하는 것도 괜찮은데, 예를 들어 여러분의 옆에서 계속 걷도록 제어하다가 잘하면 줄을 풀어서 냄새를 맡게 하거나 영역 표시를 한 번씩 하게 해주는 보상도 적절히 섞어가면서 한다.

다음 장에 설명하겠지만 교육용 목줄 사용은 신중해야 하는데, 리드줄 걷기를 잘하게 만들기 위한 억압적인 목줄 사용은 적절하지 않다. 그런 목줄을 사용할 경우 만약 개가 너무 세게 당긴다면 목과 기도에 부상을 입을 수 있기 때문이다. 개가 기침하거나 목에 무언가 걸린 듯 보인다면 즉시 걷기를 멈추고 수의사의 진단을 받도록 한다. 혹시라도 당신이 직장에 다니느라 반려견 전문 산책가가 대신해서 개를 운동하러 데리고 나가야 한다면, 여러 마리의 개를 한 번에 데리고 나가기 때문에 줄 당기기가 더 악화될 수 있다. 그러므로 개인 도그워커를 고용할 비용을 감당할 수 있다면 그렇게 할 것을 추천한다.

올바른 목줄과 알맞은 하네스 채우기

나는 목줄을 채우고 개와 걸을 때 항상 채우는 평평한 버클 타입 외에도 주의 깊게 사용하는 몇 가지 특수 목줄을 지지하는 편인데, '젠틀리더'와 당김 없는 하네스 그리고 '마틴게일 칼라' 또는 '그레이하운드 칼라' 등이다. 항상 주의해야 할 것은 부적절한 목줄과 하네스 사용은 개를 다치게 할 수 있으므로 제조사의 지시에 따르고, 전문 지도사의 올바른 조언을 구하는 것이 중요하다. 안전을 위해 다른 개와 놀거나 도그파크에 갈 때는 교육용 목줄은 벗기는 게 좋다.

앞에서도 언급했듯이 나는 초크체인과 프롱칼라를 사용하는 데 동의할 수 없는데, 잔혹하고 비효율적이기 때문이다. 이러한 도구들은 개가 잘못한 것에 대해 옳은 행동을 하도록 이끈다기보다 벌을 주는 것에 더 가깝고, 최악의 경우에는 개를 다치게 할 수도 있는데 위험한 공격성을 억지로 제압하는 것이기 때문이다. 비유하자면 행동을 억압하는 것은 압력밥솥 결과를 남기는 것과 흡사한데, 개 안에 공격적인 충동이 아직 내재되어 있으므로 언제 누구를 만나서 폭발할지 아무도 모른다. 만약에 이런 방식으로 개를 교육했다면 이 책에 나와 있는 지침에 따라 다시 이행하는 것이 결코 늦지 않았다고 말해주고 싶다. 나의 경우에는 초크체인을 더 이상 사용하지 않기 때문에 지금은 앵무새 케이지에 두고 그들의 장난감을 묶는 용도로 사용하고 있다.

젠틀리더 헤드헐터(머리고삐)는 리드줄 걷기에 사용되는 효과적인 도구다. 리드줄을 개의 턱 아래 헤드헐터에 부착하여 개가 당길 때 자동으로 여러분에게 다시 오게 만드는 원리다. 그러나 헤드헐터 사용 시 주의할 점은 줄을 너무 강하게 당기면 목이 꺾여 다칠 수 있으니 매우 조심해야 한다.

대부분의 개들에게 헐터(고삐)를 채우고 걷는 것을 가르치기 전에 먼저 착용해봄으로써 불편하지 않도록 해줘야 한다. 그리고 매우 천천히 진행하면서 많이 칭찬하고 보상해주는 것이 좋다. 일단 헤드헐터를 개의 머리에 대주면서 트릿을 주고 헤드헐터를 좋아하도록 가르치는 것부터 시작하자. 이런 접근으로 트릿과 잭팟을 주며

개의 귀 뒤에 젠틀리더 트레이닝 목줄이 확실하게 장착되도록 한다.

조금씩 머리를 집어넣도록 루어를 하고, 반복하고 끝나면 헤드헐터를 벗겨서 치우도록 한다. 중요한 것은 처음 얼굴 위에 놓인 헤드헐터를 당길 때인데, 헤드헐터는 최대한 헐겁게 씌워져야 하고 개가 여러분에게 집중하면 트릿을 주고 고삐에 신경을 덜 쓰게 하기 위해 '강아지 푸시업' 같은 동작들을 해볼 수도 있다. 계속 반복하면서 머리의 어느 부분에 헤드헐터를 채울 것인지 봐야 하는데, 그것을 벗기면서 조절하도록 하고 익숙해지는 연습을 거친 뒤 개가 고삐에 버클을 채우는 데 거부감을 보이지 않으면 트릿을 주면서 첫 번째 시도할 때 성공시키도록 한다.

다음 반복에서는 헤드헐터를 채운 채 개가 이미 알고 있는 동작들을 연습하면서 시간을 조금씩 늘릴 것이다. 헤드헐터를 차고 걷기를 시작하기 전에 머리에 부착

시킨 채 음식을 먹으면서 보호자가 감독해야 한다. 그러면서 개가 낯선 도구를 서서히 받아들일 수 있는 연습을 꾸준히 한다.

이제 걷기를 시작할 때 개가 만약 너무 강하게 당긴다면 안전을 위해 추가로 평상시에 하는 평평한 버클 목줄을 채우고 다른 리드줄을 부착하는데, 왜냐하면 헤드헐터의 고삐와 연결된 리드줄을 조금 당겨도 되고 목을 다치는 것도 예방할 수 있기 때문이다. 이상적으로는 살짝만 당겨도 개가 스스로 여러분 쪽으로 돌아오게 하는 것이고, 여러분에게 돌아온 순간 표시하고 칭찬해준 뒤에 이번에는 반대 방향으로 걸을 수 있도록 루어를 한다.

많은 이들은 헤드헐터가 입마개 대용이라고 오인하여 헤드헐터를 착용한 개를 보면 경계하는 경향이 있다. 그렇기 때문에 만약 사람들이 헤드헐터를 왜 채웠는지 물어본다면 입마개가 아니라 교육 도구이고 친화적인 방식으로 교육하기 위해서라고 설명하면 된다. 그리고 우리 개들에게 사회화의 경험을 갖추어줄 수 있는 이 도구가 어떻게 작동하는지 직접 보여준다면 그 또한 긍정강화 방식의 교육을 세상에 전파하는 데 일조하게 되는 것이다.

주의할 점은 불독, 복서, 퍼그, 보스턴 테리어 같은 단두종의 평평한 주둥이를 가진 개들에게 착용하면 대부분의 헤드헐터가 벗겨질 수 있다. 그런 개들에게도 헤드

헐터 사용이 불가능하지는 않지만, 꼭 헤드헐터를 사용해야 한다면 추가로 평평한 버클 목줄에 다른 리드줄을 부착해서 사용하도록 한다.

특수 하네스는 리드줄 걷기 기술을 향상시킨다. 개의 등 위가 아닌 가슴에 리드줄을 연결하여 사용할 것을 추천하지만, 제조업자의 지시에 따르도록 한다. 헤드헐터와 비슷하게 가슴 쪽에 리드줄을 부착시킨 하네스는 개가 줄을 당기면 다시 나에게로 돌아오게 만드는 원리다.

마틴게일 목줄 또는 그레이하운드 목줄은 그레이하운드, 휘핏, 이비전하운드, 사이트하운드(후각이 아닌 시각에 근거하여 사냥하는 개들) 등 좁은 머리를 가진 개들이 일반 평평한 버클 목줄을 사용하게 되면 벗겨질 수 있으므로 그런 개들을 위해서는 미끄럽지 않은 목줄이 필요하다. 마틴게일은 개가 당길 때까지 개의 목 주변에 꽤 느슨하게 걸려있는데, 목을 조이지는 않는 대신 타이트하게 채워준다. 마틴게일을 채우는 동안에도 인식표가 부착된 버클 칼라는 계속 채워져 있어야 한다.

교육용 목줄이나 하네스를 사용한다 할지라도 리드줄 걷기에 주의를 기울이고, 보상과 긍정강화를 통해 지속적으로 향상시킬 것을 염두에 둔다. 우리의 목표는 리드줄을 당기지 않고 잘 걷는 것과 여러분에게 집중하는 예의 바른 개를 만드는 것임을 잊지 말자.

하네스는 개의 가슴 또는 등에 걸친다.

마틴게일 목줄은 좁은 머리를 가진 개들에게 이상적이다.

집 안에서의 배변

가끔 실내교육이 잘되었음에도 집안 내에서 배변을 할 수 있는데, 행동 문제 관점에서 실내 배변을 설명하기 전에 혹시 건강에 이상이 없는지 먼저 수의사의 검진을 받도록 한다. 그러나 건강 문제가 아닌데도 집안 내에서 배변을 시작했다면 이 문제에 대해 벌을 주거나 화를 내는 것이 아닌 재미와 학습 마인드로 접근하여 해결하는 것이 더 바람직하다. 안타깝게도 보호소에 있는 유기견들이 버려지게 되는 가장 큰 원인 중의 하나가 실내 배변 때문인데, 사실 인내심과 실행력만 있다면 해결할 수 있다. 나는 가끔 보호자들이 배변 교육에서만큼은 자신이 없는 이유들을 쭉 열거하는 것을 듣게 된다. 개가 충분한 관심을 받지 못할 때, 새로운 반려동물 합류나 가족 구성원이 생겼을 때, 또는 가족의 스트레스, 질병이나 이별 아니면 전에 살던 개나 고양이의 카펫 소변 냄새도 있고, 어떨 때는 새로운 청소도구나 새 가구 때문에도 그렇고 또 리폼한 가구, 아니면 오랜 가구들의 재배치 또는 개의 성숙기가 지나가는 단계 등 수많은 원인을 줄줄이 읊는 것을 들었다. 나는 모든 이유가 합당하다고 생각하는데, 먼저 개의 변화된 행동을 촉발시키는 원인의 실마리부터 찾는 것이 중요하다. 원인이 무엇이건 간에 첫 번째로 해야 할 것은 제1단계부터 재교육시키는 것이다. 개에게 배변 장소를 보여주고 나서 그곳에 똑같은 동선으로 걸어간 뒤에 배변 신호를 다시 가르치고, 처음 데려왔을 때 가르친 것과 같은 긍정강화 배변 교육을 다시 시작한다. 강아지 때로 다시 돌아가서 배변하기 위해 데리고 나간다. 가능한 한 자주 나가는데, 아침에 기상했을 때 또는 일하러 가기 전에 그리고 식사 후나 집에 오자마자, 흥분하기 전후나 자기 전 등이다. 집안에서의 배변 구역을 다시 설정하고, 울타리와 금지구역을 설정하거나 방문들을 닫고 가족 구성원들을 재교육 계획에 동참하게 한다.

다시 시작한다는 것은 개의 방향을 재설정한다는 것을 의미하는데, 이는 크레이트 교육과 손 급여 원칙을 재개하는 것도 포함한다. 이 책에 나와 있는 배변 교육과 크레이트 교육 그리고 손 급여에 대한 부분들을 읽어보고 그것과 관련된 과제들을 복습하도록 한다. 다시 시작하면서 돌아보고, 그동안 변화된 환경 목록들을 작성하여 개를 퇴보시킨 원인들이 무엇일지 생각하다 보면 환경적 원인을 찾아낼 수도 있는데, 혹시 그렇다면 개가 스스로의 시간표에 적응할 수 있도록 둔감화와 역조건화를 갖출 필요가 있다. 개에게 주는 보상물들을 점검하여 더 나은 강화를 위해 그것들을 변경할 필요는 없는지 결정하도록 한다. 강아지였을 때 보상물들을 가치 있고 흥분시키게 만들었던 방법이 현재는 변경할 필요가 있는지도 생각해본다.

원인을 찾아낸다는 것은 내가 가장 중요한 요인이라고 생각하는 지속성이나 행동과 더불어 진실을 마주해야 하는 것도 그중의 하나인데, 과거의 언젠가 여러분의 개가 완전히 트레이닝된 것이라고 받아들여 아마도 너무 일찍 칭찬하고 보상하는 것을 멈췄을지도 모른다. 또는 여러분이 어떤 사건이 일어났을 때 너무 많이 부정적인 표현을 했거나 아니면 동정을 나타내는 무언가를 표시함으로써 집안에서의 배변을 무심코 독려했을 수도 있다. 혹시라도 그러한 것들이 원인이라면 차분히 받아들이고, 개의 집중을 재전환시키고 실수한 흔적을 청소한 뒤에 적절하게 긍정적인 모습을 보여주도록 한다. 그리고 더 일관된 상호작용과 감독할 필요가 있는데, 예를 들어 여러분의 스케줄을 재정비하거나 긍정적인 사회화 기회들을 더 자주 제공해주고, 그룹수업에 참석하거나 여러분을 도와줄 돌보미를 구하는 것 역시 이러한 문제를 해결할 방법이 될 것이다.

물어뜯는 행동

집안에서의 배변 문제뿐만 아니라 닥치는 대로 물어뜯는 문제도 버려지게 되는 아주 빈번한 원인인데, 이 역시 충분히 예방이 가능하다. 어떤 보호자들은 씹는 것에

대해 아무렇지 않게 넘어가고 그것에 대해 아무것도 하지 않는다. 그 문제에 어떻게 대처해야 하는지 모를 수도 있고, 언젠가는 스스로 멈출 것이라고 생각할지도 모르지만, 그러다가 계속적인 파괴에 너무 지치게 되면 결국에는 개를 포기하게 되는 지경에 이르기도 한다. 그런 상황을 볼 때마다 너무 고통스러운데, 내 경험에 비추어봤을 때 씹는 문제는 개에게 가치 있는 활동이나 관심을 충분히 주지 않을 때 벌어진다는 것이다. 다시 말하자면 결국 우리의 실수로 개에게 벌을 주게 되어버리는 격이다.

혹시 이런 문제를 가진 개라면 여러분의 첫 번째 질문은 다음과 같아야 할 것이다. "혹시 심심한가?" 주로 개는 아무것도 할 일이 없을 때 씹게 된다. 그다음으로 물어봐야 할 것은 "충분한 운동을 하고 있는가?" 아니면 "지속적으로 개를 충분하게 교육하고 있는가?", 즉 달리 말하면 개가 즐거운 도전과 긍정적인 교감을 충분하게 하고 있는가다.

씹는 문제는 열린 환경이 되어버리면 개들에게 훨씬 더 유혹적이므로 이런 자극적인 환경에 노출되는 것을 막기 위해서는 금지구역을 설정해야 한다. 모든 금지 물품을 치우고 얼룩이 지지 않으면서 건강상 개에게 무해한 쓴맛의 액체를 금지구역에 스프레이로 뿌려주는데, 더 자세한 내용들

을 숙지하기 위해 가정 내의 제한구역 또는 금지 물품 설정에 대해 다시 읽어볼 것을 권장한다. 그리고 개가 크레이트에서 나와 돌아다닐 때는 감독하고, 크레이트나 자기 거처 구역을 좋아하도록 계속 만들어주며, 그곳은 추방되어 가는 곳이 아님을 인식시켜준다. 씹는 것은 저절로 없어지는 것이 아니라 개의 집중을 긍정적으로 재전환시키는 것과 더불어 여러분의 행동적 참여도 같이 이루어져야만 해결될 수 있다. 개에게 씹는 것 또는 원치 않는 행동을 허락한다거나 계속하도록 놔둔다면 결국 개는 행복한 에너지가 없는 불행한 환경에 처하게 될 것이다.

파는 행동

대부분의 개들은 태생적으로 앞발로 파는 것을 좋아한다. 개들은 땅속에 사는 생명들을 감지할 수 있고 냄새를 맡거나 들을 수 있기 때문에 그것들을 찾으려고 땅을 판다. 땅을 파는 것은 개의 모든 감각을 활용하는 것인데 시각, 청각, 촉각, 후각과 미각 등을 다 포함한다.

마당에 있는 꽃 또는 식물들이 훼손되는 것을 원치 않는다면 정원의 모습이 망가지더라도 주변에 울타리를 쳐야 할 것이다. 식물들의 드러난 뿌리나 곳곳에 움푹 파인 구멍들을 보는 것보다는 그게 낫기 때문이다.

계속 땅을 파는 개들과는 타협점을 찾아야 하는데, 그중 하나는 구역을 설정해주는 것이다. '파기'를 재미있고 허용 가능한 범위로 만드는 방법 중 하나는 아이용 모래 상자를 구입하여 모래로 채우고 그 안에 깜짝 장난감이나 트릿들을 신문지로 포장하여 숨겨놓는 것이다. 그러면 개들은 숨겨져 있는 트릿이나 장난감을 파내어 가지고 놀 수 있게 된다. 모래 상자를 사용하지 않을 때는 방수커버로 덮어놓는 것도 아이디어다.

파는 것을 멈추기 원한다면 개를 감독하다가 파는 것에 너무 몰두하기 전에 재미있는 게임으로 행동을 재전환시킨다. 그리고 언제쯤 땅을 파려고 하는지 예상해야 하는데, 킁킁거리면서 냄새를 맡다가 그 근원지로 뛰어가 앞발을 움직이면 그때 함께 즐거운 활동을 하면서 개의 집중을 다른 곳으로 전환시키면 된다.

뛰어오르는 행동

1장에서 오스트레일리안 셰퍼드종인 월러비의 바람직하지 않게 뛰어오르는 습관에 대해 언급하면서 나중에는 그것을 재미있는 트릭으로 바꾸었다고 설명했다. 그리고 오로지 신호를 보낼 때 하는 점핑에만 보상을 주고 잘못된 뛰어오르기를 제재했다.

뛰어오르기의 문제는 개의 규칙들을 바꾸면서 주로 발생한다. 의도하지는 않았지만 강아지였을 때 우리에게 올라타는 것을 허락했으므로 은연중에 점프하는 것을 묵인한 것이다. 입양 온 첫날 규칙을 제시하지 않았고 이제 와서 그 규정들을 바꾸려고 시도하고 있으니 개는 여러분이 독단적이라고 생각할 수도 있다.

개가 갑자기 뛰어오른다든지 더 자주 뛰어오르거나 해서 이제 더 이상 못하게 막아야겠다고 생각한 것이다. 효과적으로 막기 위해서는 여러분 스스로 몇 가지 행동부터 바꿀 필요가 있는데, 첫째로는 뛰어오르는 문제를 무시하는 것이다. 예를 들면 여러분이 집에 왔을 때 개가 진정할 수 있도록 만들고 만약 뛰어오르려고 한다면 할 일을 하러 가면서 얼마 동안 무시한다. 그리고 조용해지면 그것에 대해 칭찬해주고, 점핑하는 것에 대해서는 아무런 보상이 없으나 반면에 조용히 있으면 칭찬과 여러분의 관심을 얻을 수 있다는 것을 알도록 한다.

또는 집에 들어갈 때 손에 호기심을 불러일으킬 만한 씹기 장난감을 쥐고 개에게 보여주면서 "앉아"를 하게 하는 방법도 있다. 계속 뛰어오르고 싶어도 오직 앉을 때만 장난감을 얻을 수 있을 것이므로 집에 들어갈 때마다 계속 장난감을 활용하면서 "앉아"로 주의를 돌린다. 내 경우에는 씹을 수 있는 장난감들과 트릿들을 여분으로 차 안에 놔두어 집에 들어갈 때 활용한다.

또 다른 교육 방법으로는 보조자에게 180cm 정도의 리드줄을 묶어서 잡게 하고 개에게 다가가서 인사하는데, 만약 개가 뛰어오른다면 휙 돌아서서 개로부터 2m 정도 멀어져서 걸어간 다음에 10초를 세고 보조자에게 "앉아"를 시키라고 한다. 그리고 앉으면 다시 개에게 걸어간다. 이런 식으로 개가 여러분이 다가올 때 조용히 앉아 있는 것을 유지할 수 있을 때까지 계속 반복하여 연습한다. 개가 성공하면 표시하고 나서 주머니에서 트릿을 꺼내주고, 점프를 다시 시도하지 않을 때 개에게 관심을 더 기울이도록 한다. 몇 번의 실패 끝에 개는 조금씩 빨리 앉으려고 할 것이고, 혹시라도 여러분이 갑자기 돌아서서 가는 것을 본다면 그때 바로 앉으려고 할 것이다. 그러나 앉지 않아도 개가 가만히 서 있다면 뛰지 않았으므로 보상을 주도록 한다. 이제 개가 자기가 뛰어오르지 않으니 여러분의 관심을 얻게 되는 것을 연관 짓는 듯해 보이면 그때는 개로부터 돌아서 있는 시간을 조금씩 줄여나가도록 한다. 그러다가 나중에는 1초까지 줄이는데, 그 시점에 도달하게 되면 점핑은 잠시 동안 멈추게 될 것이다. 이렇게 여러분의 통제하에 뛰어오르는 충동을 막을 수 있는 연습을 지속적으로 해야 한다.

혹시라도 여러분이 누군가와 이야기하는 동안 뛰어올라 주의를 끌려는 타입이라면 이 개는 기회주의 점퍼인데, 이 경우에는 여러분과 대화하는 사람이 개가 점프할 때 애정을 보여주는 보상을 한 뒤에 개를 밀어버리는 혼합적 메시지를 주는 것도 하나의 방법이 될 수 있다. 또는 이런 기회주의적인 점핑을 통제하기 위해 리드줄을 밟고 선 채 손잡이를 계속 잡고 있는데, 이때는 개가 앉거나 서거나 엎드릴 수는 있어도 뛰지 못할 정도의 길이로만 여분을 남기고 잡는다. 개가 점프할 수 없다는 것과 상대방에게 협조해줄 것을 알릴 필요가 있으며, 만약 어떤 사람이 기꺼이 돕고자 한다면 여러분이 앞뒤로 몇 걸음씩 움직이고 나서 "앉아" 신호를 하는 동안 그 사람은 계속 서 있도록 요청한다. 개가 뛰어오르지 않는다면 표시하고 칭찬해주지만, 만약 뛰어오른다면 리드줄을 밟고 있는 동안 잠시 등을 돌려달라고 부탁한다. 이 연습은 개에게 차분한 동작을 일반화할 수 있도록 도와줄 것이다.

발목을 무는 행동

많은 개들, 특히 소형견이나 아직 어린 강아지들과 목축견들은 바지 아랫부분이나 질질 끄는 슬리퍼 또는 우리의 발목같이 움직이는 물체들을 쫓아다니는 것을 너무 좋아한다. 혹시 개가 이런 성향을 가지고 있거나 여러분의 발목을 물려고 한다면 움직이는 것을 멈추고 무는 행동은 무시한

채 "앉아"로 주의를 전환시킨다. 개의 주의를 돌려 안정된 칭찬으로 표시해주고, 게임 또는 채워진 '콩' 장난감 등을 활용하여 새로운 활동으로 다시 주의를 돌린다. 만약 이렇게 하는 것이 혹시 개에게 발목 무는 것을 칭찬하는 것 같다는 생각이 든다면 '강아지 푸시업'이나 '루어 쫓아가기' 등 일련의 몇 가지 동작을 실행함으로써 주의를 다른 곳으로 돌리고, 표시하고 칭찬하고 보상해주도록 한다. 주의를 돌리는 동작들이 무엇이든 간에 아마도 여러분의 발목을 무는 것은 개가 관심을 받고 보상을 얻고자 하는 욕구에서 나온 어떤 소통의 표시일 수 있으므로 재전환의 동작을 해내면 반드시 보상해주어야 한다. 개에게 건전한 관심을 보이는 것은 매우 중요하다.

또 한 가지 방법은 발목에 쓴맛 나는 사과액을 미리 분무하여 발목 무는 개를 제어할 수도 있다. 액체 얼룩이 지지 않도록 사전에 사용해보는데, 이것만으로 하루아침에 개의 행동이 변화될 것이라는 섣부른 기대보다는 한 달 정도 해보면서 동시에 주의 돌리기 연습도 같이한다.

짖는 행동

개가 짖을 때 멈추게 하기 위한 노력으로 의도하지는 않았어도 가끔 보상을 주는 때가 있다. 개가 짖을 때 쓰다듬거나 달래는 목소리로 걱정하지 않아도 된다고 하지는

않았는지, 또는 지금 당장 짖기를 멈추라고 소리치지는 않았는지 생각해본다. 어느 것이든 자기가 짖으면 여러분의 관심을 받을 수 있다는 것을 가르치는 것이다.

여러분이 거슬린다고 개에게 소리치는 대신에 개가 해주기를 바라는 것으로 주의를 돌릴 수 있다면 더 효율적일 것이다. 짖기 시작할 때 개가 아는 신호에 맞춰서 '강아지 푸시업' 또는 '눈 맞추기 연습' 등의 동작을 하면서 주의를 돌리도록 한다. 그리고 다른 때도 이런 연습을 하면서 개에게 관심을 보이는 행동을 하도록 하고, 그래서 우연히라도 여러분의 관심을 끌기 위해 짖지 않도록 해야 한다.

많은 개들이 지루하거나 흥분될 때, 또는 무섭거나 다른 집 개가 짖는 소리가 들릴 때, 오토바이 또는 차 소리 같은 환경의 변화를 겪을 때 짖는 경향이 있다. 이러한 방해 요소들은 개를 짖도록 만들고, 충분히 두렵거나 흥분시키는 원인이 되기도 한다. 주기적으로 지속적인 연습과 함께 긍정적으로 개를 계속 자극시키고 도전하게 만들어 짖는 것을 줄일 수도 있다. 예를 들면 교육하는 동안에는 덜 짖는 것을 느꼈을 텐데, 돼냐하면 여러분이 요구하는 작업에 집중해야 하기 때문이고 또 어떻게든 보상을 얻기 위한 방법을 알려고 애쓰게 되면서 짖는 것이 무엇인지도 잊어버리게 되기 때문이다.

어떤 견종들은 음성이 특히 발달하여 자신들이 경험하는 사소한 것에도 짖으려는 경향이 있다. 당신의 개가 관심을 받기 위해 짖는다면 짖은 다음 "쉿" 신호를 가르치는 것도 좋을 것이다. 이 개념은 윌러비에게 가르쳤던 것과 유사한데, 뛰어오르는 것을 좋아하는 오스트레일리안 셰퍼드에게 신호를 할 때만 점프하게 하는 것이다. 예를 들어 음성이 아주 발달한 개가 있는데, '플라시도'라고 부르기로 한다. 짖고 있는 플라시도에게 다가가 조용히 "쉿" 하고 말하면서 코에 트릿을 댄다. 그리고 부드러운 목소리로 "쉿" 하고 신호를 계속하는 10초 동안 잡고 있는다. 그런 다음에 "옳지" 또는 "잘했어"라고 표시해주고 트릿을 먹게 해준다. 조용해지고 나서 약 10초 뒤 플라시도에게 짖으라고 하는데, "짖어" 또는 "노래 불러" 등의 언어신호를 붙여준다. 그리고 개가 짖으면 "옳지"라고 표시하고 "쉿"이라고 하면서 코에 잠시 트릿을 대준 다음 처음에 했던 것처럼 보상해준다. 만약 플라시도가 짖으라고 말했는데 짖지 않더라도 그와 상관없이 코에 트릿을 올리고 "쉿" 하고 말한 뒤 10초 동안 개가 조용히 있으면 트릿을 주도록 한다.

> 짖는 것은 개가 두렵거나 불안하다는 신호일 수 있다.

그러나 플라시도가 "쉿"이라는 신호에 짖는다면 트릿을 주지 말고 개가 잘 알고 있는 몇 가지 다른 재주를 보여주도록 유도한다. 이런 식으로 반복하여 다른 재주들을 보여주게 하면서 주의를 돌린 뒤 다시 "쉿" 신호를 계속하다 보면 결국 성공하게 될 것이다. 그러다가 플라시도는 이렇게 신호에 따라 짖는 것이 유일하게 보상을 받을 수 있는 순간이라는 것을 알게 되며, 나중에는 오직 신호가 있을 때만 짖을 것이다.

짖는다는 것은 개가 불안정하거나 두렵다는 신호일 수 있고, 특히 다른 개들과 사람들 또는 무생물 등을 보고 자주 짖거나 덤빈다면 더욱 그럴 수 있다. 만약 이런 경우라면 개가 대상에 맞닥뜨리게 될 때 차분함을 유지하고 안정감을 가질 수 있도록 해주는데, 예를 들면 걷는 동안이나 산책 시에 개를 항상 짖게 만드는 다른 개 또는 움직이는 생명체들에게 다가가려고 시도하면 여러분과 눈을 마주치게 한 뒤 "앉아"를 시키고 주의를 다른 곳으로 돌린 다음에 칭찬과 보상을 해주도록 한다. 개가 그대로 지나가면 다시 한번 칭찬과 보상을 해주고 좀 더 빨리 진행시킨다. 그러나 여러분이 문제에 대처하기 전에 다른 개를 보고 이미 짖기 시작했다면 이 과정은 조금 더 어렵게 진행될 수 있다. 이러한 경우에는 개의 주의를 재전환시키는 것이 필요하므로 루어로 트릿에 집중하게 한 다음 "앉아"를 시키면서 집중하게 하고, 다른 개가 지나갈 때 여러분에게 주의를 유지할 수 있도록 최선을 다한다. 개가 반응하기 전에 개의 주의를 다른 곳으로 전환하는 것이 훨씬 쉬우므로 걸어 다닐 때 빠른 인지와 신속하게 대처해야 한다는 것을 명심한다.

이런 식으로 걸으면서 개가 여러분에게 집중하고 앉는 연습을 잘하게 될 때 점점 더 가까이 원인 요소에 다가가도록 하고 신체언어를 관찰한다. 즉석에서 짧은 시도들을 하다가 삐걱대는 위험을 선택하지 말고, 그 대신에 장기간의 성공 목표를 설정하여 문제의 원인에 한 발자국씩 접근해서 해결하는 데 만족감을 느낀다. 그렇게 하다 보면 촉발 요소들이 잠시 멈출 때 개를 앉게 하는 것이 가능하고, 결국 두 요소의

두려움 상태에 놓여 있는 개의 관심을 긍정적인 것으로 전환시킨다.

접점이 함께 작용할 수 있게 될 것이다. 반면에 실험적인 시도들을 하다가 어긋나면 개가 흥분해서 엄청 짖거나 뛰어오르는 등 발광할 수도 있는데, 그때는 바로 루어링으로 개의 주의를 다른 방향으로 전환하고 상대 개의 보호자에게 예의를 갖추어서 이동할 것을 요청하는 것도 하나의 방법이 될 수 있다. 동시에 교육을 몇 단계 뒤로 돌아가서 천천히 진행하도록 한다. 9장에 나와 있는 다른 사회화 활동들과 '이웃에게 인사하기' 등을 포함하여 사회화를 더 잘 가르치기 위해 보조자들과 같이할 것을 적극 추천한다.

소음에 대한 반응

알람시계 또는 차고 문이 열릴 때나 TV 소리 등 크고 갑작스러운 소음으로 개가 놀라는 것은 흔한 일이지만, 어떤 개들은 그러한 소음을 들을 때 흥분 또는 두려움으로 매우 불안정해지는 경우도 있다. 대부분의 소리 반응은 역조건화와 함께 이루어지는 둔감화로 완화시킬 수 있다. 내 경우 알루미늄 캔을 딸 때 보즈의 주의를 공에 재전환시킴으로써 둔감화를 시도했고, 그다음에는 아직 따지 않은 캔을 잡는 섯을 볼 때마다 개에게 공을 주면서 역조건화를 실행했다.

그리고 개를 소음의 촉발요인에 둔감화시키기 위해 조금 먼 거리에서 낮은 음량의 소리를 들려주다가 그 소리에 익숙해지고 불안함을 덜 보이면 천천히 그 소리의 원천에 다가가게 해주었다. 이 시점에서 소리가 들리기 바로 직전에 개가 좋아하는 장난감을 주거나 하여 역조건화를 시도해볼 수도 있다. 지난 몇 년 동안 소리의 민감성에 관해 학습한 결과 한 가지 흥미로운 것은 눈 주변에 털이 많은 개들은 주변에서 벌어지는 일들을 충분히 볼 수 없기 때문에 소리에 좀 더 민감한 반응을 보이는 경향이 있었다는 것이다. 그러므로 소리가 어디에서 들려오는지 알 수 있도록 견종에 따라 무리가 가지 않는다면 눈 주변의 털을 정리하는 것도 고려해본다. 시야가 명확해지면 더 나은 눈 맞춤과 주의력으로 집중하는 것이 가능해질 것이다.

식습관 문제

과다 급여가 개들에 대한 우리의 사랑을 대변할 수는 없다. 과체중인 개들은 정형학적 문제나 심장병, 뇌의 질병과 암 등에 훨씬 더 쉽게 노출된다. 어떨 때는 개들에게 충분한 관심을 주지 않는다고 느껴져 과급여하기도 하지만, 음식이 올바른 대안이 될 수는 없다. 혹시 여러분의 개가 비만이라면 이와 관련하여 다이어트의 필요성 또는 건강상의 문제는 없는지 수의사나 수의 영양사의 상담과 검진을 받을 것을 권장한다.

식이 환경의 일상적 관리는 개의 건강을 지키기 위한 첫 번째 요소다. 개가 점프할 수 있는 거리나 높이 또는 개의 접근이 가능한 선반에 음식을 두지 말고, 특히 가족들이 식사할 때 식탁 밑에서 음식을 주지 말아야 하며, 접시를 놔둔 채 자리를 비워 개가 남겨진 음식을 먹지 않도록 해야 한다. 칼로리 섭취와 운동 등을 포함하여 일상적인 생활 습관을 잘 살피는 것이 매우 중요하고, 교육을 시작하면서 점점 더 체중이 늘기 시작하면 트릿이 하루의 식사량에 포함되도록 하여 섭취하는 전체 칼로리를 계산해서 일일 식사량을 조절한다. 전문 트레이너들은 개가 뚱뚱하면 보호자가 충분한 운동을 시키지 않는다고 확신한다.

또 너무 빨리 먹는 것이 문제의 원인이 되기도 한다. 대부분 심각한 위장계 질환을 야기할 수 있는데 위장이 뒤틀리면서 위가 매우 빠르고 심각하게 부푸는 '위염전(gastric torsion)'이라는 질병은 목숨을 앗아갈 수도 있으며, 발생 시 신속히 응급 처치를 해야 한다. 주의사항 중 간과하면 안 되는 몇 가지를 설명하자면, 첫 번째로 개의 식이율을 늦추고 식사 전후 1시간은 과도한 운동을 자제하며, 하루에 한 번 이상 소량의 식사를 권장한다. 위염전의 원인에 대해 논란이 분분한데, 어떤 수의사들은 소량의 물을 건사료에 섞어서 급여하는 것이 가스를 배출하거나 위가 붓는 것을 방지한다고 믿지만, 이 부분에 대해서는 아직도 논란이 진행 중이다. 위염전의 위험 외에도 개가 너무 빨리 먹거나 하면 마음이 약해져 개가 먹어야 할 알맞은 양보다 더 많이 급여할 수도 있다는 것을 기억한다.

그렇다면 개의 음식 섭취를 느리게 하기 위해 그릇 안에 삼키지 못하는 큰 돌이나 철로 만든 큰 물체 등을 넣어서 시간을 버는 것도 한 가지 방법인데, 그릇을 씻을 때마다 이들 장애물도 같이 세척해야 하며 납이나 페인트 성분이 없는 것을 고르는 게 중요하다. 나는 너무 빨리 먹는 나의 개들과 손님 개들을 위해 '콩' 장난감을 사용하는데, '콩' 안에 음식 일부를 넣고 나머지 음식과 함께 그릇에 같이 넣어준다. 그리고 개가 음식을 천천히 먹도록 해주는 것 외에도 '콩' 안에 든 음식을 바깥으로 꺼내 먹는 방법을 알아내기 위해 개가 생각할 수 있게 만들어준다.

사회화 문제

사회화가 잘된 강아지는 삶에서 맞닥뜨리는 다른 많은 개들이나 아이들 그리고 성인들에게 긍정적으로 노출되어왔다고 할 수 있다. 개가 감당할 수 있는 것 이상으로 너무 과다하게 노출시키지 않는 한 사회화에서 절대로 과부하가 걸리는 일은 없을 것이다. 다만 내 경험에 비추어봤을 때 많은 보호자들이 개의 삶 전반에 걸쳐 포괄적인 사회화를 충분히 시켜주지 않는 것이 문제다.

이상적으로 알맞은 사회화 태도를 학습하는 것은 강아지가 4개월령이 되기 전이지만, 만약 이때 학습되지 않는다면 그 후에 사회화 문제가 생긴다. 예를 들면, 소극적으로 만들거나 괴롭히는 다른 개들이나 사람들에 대한 두려움, 또는 너무 세게 물거나 거칠게 노는 등의 행동적인 반응, 다른 개들의 신체언어를 이해하지 못하는 등 여러 가지 사회 문제들이 자라기 시작한다. 사회화 문제를 가지고 있는 개들은 상대적으로 사회화할 기회가 적고, 그러한 태도는 상황을 더욱 악화시킨다. 사회화 문제가 개선되지 않는다면 개는 결국 심각한 안전 위험을 수반하게 될 것이 불을 보듯 뻔하다.

나의 이비전하운드종인 브리오는 아주 일찍부터 사회화를 시작했다. 강아지 교육에 함께하는 것은 물론 보호자 참관하에 수많은 놀이 기회에도 참여했지만, 당시 브리오는 거의 두 살이었기 때문에 교육을 받으러 온 강아지들에게 강압적으로 굴기 시작했다. 그래서 나는 브리오의 청소년기를 주의 깊게 의식했고, 어린 강아지들이 아닌 좀 더 성숙한 개들과의 사회화의 필요성을 깨닫게 되어 강아지 교실에 더 이상 참석시키지 않고 다음 단계로 이동했는데, 그것은 즉시 변화를 가져다주었다. 결론적으로 현재 브리오는 7세인데, 사회적으로 아주 훌륭한 예절을 갖춘 개가 되었고 심지어 다른 손님 개들을 위탁하는 것도 도와주거나 훌륭한 놀이 기술들을 갖추어 그들을 즐겁게 해줄 뿐만 아니라 강아지들과 부드럽게 놀아주는 것을 즐기기도 한다.

또, 심각한 사회화 문제를 일으켰던 개에게 긍정강화 방식은 재활할 수 있는 최고의 기회를 보장해준다. 1장에서는 유타주의 캐납이라는 곳에서 '베스트 프렌즈 애니멀 소사이어티'가 프로 풋볼선수였던 마이클 빅이 운영하는 불법 투견장에서 구조한 22마리의 핏불들에 대해 언급했다. 비록 다른 전문가들은 그 개들이 회복 불가능하다고 판단했고 안락사시키는 것이 그들에게 해줄 수 있는 가장 인도적인 방법이라고 주장했지만, '베스트 프렌즈 도그 타운'의 지도사 조 가르시아와 전문 지도사 앤 앨럼스가 긍정강화 방식으로 죽음의 기로에 놓인 개들을 갱생시켰고, 지금 그들 중 일부는 완전히 회복되어 '좋은 시민견'에 등록되었을 뿐만 아니라 새로운 가족들과 함께 즐거운 삶을 살고 있다.

가르시아와 앨럼스는 개들 각각의 행동 문제를 마치 수수께끼를 푸는 것처럼 임했는데, "우리는 인내심을 가지고 천천히 과정을 진행하고, 인간과 다를 바 없이 하나의 객체로 그들을 마주한다"고 말했다. 특히 '메릴'이라는 매우 공격적인 개는 사람들이 자신에게 다가오는 것은 싸우기 위해서가 아니라 소통하고 우정을 쌓기 위함이라는 것을 알아야 했는데, 메릴을 교육한 후 앨럼스는 "5분도 지나지 않아 우리는 메릴을 괴롭히는 촉발 요소들을 찾을 수 있었다. 그리고 기본적인 신뢰를 얻는 데 단 하루가 소요되었다"고 말했다. 또한 덧붙여서 만약 메릴에게 혐오처벌 방식을 사용했다면 덤벼들었거나 더 악화되었을 것이라고 말하기도 했다.

가르시아와 앨럼스가 개들과 긍정적인 관계를 형성하기 위해 시도한 첫 번째 단계는 개들이 손 급여를 충분히 편안하게 생각하도록 하는 것이었고, 그러고 나서 음식에 대한 과격함을 줄이고 둔감화하기 위해 다른 장소에서도 급여했다. 그렇게 하자 개들은 가르시아와 앨럼스를 아주 커다란 음식통으로 생각하기 시작했다고 한다. '베스트 프렌즈'의 트레이너들은 각각의 개가 몇 가지 올바른 행동을 하도록 강화하면서 그들의 사회화를 위해 다른 개들과 사람들에게 천천히 다가갈 수 있도록 했으며, 준비되었다는 판단이 들면 차에 타기 등 새로운 환경에 노출시켰다. 가르시아와 앨럼스는 개들에게 간식이 들어간 '콩' 장난감과 다른 게임 장난감들, 그리고 신호 교육이나 타깃 교육 등과 더불어 풍부한 정신 자극 교육도 같이 시도했다.

식욕과 소유욕

음식 또는 장난감에 대한 소유욕이 강한 개는 어떤 시점에서 위험해지고, 느닷없이 광폭해질 수도 있다. 예를 들면 음식에 대한 집착이 강한 개는 좋아하는 장난감을 평화롭게 물어뜯다가 아이가 다가와서 자기를 쓰다듬으려고 할 때 장난감을 지키기 위해 갑자기 아이에게 돌진하는 일이 벌어질 수도 있다.

나는 이런 개를 교육할 때 개가 음식 그릇 주변에 있는 동안 신체언어를 관찰하는데, 그 곁을 지나갈 때 개의 어깨와 머리가 음식 그릇 안으로 훅 박힌다면 음식 그릇에 매우 집착한다는 신호가 될 수 있다. 이런 경우에는 그릇 주변에 음식들을 던진 다음 조금씩 다가가 나의 존재에 덜 민감하게 반응하는지를 관찰한다.

혹시 개가 음식에 민감한 반응을 보인다면 즉시 3장에서 다루었던 손 급여 원칙을 시행하도록 하자. 집의 여러 다른 장소에서 다양한 그릇을 사용하여 손 급여를 하는데, 그렇게 함으로써 개가 음식과 그릇, 식사 장소 등에 대한 소유욕을 덜 가지게 되고 음식이 여러분의 것이며, 여러분이 나눠준다는 것을 알게 된다. 그러다가 손 급여를 중지해도 될 것 같다는 판단이 들면 음식 그릇에 일부 음식물을 넣는 것을 개가 보게 하고, 여러분이 나머지 음식을 갖고 있다는 것도 알게 해준다. 이렇게 손 급여를 반복하면 다른 사람들에게서 음식을 받아먹는 것이 자연스러워지고, 다른 개들과 사람들이 있는 곳에서 문제없이 식사할 수 있다.

혹시 개에게 손 급여를 하는 것이 불편하다면 전문가의 도움을 받기를 권한다. 손 급여에 대해 공격적이거나 무서워하는 개들에게 적용하는 하나의 기술이 있는데, 섭취할 하루의 음식량을 재고 그것을 큰 그릇에 담는 것을 개가 보게 하는 것이다. 즉, 여러분은 개가 좋아하는 모든 것을 주는 사람이며 음식 그릇을 통제할 권한도 있음을 알게 한다. 그런 다음 그릇에 한 줌의 음식을 넣는 것을 보게 하고 바닥에 그릇을 놓는다. 이상적으로는 개가 앉을 때 주는 것이 좋다. 그리고 그것을 다 먹고 나를 보면 그때 "옳지, 더 먹고 싶어?"라고 말해준다. 그러고 나서는 여러 개의 트릿과 사료 알갱이를 그릇에서 먼 바닥에 떨어뜨려주고 개가 그것들을 먹으러 갈 때 음식 그릇을 집어 올려서 음식을 더 넣고 다시 내려놓는다. 이렇게 하는 것은 음식 통제권이 여러분에게 있다는 것을 알게 하는 효과적이면서 빠른 방식이다. 개가 먹는 중일 때 그릇에 가까이 가도 괜찮을 것이라는 확신이 들 때까지 이런 단계들을 계속 반복하고, 개의치 않는 시점이 되면 개가 먹는 중에 치즈 조각같이 맛있는 트릿을 그릇에 떨어뜨려준다. 우리 손이 그릇에 닿을 때 음식을 뺏는 것이 아니라는 것을 이해시킴으로써 자기가 먹는 동안 주변에 있어도 안심할 수 있게 된다. 그리고 개가 차분해져 음식 제어를 받아들인다는 확신이 들면 그때 손 급여를 시작할 수 있다.

개가 지키고 싶어 하는 다른 물건들로는 트릿으로 가득 채워진 '콩' 장난감이 있다. 방해 없이 5분 이상 씹는 것을 허락하지는 않는데, '콩'은 나의 것인 동시에 얌전히 앉아서 기다릴 때나 다른 예의 바른 행동의 보상으로 개에게 대여해준 것이기 때문이다. 개가 장난감에 대한 소유욕을 드러내는 신호 중의 하나는 집에서 떨어진 곳으로 장난감을 가져가는 것이다.

씹고 있는 장난감을 개에게서 가져올 때는 항상 다른 트릿이나 장난감으로 교환해주는데, 그렇게 하는 것은 여러분에게 주면 생각지도 못한 더 가치 있는 물건들을 받을 것이라고 이해시킬 수 있기 때문이다. 나는 맛있는 것이 들어간 '콩' 같은 특별한 장난감을 교환할 때 햄버거 조각을 주는 경우도 있다. 그리고 이전에 학습한 "가져가"와 "놔"의 쿠키 교환을 연습함으로써 자기 것을 가져가도록 놔두면 다른 것이 돌아온다는 것을 경험하게 해준다. 그리고 더 많은 교환 연습을 통해 개가 여러분 주변에서 장난감을 씹는 것에 편안해 하고, 교육에 참여하는 다른 사람들 주변에서도 안전하게 있을 수 있다.

사람에 대한 공격성

혹시 여러분의 개가 사람들에게 공격성을 드러낸다면 전문 지도사의 도움으로 개의 촉발 요소들을 찾아내어 둔감화하고 재전환 시도를 할 수 있는 도움을 받도록 한다.

공격적인 개를 평가할 때는 항상 먼저 그러한 '공격적인' 행동을 하게 만드는 원인이 혹시 건강 이상이나 부상 때문이 아닌지 수의사의 진단을 받도록 한다. '공격적'이라는 단어는 개의 행동을 묘사할 때 굉장히 자주 쓰이는데, 나의 경험에 비추어서 이야기하자면 바람직하지 않다. 나는 이 단어를 사용할 때 매우 신중한 편으로, 일단 개에게 그런 꼬리표가 붙으면 그 개의 운명이 닫히는 결과를 낳게 되기 때문이고 그런 경우들을 매우 많이 봐왔다. '공격적'이라는 주홍글씨가 새겨진 개가 재입양되는 경우는 거의 없다.

전형적으로 공격적인 성향을 가진 개들은 사람들을 향해 위험한 행동을 하는데, 그 원인으로는 인간과의 접촉이 결핍된 경우 또는 첫 4개월 동안 부족한 사회화 아니면 과거의 트라우마로 인한 경우 등이다. 이런 경우에는 개가 누구를 믿어야 할지 모르게 되고, 공격적이라기보다는 오히려 두려움에서 나오는 모습이라고 생각하면 된다.

개의 공격성에 대처하기 위한 첫 번째 단계는 원인의 촉발 요소를 찾아내는 것과 동시에 개가 누군가를 신뢰할 것이 요구된다. 가능한 한 가장 긍정적인 방식으로 이러한 시나리오에 조심스럽게 접근하는 것이 좋다. 개의 몸짓 신호를 매우 주의 깊게 관찰하고, 개 또한 여러분의 몸짓을 잘 이해하게 하면서 인내심을 가지고 개가 편안함을 느끼는 속도로 여러분과 함께 교감을 점점 늘릴 수 있도록 노력한다.

이 교육에서는 음식을 보상물로 사용하므로 개가 배고플 때 시작하는 것이 좋다. 혹시 개에게 안전하게 리드줄을 채울 수 있다면 180~360cm 길이의 긴 줄을 사용하도록 한다. 그리고 나서 리드줄을 바로 잡지 말고 바닥에 끌리는 채로 개를 돌아다니게 하는데, 리드줄을 끌게 하는 것은 나중에 여러분과 보조자가 그것을 잡을 때 개가 갇히는 기분을 덜 느끼고 또 덜 민감해지기 때문이다. 여러분의 허리벨트에 묶거나 손잡이를 밟아 가지 말아야 할 곳에 가지 못하도록 줄을 조절하면서 개가 두려워하거나 불편함을 느끼는 것을 알 수 있는 신체언어를 조용히 관찰하여 개의 움직임을 예상해보는 것이 중요하다. 신체언어들의 예로는 털끝이 서 있다거나, 어깨가 굽어지거나, 머리를 수그리거나, 겁먹은 것처럼 웅크리거나, 숨거나, 사람들 또는 다른 개들에게서 멀어지려고 하는 것 등이다.

일단 개를 조용한 곳으로 데리고 가면서 시작한다. 여러분과는 편안해 보이지만 보조자를 두려워하거나 공격적인 자세를 보인다면 개를 두렵게 만드는 촉발 요소를 찾았다고 생각해도 좋다. 문제를 해결하기 위해 여러분과 보조자가 즐겁게 이야기를 나누면서 개로부터 약간 떨어진 상태에서 보조자가 개에게 작은 쿠키를 던져주고 개가 받아 가는지 본다. 계속해서 보조자와 차분하고 즐겁게 이야기를 나누면서 보조자가 작은 쿠키를 더 던져주는데, 개가 편안해하고 안전함을 느낀다면 쿠키를 가져갈 것이다. 강압적이지 않게 시간을 두고 계속 지켜보도록 한다. 트릿의 사용은 개가 아무도 해치지 않을 것임을 이해하도록 도와주고, 사람들이 그리 나쁘지 않다는 것을 알게 해주는 것으로 보조자가 조심스럽게 트릿을 활용하여 점점 더 가까이 다가갈 수 있으면 좋을 것이다.

개가 보조자에게 좀 더 편안해지면 보조자가 개에게 손 급여를 하는 것이 가능하게 되고 교육을 시작할 수 있게 되면서 함께 교육과 게임, 산책 등을 할 수 있을 것이다. 이와 같이 더 많은 사람들에게 같은 시도를 하게 하여 개와의 처음 만남을 진행하고, 개가 편안함을 더 느낄 수 있다면 자신감 또한 증폭된다. 개가 각각의 단계에서 성공하기까지 시간이 얼마나 걸릴 것인지는 예측하기 어려운데, 문제의 심각성 여부와 해결하고 도와주고자 하는 교육자의 의지 등에 따라 달라지기 때문이다. 즉 이러한 연습을 지속적으로 한다는 가정하에 3개월이 소요될 수도 있고, 또는 1년이 걸릴 수도 있다.

수의사 또는 미용사를 두려워하고 약간의 공격성을 보인다면 사전에 양해를 구하고 짧은 시간 동안 병원 실내 또는 업장 내부에 들러 트릿을 얻어 나오고, 그다음에 다시 오는 등 여러 번 반복하여 단순 둔감화를 시도하며, 직원들이 개에게 잠깐이라도 인사하면서 트릿을 준다면 둔감화에도 도움이 될 것이다.

다른 개들을 향한 공격성

어떤 개들은 사람하고 있을 때는 얌전하고 착하게 행동하지만, 다른 개들에게는 공격적인 성향을 보이기도 한다. 사람을 향한 공격성이나 두려운 행동을 보이는 문제에 대처하는 것과 마찬가지로 이 문제 또한 개의 촉발 요소들을 둔감화하기 위해 전문가의 도움을 받도록 한다. 다른 개들과 함께 있었을 때 개가 어땠는지 파악하고, 건강상의 문제가 없는지 수의사의 검진을 받는 것이 좋다.

개의 둔감화와 사회화를 위한 교육을 할 때 보조자의 인내심은 필수다. 나의 교육생들을 위한 반려견 도우미는 브리오였다. 일단, 새로운 행동적인 문제가 발생한 경우나 공격 성향이 판명된 개를 위탁할 때는 교감 시간을 포함하여 1~2주 정도 개를 평가한다. 위탁견 중 십중팔구는 브리오와 놀고 싶어 하는 듯 보였지만, 어떻게 놀아야 하는지 모르는 듯했다. 또 공격적인 개가 노는 스타일은 거칠고, 입을 사용한다거나 제압하려 하고 강압적이다. 그뿐만 아니라 브리오의 신체언어들을 무시하거나 브리오가 보내는 경계 전달 방식 또한 알아차리지 못했다.

이러한 평가와 둔감화 교육 동안 탄력 있는 입마개를 씌우는데, 이것은 세게 물려고 하면 입을 크게 벌리지 못하게 막아주고 먹고 마시고 숨 쉬고 노는 것은 가능하지만 입마개를 착용하는 동안에는 면

> 먼저 개의 촉발 요소를 파악함으로써
> 공격성을 감소시킬 수 있다.

밀한 감독과 풍부한 기본지식, 그리고 성심껏 돌보고자 하는 세부적인 노력도 필수로 요구된다. 가구를 물어뜯지 못하도록 입마개를 사용하는 것은 옳지 않고, 또 만약 입마개 한 개를 다른 개가 공격하면 피해를 더 입을 수 있으므로 절대로 입마개를 씌우면 안 된다는 것도 알아야 한다. 브리오는 선천적으로 좋은 성격을 가지고 있고 교육도 잘 받았을 뿐만 아니라 사회화도 잘되었으므로 입마개가 씌워진 개의 상태를 악용하지는 않을 것이다.

공격적이라고 판단할 수 있는 행동 중의 하나는 마운팅을 하는 것이다. 마운팅은 절대로 달가운 행동은 아니지만, 그 자체를 '공격적인' 것으로 해석하지는 않는다. 왜냐하면 마운팅은 개의 자연스러운 행동이고, 분위기에 휩쓸려 같이 묻어가는 경험들로 자주 발생하기 때문이다. 만약 다른 개에게 뛰어오르려고 시도하는 상황이라면 개의 주의를 재전환시키도록 한다.

어떨 때는 마운팅이 싸움을 유발할 수도 있다. 개가 마운팅하는 것을 멈추게 하기 위해서는 먼저 "놔"라는 신호를 준다. 사회화가 잘된 소규모 그룹 내에서 여러분과 다른 보호자는 마운팅을 당한 개가 마운팅 한 개를 향해 으르렁거리며 달려드는 것을 허용해야 할 때가 있다. 왜냐하면 사회화가 잘된 다른 개들을 지키기 위해 불편함을 유발하는 개에 대한 제재가

이뤄져야 하기 때문에 그 개를 향한 경고의 행동을 허락한다. 물론 사전에 경고하는 개와 감독하는 사람들이 충분한 소통과 관찰을 바탕으로 진행한다. 그리고 또 마운팅을 시도하는 개의 신체언어를 관찰해보자. 어떤 개가 다른 개 뒤에 사각 자세로 서 있고 앞으로 슬금슬금 기어가는 중이라면 마운팅을 하려고 준비하는 것이니 그때야말로 "놔"라는 신호를 완벽하게 줄 때라는 것을 기억하자. 양쪽 개의 보호자는 서로에게서 멀어지도록 주의를 전환해야 하고, 다시 놀기 전에 몇 가지 신호를 연습해야 한다.

그리고 허락해서는 안 되는 공격적인 행동 중 하나는 이웃 개들 사이의 울타리 싸움인데, 사회화가 잘된 개의 공격적인 행동을 유발할 수 있기 때문이다. 갈등하는 개들을 멈추게 하지 않으면 개들은 울타리 싸움을 문제없다고 받아들일 것이고, 나중에 더 공격적으로 덤비게 만드는 나쁜 습관으로 자리 잡거나, 심한 경우에는 울타리를 넘어서 정말로 위험한 싸움으로 번질 수도 있으므로 유의하도록 한다. 즉, 울타리 싸움을 무관심하게 계속 방치해두면 상황이 훨씬 나빠질 수 있다는 것이다. 가능하다면 이웃과 대화를 통해 서로의 개들을 둔감화시키고 사회화를 이루기 위해 안전한 방식을 찾을 의도가 있는지 물어보는 것과 모두의 안전을 위해 계획을 세우고

함께 차분히 대화해보는 것도 매우 가치 있는 일일 것이다.

도그파크의 예를 들어보자. 이곳은 리드줄을 사용하지 않고 사회화를 경험해볼 수 있는 매우 훌륭한 공공장소인 반면에 공격과 두려움, 부적절한 놀이가 만연한 밀집 장소가 될 수도 있다. 12장에서 성공적인 도그파크 경험이 가능한 몇 가지 팁을 알려줄 것이다. 기억할 것은 모든 개들이 도그파크를 좋아하는 것은 아니고, 여러분의 개 역시 그런 환경을 재미없어할 가능성이 있으며, 특히 성견 또는 더 나이든 개들은 다른 개들과 놀려 하지 않거나 짜증을 낼 수도 있다.

분리불안과 쫓아다니기

개들은 집단생활을 하는 동물이므로 일반적으로 그룹 구성원이 되고자 하는 욕구가 있다. 그래서인지 어떤 개들은 혼자 남아있으면 두려움을 느끼거나 불안해한다. 내 개인적인 생각으로는 완전하지 못한 크레이트 트레이닝이 분리불안의 일부 공통적인 원인이 될 수 있다. 다시 말해 개가 집에서 여러분을 그림자처럼 쫓아다니도록 허락했거나 때때로 혼자 있는 것이 바람직하다는 것을 가르치지 않았기 때문이다. 여러분의 개가 분리불안이 있다면 즉시 3장에 자세히 서술한 크레이트 교육을 시작하도록 한다. 성공적인 크레이트 교육

은 혼자 있는 것을 습관화하는 것이고, 그렇게 함으로써 자기만의 굴속에서 안전함과 편안함을 느끼게 된다. 다음 사항들은 기본 크레이트 교육에서 알아두어야 할 몇 가지 지침이다.

❯ 크레이트 안에 있는 시간을 점차 늘리고, 개가 그 안에 있는 동안에는 여러분이 떠나 있는 시간의 양을 늘리도록 한다.

❯ 혹시 개가 크레이트에 있는 동안 짖는다면 멈출 때까지 기다렸다가 개에게 돌아오고, 여러분이 떠나 있거나 다시 돌아올 때 별일 아닌 것처럼 행동한다.

❯ 혹시 재택근무를 한다면 주방에 갈 때나 화장실 등에 개가 쫓아올 수 없게 한다. 집에서 근무하거나 계속 있는 상황이라도 크레이트 규정을 따르는 것이 좋다.

요약하자면, 분리불안이나 쫓아다니는 것을 극복시키고자 할 때는 천천히 개를 크레이트 안에 있도록 습관화시키고 이 방에서 다른 방으로 왔다 갔다 하는 동안 개를 크레이트 안에 계속 있게 놔두는데, 너무 오래 있으면 무서움을 느낄 수 있으므로 처음에는 짧은 시간 동안 연습하고 그런 다음 점점 시간을 늘려나가도록 하자.

새로운 상황에 대한 두려움

새로운 상황에서 두려워하는 행동 패턴을 보인다면 사회화를 계속 시켜주어야 하는데, 무리해서 하지는 말고 천천히 해준다. 새로운 환경에 있게 하기 전에 이미 편안함을 느끼는 환경들에서 더 유연하게 잘 적응하는 것을 강화하고, 절대로 개를 불편하게 만드는 상황에서 억지로 사회화하지 않도록 주의한다. 예를 들어 개가 자동차에 타는 것을 무서워한다면 데리고 나가지 않고, 그 대신 한 번에 한 단계씩 자동차에 대해 알려주며, 처음 크레이트 교육을 시작할 때 소개했듯이 자동차에 대해서도 같은 방식을 적용한다. 예컨대 자동차에 처음 타기 전에 주차된 다른 자동차들 주변을 돌아다니거나, 트릿을 주고 칭찬도 해주고 나서 같이 다른 곳으로 걸어간다. 그리고 자동차 문을 열어놓은 채 내부 냄새를 맡게 하고 트릿들을 먹게 하면서도 아직은 루어를 해서 차에 태우지는 않는다.

그런 다음에 다시 연습할 때는 몇 개의 트릿을 자동차 안에 던져놓고 개가 차 안에 들어가는지 보고, 만약 여전히 차에 안 들어가려 하면 그대로 놔둔다.

개에게 원하지 않는 무언가를 하도록 강요하는 것은 본질적으로 갑작스러운 두려움을 마주하게 하는 것인데, 이를 '플러딩(flooding)'이라고 한다. 플러딩은 사전적 의미로 '홍수' 또는 '범람'이라는 뜻인데, 그와 같이 개에게 두려움을 한꺼번에 마주하게 하는 것이다. 플러딩의 배경에는 관련이 없는 두려움들을 더 빨리 노출시켜 '의미 없는' 것으로 만듦으로써 그만큼 더 빨리 극복하게 한다는 것이지만, 이 기술이 일부 트레이너들에게 지지받고 있다 해도 나는 강력하게 반대하는 입장이다. 내 전문적인 판단에 비추어봤을 때 개가 준비도 되기 전에 억지로 극복시키고자 두려움을 맞이하도록 강요한다는 것은 비유하자면 우리를 뱀이 가득한 방안에 집어넣고 극복하라고 하는 것과 다를 바 없다. 예전에 나는 뱀을 너무 무서워한 적이 있었다. 그리고 아직까지도 뱀은 야생에 있는 동물 중 가장 마주하고 싶지 않은 동물이기도 하다. 몇 년 전 아들이 반려뱀을 키운 적이 있었는데, 결코 편안함을 느꼈다고 말할 수 없다. 아들은 뱀을 키우는 사촌 집에 갔다 온 후로 뱀이야말로 자기가 원하는 가장 완벽한 반려동물이라고 생각하게 되었는데, 그 당시 나 스스로 아들의 생각에 적응하기 위해 무척 노력했고 뱀에 대한 자료들을 찾아서 읽어보고 더 알게 됨으로써 호기심을 가졌던 것도 사실이다. 그 뒤에 관련 영상들을 보거나 인터넷에서 정보들을 찾아보기도 하고 번식업자들을 만나 실제로 뱀을 키우는 사람들과 대화를 나눈 적도 있다. 또한, 우리 집에서 멀지 않은 곳에 있는 워싱턴 DC의 동물원도 방문

한 적이 있었는데, 그곳에서는 다양한 종의 뱀을 사육하고 있었다. 나는 파충류발견센터에 가서 두꺼운 판유리 너머에 있는 뱀들을 관찰했는데, 그곳에는 코브라, 비단뱀, 물뱀, 나무뱀, 보아뱀, 아나콘다 등이 있었다. 그러나 오래지 않아 더 이상 견딜 수 없어 재빨리 그곳을 벗어나 고릴라들이 있는 구역으로 도망쳤다. 내가 그때 한 행동은 뱀을 향한 나의 두려움을 점차 둔감화하려고 노력한 것이었다. 그 후에 마음의 준비를 하고 볼 비단뱀(Ball Python) 새끼가 우리 집에 왔을 때 나는 뱀을 맞을 준비가 되었고, 뱀을 키우는 데 대해 불편함을 덜 느꼈다. 그래서 뱀의 식사를 도와주거나 수의사에게 정기검진을 가기 위해 이동 테라리엄에 넣는 것도 가능했다.

그럼에도 누군가 만약 나에게 "뱀에 대한 여러분의 두려움은 옳지 않으므로 제가 여러분을 독성이 없는 뱀 10마리가 있는 방에 가두고 여러분이 괜찮다는 것을 증명하여 그런 두려움이 과장되었음을 알게 해주겠습니다"라고 말한다면 나는 심장마비로 죽거나 분노가 폭발할지도 모른다.

그리고 개들 역시 나보다 더하면 더 했지 덜하지는 않을 텐데, 두려워하거나 공격적이 되는 것에 대한 해결책으로 감정적인 원인을 일으키는 요소들을 플러딩으로 악화시키면서 무디게 만드는 것보다는 다른 해결방안으로 천천히 둔감화하는 것이 그들에게 훨씬 더 자애로운 방법이 될 것이다. 플러딩의 예를 더 들자면 개에게 도그파크에 가도록 강요하는 것도 그중 한 가지가 될 수 있고, 수영을 배우라고 풀장에 데려가서 물속에 집어넣거나, 아니면 두려움을 극복하도록 개 주변을 아이들로 둘러싸게 하는 것, 그리고 두려워하는 미끄러운 바닥에서 억지로 걷도록 강요하는 것 등이다.

만약 문제행동으로 전문가의 도움을 받을 생각이 있다면 플러딩 기술을 사용하는 이들은 가까이하지 않는 것이 좋다고 강력히 주장하는 바다.

숨기

혹시 개가 집안에서 자주 숨는다면 그것은 아마도 사람들, 특히 활동성이 강한 아이들 때문에 충분한 휴식을 취하지 못했다는 것을 의미한다. 개가 숨으려고 할 때 아이들이 성가시게 하지 못하게 하는 등 가족들의 행동이나 움직임들을 주시한다. 예를 들면 가족 구성원 중 여러분이 안 보는 사이에 의도치 않게 개를 힘들게 한다든지, 가족이지만 멀리 떨어져 있어 교류가 부족한 경우 등은 주의하도록 한다. 후자의 경우에는 가족 구성원에게 천천히 개와 가까이하게 해주고, 긍정적인 관계를 형성하기 위해 도움이 되는 트릿을 사용한다. 또한 개가 부상이나 건강상의 문제는 없는지 잘 살펴보아야 하는데, 개들이 아플 때는 또다시 다칠지 모른다는 것과 무리에서 도태되어 밀려날지 모른다는 두려움으로 약함을 숨길 수 있기 때문이다.

행동 문제에 대한 나의 결론

누구나 행동 문제를 치료하기 위해 쉬운 해결책을 원한다는 것을 알지만, 현실적으로 그런 쉬운 방법은 어디에도 없으며 유일한 해결책은 지속적인 관심과 의무, 그리고 노력이다. 지난 20년에 걸쳐 개들과

보호자들을 위한 교육을 해왔고, 불안증 같은 특징적인 행동학적 문제들을 치료하기 위해 약 처방이 점점 증가하는 것을 봤지만, 보호자가 개의 환경과 일상생활에서 스스로 행동을 변화시키지 않는다면 약의

효력도 떨어질 것이다.

어떤 사람들은 전자 트레이닝 목줄을 마치 마법의 도구처럼 사용하는데, 그 부분에 대해 다시 생각해줄 것을 제안한다. 왜냐하면 그런 목줄은 약한 강도부터 강한 강도까지 리모컨으로 벌칙 쇼크를 집행하는 것이기 때문이다. 효과적으로 사용하기 위해 클리커 트레이닝 방식에서 사용하는 것과 유사하게 개의 동작을 형태화할 수 있는 반면에 아주 세심한 주의를 기울여 사용해야 한다. 그리고 그동안 나는 부적절하게 반복적으로 사용되어 너무나 많은 고통을 겪은 개들을 마주해야 했다.

또, 나는 전기 울타리 사용에 단호하게 반대하는데, 이것은 개가 집 주변의 장벽을 넘으려고 할 때 가벼운 쇼크를 주는 것이다. 실제로 이웃의 울타리에 접근하는 것을 막을 다른 대처방안이 명확하게 없다는 것 또한 사실이다. 그럼에도 울타리를 사용해야 한다면, 단시간의 제재를 위해 잠깐 사용할 것을 권장한다. 예를 들면 정원을 가꿀 때라든지 마당을 청소하는 등 여러분과 함께 있을 때만 사용하는 것이 좋은데, 야외 교육을 할 때나 놀이 시간 등 그 자리에서 감독할 수 있는 상황에서만 잠시 사용한다. 만약 일하러 나갈 때나 종일 외출해야 할 때는 혼자 돌아다니게 하는 것은 위험하고 다람쥐나 사슴을 쫓는 것이 개에게는 전기충격을 불사할 정도로

무척 재미있는 일이겠지만, 경계를 넘어가면서 충격을 입게 되면 두려움 때문에 다시 돌아오지 않을 수도 있다는 것을 명심해야 한다.

여러분 스스로도 이미 삶에서 만들어진 나쁜 습관들이 잘 고쳐지지 않는다는 것을 알 텐데, 심지어 나쁜 습관을 멈췄다 하더라도 계속 노력하지 않는다면 다시 그 습관이 되살아날 수도 있다는 것을 명심하자. 개들의 행동 문제 또한 갑자기 불거져 나올 수 있는데, 그럴 때는 다시 문제를 파악한 뒤 해결을 위한 시간과 노력을 불사해야 한다.

또 행동 문제들을 수정하는 방편 중의 하나로 어떤 문제들로 심각해지고 파괴적이 되기 전까지는 무시하는 것이 나을 수 있고, 긍정강화 방법으로 행동 문제를 고쳐나가는 순간들은 최고의 친구들과 풍부한 삶을 누릴 수 있는 축복의 과정과도 같은 것이라고 말하고 싶다. 개들을 기쁨과 고통을 느끼고 숨을 쉬며 살아있는 피조물로 소중하게 대할 때, 우리 역시 다른 사람들과 자신에게 더욱 존중감을 가질 수 있게 된다고 생각한다. 이처럼 언어로는 표현할 길이 없지만, 우리와 공유하는 생명들과 인생의 영감을 주고받는다는 것은 정말이지 대단한 일이 아닐 수 없고 그저 감사할 뿐이다.

12장

가족들과 함께하는 개의 삶

개 훈련에는 끝이 없다. 다만 더 쉬워질 뿐이다. 사회화는 항상 '조절'이라는 것을 필요로 한다. 주의를 기울여 살펴보면 매일매일 '가르치는 순간들'을 마주하고, 심지어 평범한 순간조차도 가르침의 기회로 삼을 수 있다는 것을 알게 된다. 여러분의 열정적인 교감이 사회화가 잘된 개와 어우러져서 매일같이 강화된다면 생각지도 못한 새로운 세계가 펼쳐질 것이다.

도그파크

개들은 리드줄에 묶여 있건 그렇지 않건 간에 사회화가 되어 있어야 한다. 그러나 평상시 리드줄에 통제되는 것을 편안하게 생각하는 개라 할지라도 어떨 때는 자기가 통제되고 있다는 것에 불만이 생길 수 있다. 비유하자면 장난감 가게에 들어간 아이와도 같은데, 아이들은 장난감을 만지기를 원하지만 부모가 너무 많이 제재하면 오히려 더 말썽부리는 것과 마찬가지로 개도 유사한 반응을 보인다. 그러한 것을 막기 위해 여러분의 감독하에 리드줄 없이 보내는 시간을 가지도록 하는 것이 중요하지만, 개의 에너지를 끌어올릴 상당한 기술이 요구될 수도 있다.

도그파크에 가서 리드줄 없이 돌아다니는 것은 행복한 날의 표상이 될 수도 있지만, 안타깝게도 그런 방식은 여러 가지 도전과 맞서 싸워야 한다. 개 물림과 싸움, 배변을 밟는 것 등 결코 유쾌하지 않은 경험들이 도그파크에 대한 사람들의 평가를 부정적으로 만든다.

도그파크에서의 에티켓은 매우 중요하다. 다시 말하면 좋은 태도들과 상식들이 요구되는데, 그에 관하여 몇 가지 팁을 소개한다.

리드줄은 반드시 울타리가 쳐져 있는 곳에서만 풀어준다.

다른 개들과 노는 것은 사회화의 중요한 부분이다.

❯ 인식표가 달린 일반 칼라를 제외하고 하네스나 독특한 목줄, 옷 등은 착용하지 않는 것이 좋은데 여러분의 개 또는 다른 개가 걸친 옷이나 부착물에 꼬이거나 엉킬 수 있기 때문이다. 리드줄 규정을 잘 따르도록 하고, 놀이 구역에 들어갈 때까지

는 목줄을 채우고 리드줄을 꼭 잡고 있어야 한다.

◈ 도그파크는 아이들에게는 위험한데, 순식간에 사고가 날 수 있고 특히 활발한 개들은 쫓기 놀이를 하거나 몸을 부딪칠 수 있으므로 더욱 조심하도록 한다.

◈ 배설물은 즉시 처리한다. 공원에 치우지 않은 배설물이 있다면 건강에도 안 좋을뿐더러 배변을 본 뒤에 처리하지 않는 것 자체가 예의에 어긋나기 때문이다. 항상 배변 봉투를 지참하고, 지참하지 않았다면 공원 내에 비치되어 있는 배변 처리 도구를 사용해서 배설물을 치우자.

◈ 도그파크가 깨끗하고 안전하게 유지되도록 자원봉사자들이 열심히 활동하는데 한 번쯤 청소도구, 장난감, 울타리 수리나 놀이 구조물 등을 위해 기부하는 것도 좋을 것이다. 많은 공원들은 자원봉사자들이 주기적으로 청소하고, 매너 교육 세미나를 열기도 하며, 지역 펫스토어나 제품 제조자의 지원도 점점 늘어나는 추세인데, 매우 바람직한 트렌드라고 생각하며 지지하고 있다.

◈ 여러분의 개가 "이리 와"에 바로 올 수 있도록 해야 한다. 도그파크를 방문할 때마다 "이리 와"를 연습하고, 이 책 4장에 나와 있는 기본 교육의 '이리와 만들기'를 참조하여 기술을 다시 익히도록 한다. 그뿐만 아니라 "이리 와"를 위한 여러분의 신호가 언제나 놀이의 마무리를 뜻하는 것이 아님을 개가 아는 것이 중요하고, 다른 개들과 놀다가도 여러분이 부르면 즉시 오는 것이 가능하도록 교육한다. 가끔 보호자들과 개가 도그파크를 떠나야 할 때 보호자들이 개를 잡으러 다니는 것을 볼 때가 있는데, 그럴 때마다 아마도 보호자들이 무심코 "이리 와"가 끝을 의미한다는 것을 가르쳤을 것이라 예상한다.

◈ 개가 이미 숙지하고 있는 다른 행동 신호들을 하기 위해 "이리 와"를 하도록 한다. 이렇게 하는 것은 지속적으로 지시를 따르는 능력을 강화하는 것과 방해 요소가 많은 순간에 효력을 발휘하기 위함이다. 이 트레이닝은 처음에는 아주 짧게 하는데, 개들은 지시 없이 자유로운 놀이를 원하고 또 필요하기 때문이다.

◈ 절대로 개를 도그파크에 혼자 또는 감독 없이 놔두지 않는다. 다른 보호자들과 사회화를 경험하는 중이라도 나의 개가 무엇을 하는 중인지 정확하게 아는 것이 매우 중요하다.

◈ 나의 개가 놀이 구역에 들어오는 다른 개에게 돌진하지 않게 한다. 왜냐하면 놀이 그룹에 막 참여하려는 개를 당황히게

할 수 있기 때문이다.

❯ 개가 언제 충분히 놀고 행복하게 떠날 수 있는지를 알아야 한다. 아이들과 마찬가지로 개들은 피곤하거나 과다하게 흥분했을 때 짜증을 낼 수 있기 때문이다.

❯ 개의 사회화 능력에 관해 정직해야 한다. 도그파크는 공격적이고 사회화가 되어 있지 않거나, 싸웠거나 물었던 적이 있거나, 아니면 계속해서 짖는 개들에게는 맞지 않는 곳이다. 혹시 이런 문제 중 어느 하나라도 가지고 있다면 도그파크에 가기 전에 먼저 해결해야 하는데, 명심할 것은 개의 그러한 행동적 단점들을 둔감화하기 위한 방법으로 도그파크를 활용한다면 옳지 않다는 것이다.

❯ 인간 세계에서 모두가 서로서로 잘 어울리지는 못하는 것처럼 개들도 다른 개들과 잘 지내지 못할 수 있는데, 다른 개들의 공격 성향이나 불편한 신체언어를 읽을 수 있도록 관찰해본다. 그렇게 함으로써 여러분의 개가 싸움이 시작되기 전에 잠재적인 위험한 상황에서 빠져나올 수 있다.

❯ 만약 싸움이 벌어지면 책임감을 가지고 여러분의 개를 통제시켜 즉시 현장에서 다른 곳으로 이동시키고, 말할 때는 가급적 조용한 목소리를 유지하여 개의 흥분을 가라앉히게 한다. 대부분의 싸움은 어떤 명백한 이유 없이 아수라장이 되거나 집단싸움으로 번지므로 항상 경계태세를 갖추는 것이 중요하다. "이리 와"가 성공적일수록 싸움이 발생했을 때 개가 여러분에게 올 확률은 높아진다는 것을 기억하자.

❯ 싸움은 장난감이나 음식에 대한 소유욕 때문에 발생할 수 있으므로 트릿을 보여주지 않는 것이 제일 중요하다. 나는 "이리 와" 같은 행동이 잘 수행되었을 때 트릿을 빨리 그리고 주의 깊게 준다. 혹시 장난감을 두고 여러분의 개가 다른 개와 공유할지 안 할지 확신이 서지 않는다면 아예 가져가지 않는 것이 좋다.

❯ 혹시라도 다른 개나 보호자들과 함께 있을 때 창피하거나 언짢아지는 상황이 벌어졌고 만약 여러분의 개가 실수했다면 빨리 사과하는 것이 좋다. 실수는 반드시 하게 되고, 오히려 그 실수에서 배우기 때문이다. 또 여러분의 잘못으로 벌어진 상황이 아닐지라도 상대방이 여러분에게 먼저 사과할 것이라는 기대는 하지 않는 것이 좋다.

❯ 다른 개를 교육하지 않는다. 어떤 개가 과도하게 공격적인 상황을 연출한다면 여러분의 개를 다른 곳으로 보내는 데 집중하는 것이 최선이다. 만약 다른 개의 보호자에게 제재해줄 것을 요청해야 한다면 예

의 바르고 정중하게 말한다. 예를 들어 여러분과 개가 공원에 들어가려 할 때 다른 개가 위협하거나 무례한 행동을 하려 한다면 보호자에게 통제해달라고 요청하는데, 그 개 역시 그 보호자의 사랑스러운 개이므로 좋은 말로 부탁할 것을 권장한다.

휘파람 "이리 와"

휘파람은 개가 목줄 없이 돌아다니는 도그파크나 들판에서 특히 유용한 도구이지만, 휘파람 "이리 와"를 시도하기 전에 말로 하는 "이리 와"에 개가 익숙해지도록 하는 것이 중요하다. 혹시 휘파람을 불 수 있다면 일관적이고 충분히 크게 낼 수 있어야 한다. 그렇지 않으면 "이리 와"를 하기 위해 호루라기를 사용할 것을 권장하는데, 깨지지 않는 금속 호루라기는 개가 달리는 중이거나 길을 잃었거나 두려움에 떨고 있다 하더라도 먼 거리에서도 잘 들릴 수 있으니 참조한다. 나의 동료 작가인 래리는 금속 호루라기를 9년 이상 열쇠고리에 달고 다니면서 그의 골든리트리버 히긴스에게 수시로 "이리 와"를 주문한다. 일반 호루라기의 경우 쉽게 사용할 수 있지만, 울트라 소닉 호루라기를 사용하고 싶다면 적응하는 데 시간이 걸리므로 사용 방법을 정확하게 숙지한 뒤에 적절히 사용하도록 한다. 사용법과 나사를 조정해서 소리 내는 것을 배우고 너무 세게 불거나 과다하게 소리를 내지 않도록 유의한다.

휘파람으로 "이리 와"를 처음 가르칠 때는 개의 옆에 서서 가르치면서 보상을 주는데, 트릿 자판기처럼 개가 소리와 보상을 연결하게 해준다. 그러고 나서 몇 걸음 걸어가서 "이리 와"를 다시 시도해보는데, 루어와 수신호 그리고 말로 하는 "이리 와"를 혼합해서 사용하면서 점차 거리를 넓혀가다가 신호들의 혼합을 점점 줄여나간다.

일단 10m 정도의 거리에서 휘파람 "이리 와"를 해보는데, 다음 단계는 여러분의 감독하의 놀이 동안에 사용한다. 혹시 다른 개도 여러분에게 올지 모르지만, 개에게 성공적으로 "이리 와"를 하도록 부추길 수 있다면 상관없다. 초반에는 이 동작을 놀이가 한창일 때 사용하는데, "이리 와"가 될 때 개에게 확실하게 보상해주면서 성공률을 높여나가야 한다. 그런 다음 다시 놀게 해주면서 개가 휘파람 "이리 와"가 놀이의 끝이 아니라 그 뒤에는 긍정적인 보상물이 나오는 것으로 연결할 수 있도록 알려주어야 한다.

휘파람 "이리 와"를 잘 이행한다는 판단이 들면 더 일반화하기 위해 모든 종류의 방해 요소를 갖춘 환경에서 해보는데, 들판에서 해도 괜찮다는 판단은 확신이 들 때 하는 것이 좋다. 산책 보조자와 함께 "이리 와"와 "가"를 하면서 짧은 거리에서 휘파람을 불어 "이리 와"를 교육하고, 점차 여러분과 보조자의 거리를 넓혀가며 "이리 와"를 멋지게 잘하기 위해 동기부여를 해주는 아주 맛있는 트릿들을 사용할 것을 권장한다.

로드 트립

세 아이가 어렸을 때 우리 가족은 버지니아주에서 플로리다주의 팜비치까지 매년 여름에 한 달 동안 자동차로 여행을 갔다. 매일 해변과 놀이공원에 가고, 사파리 구경으로 몇 시간을 보낸 적도 있었다. 나는 아이들에게 고향인 플로리다의 생명체들을 보여주는 것을 무척 좋아했고 그곳에 갈 때마다 차 안에는 우리 가족과 보더콜리 잭, 플랫 코티드 리트리버종인 메릿 그리고 자이언트 슈나우저종인 색슨이 함께했고, 거기다가 앵무새 모드와 줄스도 동행한 그야말로 여행하는 서커스단 같았다.

절반 정도 가서 '남쪽 경계선'이라고 불리는 모텔에 투숙하곤 했는데, 그곳을 선택한 이유는 우리처럼 교육이 잘된 동물들을 환영해주었기 때문이다. 우리는 허니문 스위트를 빌려서 거기 있는 자쿠지(물에 기포가 생기게 만든 욕조)를 다 함께 이용했고, 아이들은 물속에서 트릿들을 가지고 있다가 개들이 뛰어들면 주곤 했다. 우리가 저녁을 먹으러 가거나 풀장에 수영하러 가면 우리의 반려식구들은 방에 있었는데, TV와 에어컨을 틀어놓아 조금이라도 복도의 소리를 흡수할 수 있게 하여 덜 신경 쓰이게 해주었다. 운이 좋게도 개들과 새들은 꽤 조용히 있어주었고, 심지어 내가 모텔 방을 나갈 때와 돌아왔을 때를 보상과 칭찬으로 가르친 중간중간에도 꽤 안정적이었다. 그러면서 나는 방 밖에 나가 있는 시간을 점점 더 늘려나갔고, 나중에는 저녁 식사하러 내내 나가 있었으며, 식사 중간에 동물들을 체크하러 오지 않아도 되었다. 개들은 밤에 자러 가기 전에 그날의 마지막 산책을 할 수 있었고, 다시 차에 타기 전에 아침 산책을 먼저 시켜주었다.

어떨 때는 달리는 차 안에서 모두가 조용한 흔치 않은 순간에 백미러를 통해 아이들이 안전벨트는 잘 매고 있는지, 애들 허벅지에 기대어 늘어져 자고 있는 개들은 어떤지 바라보곤 했다. 휴식할 때는 모든 동물을 밖에 잠시 안전하게 놔두고 새장의 새들은 신선한 공기를 마시게 해주면서 우리는 다리를 쭉 뻗고 그늘 속에서 재빨리 간식을 먹기도 했다.

플로리다에서는 대부분의 시간을 해변에서 보냈다. 우리 집 개들은 수영하기를 좋아했지만 보더콜리 잭은 자기 발바닥 밑의 모래에 너무 민감해서 제대로 서지도 못했는데, 오래지 않아 나는 내가 원하는 방식으로 잭이 해변을 좋아하게 만들 수 없다는 것을 알았기에 그때마다 어머니에게 잠시 맡기곤 했다.

개와 함께 즐겁고 효율적인 로드 트립을 위해 나의 이야기를 늘어놓았지만, 이러한 것들이 여러분에게도 도움이 되기를 바란다. 잘 계획된 로드 트립은 일생의 추억을 만들어주기는 하겠지만, 그전에 개가 장거리 자동차 여행을 감당할 수 있는지부터 확인해야 한다. 여행 가기 전에 동네 근처 또는 쇼핑센터, 도그파크나 친구 집에 방문할 때 짧은 탑승을 해보면서 적응시키고 난 뒤, 일요일 오후에는 캠핑 장소 또는 하이킹이나 숲속을 걸을 수 있는 곳으로 이동 반경을 넓혀나가도록 한다. 혹시 개가 멀미를 한다면 여행을 떠나기 전에 공복 상태에서 단거리 탑승을 여러 번 하여 어느 정도 익숙해지고 나면 가족과 함께 자동차 여행을 시작할 것을 권장한다. 수의사가 처방할 수 있는 약이 있기도 한데, 가족여행을 떠나기 전에 약에 대한 반응을 먼저 시험해봐야 하고, 사전에 미리 점검하

장거리 여행 시 개의 안전을 위해 특수 안전벨트 장착을 고려한다.

여 개들의 동행 여부를 결정하도록 한다.

개들이 허용되는 음식점과 숙소를 찾아보고, 일부 호텔은 크레이트(이동장) 교육이 되어 있다면 받아주는 경우도 있으니 참조한다. 어떤 카페는 교육이 잘 된 개들을 위해 제한된 장소를 설정하여 같이 식사할 수 있도록 해주기도 하고, 응급 상황에 대비하여 동물병원이 어디 있는지도 알아보아야 한다. 혹시 목적지가 더운 곳이라면 개들은 사시사철 털코트를 입고 있기에 온도를 낮춰줄 수 있는 그늘에서 충분히 쉴 기회를 제공한다. 여러분의 여행 계획이 캠핑이라면 밤시간은 모험적일 수 있는데, 날씨가 많이 춥다면 저체온증을 막아줄 여러분의 담요 또는 침낭을 준비하거나 스웨터 같은 것도 도움이 될 것이다. 여러분이 자는 동안에는 혹시라도 개가 낯선

심야의 소리나 냄새를 쫓지 못하도록 리드줄을 채워서 묶어놓을 것도 추천한다. 텐트 가까이의 말뚝에 묶거나 아니면 둘 다 불편하지 않은 범위 내에서 리드줄로 여러분의 몸에 묶어놓을 수도 있다.

나는 개들을 데리고 하이킹 갈 때 거의 리드줄에 계속 묶어두는데, 우리가 사는 곳은 사슴 사냥이 가능한 지역이고 나의 이비전하운드종인 브리오는 사슴처럼 보일 뿐만 아니라 달리고 점프하는 것도 비슷하여 리드줄을 풀어줄 때는 특히 더 조심할 수밖에 없다. 개가 오랫동안 리드줄에 묶여 있는 것을 개의치 않을수록 가끔씩 리드줄을 풀고 "이리 와"를 하면 훨씬 더 잘할 수 있다.

개들에 따라 다르겠지만 대부분의 개들이 일반적으로 5세 이후부터는 제한된 상황에서 리드줄 없이 다닐 준비가 된다는 것을 알게 되었는데, 거기에는 몇 가지 조건이 붙는다. 일단 안심할 수 있는 "이리 와"와 기본 교육이 아주 잘되어 있어야 한다. 개와 함께 대부분의 시간을 리드줄 없이 다닐 수 있다는 헛된 바람을 망치고 싶지는 않지만, 솔직히 말하면 최고의 교육과 트레이닝으로 무장된 개라도 실수할 수 있고, 다른 데로 가버릴 수 있다. 나에게는 잊지 못할 가슴 아픈 기억이 있다. 보더콜리 잭은 우리가 다니는 곳은 어디든지 리드줄 없이 안전하게 다닐 수 있는 개였지만, 2002년에 사건이 터져버렸다. 우리는 그때 지방의 슈퍼볼(Super Bowl) 축제에 참여하고 있었고, 잭은 방문객들이 있는 곳에서 막대기들을 회수해오면서 아주 흥분해 있었다. 내가 잭을 불렀을 때 할 수 있는 한 최대한 빨리 내게 달려오던 중 불운하게도 그때 미친 듯이 달리던 자동차가 잭을 치었고, 그만 무지개다리를 건너고 말았다. 너무나 순식간에 일어난 일이었고 심지어 나의 시야 안에서 벌어진 일이었는데, 잭의 나이는 고작 9세 반이었다. 어떻게 손쓸 상황도 못 되었고, 운전자는 우리 개를 치었음에도 그대로 잽싸게 달아나버렸다. 부디 당부하건대 오랫동안 개를 리드줄 없이 놔두지 말고 항상 우리 개가 어디에 있는지 감독하는 것을 소홀히 하지 않기 바란다.

체크리스트: 여행

개와 함께하는 행복한 여행을 위해서는 용품들을 잘 구비해야 한다.

여행 필수품의 기본 목록: 함께하는 시간이 길수록 개를 위해 특별히 챙겨야 할 물품 목록을 더 잘 구성할 수 있는 요령이 생기는데, 예를 들어 개가 금지구역에 코를 집어넣는 경향이 있다면 만일의 상황에 대비하여 수의사와 사전에 복용량을 의논한 뒤 여분의 알레르기 약을 챙겨간다. 예전에 플로리다의 휴게소에서 쉬는 동안 잭이 불개미들이 있는 구멍에 코를 집어넣은 적이 있었는데, 다행히 차 안에 아이들과 개들을 위한 비상약이 있었던 터라 코를 소독하여 감염을 막을 수 있었고 소독한 뒤 알레르기 반응에 대비하여 약을 먹인 적이 있었다. 한 가지 예를 더 들자면, 지역을 이동하게 되면 마시는 물이 달라져 배가 아프거나 식욕에도 영향을 줄 수 있으므로 새로운 물과 기존에 마시던 물을 섞어주는 것이 좋다.

☐ 보호자의 연락처와 주소가 기입된 인식표

☐ 광견병 접종기록이나 인식표

☐ 지역번호: 응급 동물병원, 뱀 물림 관리, 포이즌(독성접촉) 관리

☐ 리드줄과 목줄

☐ 배변 봉투

☐ 여분의 배터리 포함 손전등

☐ 개를 위한 음식

☐ 교육용 트릿

☐ 집에서 먹는 물

☐ 식기 및 물그릇

☐ 하이킹을 위한 가벼운 여행용 그릇

☐ 담요/강아지용 매트 또는 침상

☐ 크레이트(이동장) 또는 이동 울타리

☐ 비상약: 핀셋, 벼룩 제거제, 뱀 물림 비상약, 항생 연고, 소독약, 붕대, 반창고 등

☐ 저체온증 대비 마일라 우주 담요(Mylar Space Blanket) 구비

☐ 약(냉장 보관이 필요한 약은 아이스박스 구비)

☐ 벼룩 및 진드기 예방(현장 수급이 가능한 사상충 약 포함)

☐ 피부에 바르는 것이 아닌 털 위에 바를 수 있는 모기 퇴치약과 모기향

☐ 귀 청결제와 안약

☐ 미용 용품: 빗, 브러시, 드라이어(필요시), 샴푸, 린스

☐ 개 전용 수건

☐ 장난감: 콩, 공, 삼키지 못하는 안전한 장난감들

수상 안전

일부 견종은 수영을 즐기지만, 대부분 개들은 어떻게 하는지 모르고 교육이 필요한 것이 사실이다. 나는 거의 20년 동안 수영장이 있는 집에 살았고, 플로리다나 캐리비안 해안에서 개들과 아이들에게 수영하는 법을 가르쳤다. 어떤 견종들은 물속에 있는 것이 취약한데, 특히 닥스훈트, 바셋하운드, 퍼그, 보스턴테리어처럼 단두종이거나 허리가 긴 개들은 더욱 그러하다. 또 불독의 경우에는 넓적한 몸과 무거운 머리에 비해 다리가 짧아서 대부분 수영하면 위험하다.

푸들이나 래브라도, 골든리트리버, 스패니얼, 포르투갈 워터도그 등은 원래 수상 작업을 하기 위해 개발된 견종이라 물에 매우 빨리 적응할 수 있지만, 그렇다고 해서 자연스럽게 물에 적응하는 것은 아니다. 안타까운 사례를 들자면 예전에 어떤 보호자에게 물과 친숙한 견종의 강아지가 있었는데, 자기 개는 아마도 물속에 담그기만 해도 본능적으로 수영하는 것을 알게 될 것이라며 포토맥강에 집어넣자 강아지는 그만 물속에 가라앉고 말았다. 많은 개들에게 출구가 하나밖에 없는 풀장에서의 수영은 가장자리가 드러난 호수나 한가한 해안에서 수영하는 것보다 더 무서운 경험

이 될 수 있다. 어떤 상황이든 개에게 구명조끼를 입힌 뒤에 시작해야 하는데, 개들을 위해 특수하게 만들어진 구명조끼는 펫스토어 등에서 쉽게 구할 수 있다. 혹시 개에게 풀장에서나 보트에서 떨어져서 수영하는 것을 가르치고자 한다면 먼저 개들을 위한 경사로를 만들어 시도해보는 것이 좋다.

풀장에서는 트릿을 가지고 물로 들어오게 루어링을 해서 수영하는 것을 가르치면서 시작하거나 아니면 개를 안고 함께 물속으로 들어가는 것도 한 가지 방법이 될 수 있다. 개가 편안함을 느낄 수 있

구명조끼를 사용할 때는 제조자의 지시에 따른다. 보트를 타기 전에 구명조끼를 입히고 조절한 뒤 먼저 수심이 얕은 물에서 연습하여 익숙하도록 해주어야 한다.

을 때까지 바로 가까이에 있게 하고, 계단이나 사다리 또는 경사로 가까이에 계속 머물러 있게 한다. 그리고 사다리나 계단으로 올라가게 도와주고 출구에서 쉽게 나갈 수 있도록 가르쳐주며, 수영을 잘하는 다른 개가 수영하는 모습을 보여주는 것도 자신감과 용기를 줄 것이다. 혹시 개가 주저한다면 절대로 강요하지 말아야 하는데, 두려움을 느낄 수 있기 때문이다. 처음에는 개의 뒷다리 가까이 있는 배 아래에 손을 받쳐주면서 균형을 잡을 수 있도록 해준다.

호수나 강 그리고 해안에서는 강한 조류 때문에 개를 당황스럽게 만들 수 있으므로 주의해야 하고, 물이 너무 차가울 경우에는 저체온증을 유발할 수 있기 때문에 수온에도 신경 써야 한다. 만약 모래사장이 너무 뜨거울 경우에는 물집이 생기지 않도록 조심하고, 개의 몸은 털로 덮여있기 때문에 더운 날에는 사람보다 훨씬 더 쉽게 열사병에 걸릴 수 있다는 것을 기억하여 그늘지고 시원한 곳에 있게 해주면서 마실 수 있는 물을 근처에 준비해놓아야 한다. 대부분의 개들은 수영하면서 물을 삼키므로 물의 청결 상태를 확인하고, 수영 후에는 잘 씻은 뒤 말려주면서 쉽게 감염될 수 있는 귀와 눈을 주의 깊게 살피도록 한다.

개가 물에 자신감을 보여도 꼭 여러

분의 감독하에서만 입수가 가능하다는 것을 가르치고, 기본 교육 프로그램에서 배운 제한지역 내에서 트레이닝 방식으로 수영을 하게 하며, 이 책의 이전 과정에 나와 있는 허락을 구하는 "앉아-기다려" 같은 동작들을 해본다. 만일의 경우에 대비하여 확실하게 실행할 수 있는 "이리 와"의 성공 여부가 개의 목숨을 구할 수도 있기 때문에 물 주변이나 물속에 있을 때 "이리 와" 동작을 많이 연습해서 개가 적극적으로 임하면 앞서 9장과 10장에서 다룬 '회수하기' 기술의 변형 동작이나 수영 게임들을 연습한다.

그리고 개가 물 주변에 있을 때는 경계심을 가지고 계속 관찰하면서 안전하게 보호하고 혹시라도 있을지 모를 사고에 대비하여 구조할 준비를 갖추어야 한다. 무엇보다 가장 안전하게 보호하기 위해서는 기초 구조 기술들을 배워야 하며, 응급처치와 심폐소생술을 배울 것을 권장하고, 그게 어렵다면 적어도 관련 인터넷 영상이나 DVD 등을 보고 익히도록 한다.

구강 대 구강 심폐소생은 개의 호흡이 입을 통해 빠져나가지 않도록 입을 막은 채 실행되어야 한다. 가슴 압박, 즉 하임리히요법과 등을 치는 행동은 인간에게 행해지는 방식과 유사하게 이뤄지는데, 이와 같은 구조 관련 사항들에 대해 수의사의 조언을 참조하자.

동물병원과 개의 건강

개를 데리고 수의사에게 가는 것은 매우 중요하지만, 개에게는 항상 즐거운 것만은 아니다. 가족 휴가를 계획하는 중이거나 장기간 호텔링을 할 예정이라면 사전에 검진하여 건강 상태를 확인한다. 검진할 때를 대비하여 동물병원에 익숙해져야 하고, 긴장을 덜어주기 위해서는 반드시 의학적인 목적이 아니더라도 주기적으로 잠깐씩 병원에 들러서 친숙해지는 것이 좋다.

건강관리는 교육에도 지장을 주는데 시각, 청각, 골관절 등의 건강 상태와 에너지 수준이 시간에 따라 변화하기 때문이다. 관절염이나 고관절이형성 증상이 있는 노령견은 자동차 안으로 점프할 때 소극적이거나 예전처럼 쉽게 앉지 못할 수 있고, 방광질환이 있는 개는 집안에서 소변 실수를 할 수도 있다. 그러므로 개의 동작을 잘 관찰하고 행동이나 동작에 변화가 감지된다면 수의사의 진찰을 받도록 한다.

개의 영양학적 요구 또한 노화가 진행됨에 따라 변화가 필요한데, 앞에서도 언급했듯이 체중이 증가하는 것은 충분한 운동을 하고 있지 않다는 것을 의미한다. 그렇다고 해서 개가 준비되지도 않았는데 하이킹을 하러 바로 데리고 나가는 것은 바람직하지 않고, 행동학적 문제인지 아니면 운동 부족이나 질병의 문제인지 등을 알아보기 위해 먼저 수의사에게 데려가 일반 검진을 받아야 한다. 추가로, 혼종이나 믹스견이 순혈종보다 건강하다는 믿음은 그야말로 검증된 것이 아님을 참고하자.

구강이나 치아 또는 잇몸 질병이 개의 혈류에 염증을 일으킬 수 있고 치명적으로 개의 신장 기능을 멈추게도 할 수 있으므로 주기적으로 개의 구강과 치아, 그리고 잇몸을 살필 수 있도록 평소에 관리하고 개가 두려워하지 않도록 검사받는 것에 익숙해지는 연습을 한다. 규칙적으로 양치를 하고 가끔씩 스케일링을 하는 것이 중요하다는 것도 기억하자.

그루밍

아이들과 마찬가지로 개들도 주기적으로 목욕하고 빗질하고 발톱 정리를 해주어야 하는데, 어떤 개들은 기온이 좀 올라가면 털 정리를 위해 특수 미용을 해야 할 수도 있다. 첫 번째는 미용에 대해 개가 준비될 수 있도록 다른 사람이 만지거나 특별한 신체 부위를 건드려도 괜찮아하는지 반응을 먼저 살펴본다. 두 번째는 개에게 빗질할 때 긴장하지 않도록 칭찬과 함께 트릿을 주면서 부드럽게 살살 다룬다. 그리고 실제로 발톱을 깎기 전에 처음에는 마치 깎을 것처럼 시도하는데, 그렇게 해줌으로써 개가 발톱깎이의 소리나 생김새에 익숙해질 수 있기 때문이다. 이후에도 발톱 깎는 것을 매우 싫어할 수 있지만, 필요하다면 연습을 통해 두려움을 완화시켜 최소한의 인내심을 만들어준다.

만약 여러분이 직접 개의 미용을 담당한다면 눈 주변의 털은 계속 정리해주도록 한다. 교육하다 보면 눈 주변에 털이 많은 경우 학습에 방해될 수 있어 눈 주변 털을 클립으로 고정시킨 다음에 진행한다. 클립을 싫어한다면 헤어핀으로라도 고정하거나 묶어서 교육을 받는 동안에는 확실하게 주변을 볼 수 있도록 해준다.

개에게 처음 목욕을 시키거나 물 트는 것을 보여주기 전에 일단 목욕탕 주변에서 손으로 음식 급여를 하자. 다음 날에는 충분한 양의 트릿을 한 손에 쥐고 개를 씻기기 전에 손에 쥐고 있는 한 움큼의 트릿을 먹여주는데, 욕조 안이나 샤워 부스 내에서 급여한다. 그리고 욕조를 사용한다

면 묶은 수건 속에 트릿이 보이도록 옆으로 집어넣고 개가 그것을 가지고 욕조 안에서 물장구를 치게 한다. 나는 아예 수영복을 입고 나의 플랫 코티드 리트리버와 함께 욕조 안에 같이 들어가서 잘 놀 수 있도록 도와주었다. 날씨가 따뜻하면 아이용 풀에 물을 채운 뒤 아이와 함께 물장구치며 아이들이 개들에게 트릿을 먹여주었는데, 이 방법도 같이 고려해보면 좋을 것이다.

미용하러 가기 전에 개와 함께 잠시 들러서 인사만 하고 미용사가 개에게 칭찬과 함께 트릿을 주는데, 이런 식의 방문을 여러 번 반복하여 마음을 편하게 해주고 나서 첫 번째 미용을 시작하는 것이 매우 좋은 방법이 될 수 있다. 미용사를 찾기 위해서는 주변에 미용이 잘된 개들의 보호자에게 추천을 받고, 부담 없는 가격을 제시하는 미용사 중에서 개와 좋은 유대감을 가지고 기본 사항들을 잘 이행하며 여러분이 원하는 컷의 사진들을 관심 있게 보는 등 성의를 갖춘 미용사를 선택하는 것이 좋다. 어떤 미용사들은 개가 편안함을 느낄 때까지 주변에 있는 것을 허락하기도 하니 참조한다. 그동안 나와 같이 작업해온 미용사들은 2~3시간 정도의 짧은 미용부터 시작하여 익숙해지고 나면 하루 종일 개들을 놔두어 장시간 하는 미용 단계를 진행했다.

펫시터(돌봄 선생님) 채용

동물 중에서도 특히 개들은 보호자가 없을 때 가장 많은 주의를 필요로 하므로 오랫동안 출장이나 휴가 등으로 집을 떠나야 한다면 여러분의 개를 돌봐줄 누군가의 협조를 요청해야 한다. 뒤에 나오는 펫시터 자격 평가 항목을 참조하도록 한다.

도그워커와 펫시터

도그워커는 개를 운동시켜주고 집에 안전하게 데려다주는 사람이다. 또한 도그워커는 정확한 시간에 약을 주거나 음식을 먹게 해주고, 미용이나 스파 서비스를 받도록 데려다주기도 하며, 기본 트레이닝 교육을 해주기도 한다.

이런 서비스가 필요하다면 자격증이 있는 사람이나 개와 교감을 잘하는 사람 또는 보험에 가입한 전문 도그워커, 아니면 이웃이나 친구에게 부탁할 것인지를 결정한다. '전문펫시터협회' 또는 '펫시터협회'라고 불리는 국가 회원 단체는 자격증 취득 과정과 평생 교육 프로그램을 운영하고, 회원들에게 보험과 서비스를 제공한다든지 공공 단체가 회원들을 검색할 수 있도록 온라인 주소록을 제공하기도 한다.

혹시 전문 펫시터 또는 도그워커 기용을 고려하는 중이라면 사전에 전화 인터뷰를 하고 추천서를 꼼꼼히 살펴야 하며, 이상적으로는 3명 이상의 후보자를 비교 검토하는 것이 좋다. 그러고 난 뒤에 꼼꼼히 비용에 대해 물어보고, 개와 함께 보낼 수 있는 시간과 무엇을 할 것인지, 그리고 추가 서비스 또는 서비스 목록, 추천목록, 자격증, 유대감, 보험에 가입해 있거나 가입할 예정인지 등을 살펴본다. 아마도 손급여 같은 추가 서비스를 요청한다면 비용이 더 늘어날 수도 있을 것이다. 개인적으로 나는 나의 개가 다른 큰 개나 작은 개들과 섞여서 함께 걷는 것을 좋아하지 않는다. 주의할 것은 대부분의 펫시터가 정식 반려견 지도사가 아니라는 것과 개가 돌봄을 받는 동안 많은 것을 요구하지 않는다 하더라도 긍정강화를 활용하는지 꼭 확인하는 것이 좋다. 또한 그들의 경력에 대해서도 알아야 하는데, 예를 들면 전문 단체에 속해 있거나 지속 교육이나 트레이닝 과정을 수강 중인지, 응급처치에 대한 지식 여부는 어떤지 등을 알아보는 것도 바람직하다.

펫시터가 여러분의 마음에 들고 긍정적인 추천을 받았으며 전문가로서의 입지도 확실하다면 여러분의 집에서 면접을 보고 개를 소개하면서 그가 전문지식을 갖추어 긍정적이고 능숙하게 다룰 줄 알고 교감을 나눌 수 있는지를 보도록 한다. 또한 여러분이 신호와 규정들을 보여줄 때 펫시터가 효율적으로 받아들일 수 있는지도 평가한다. 능숙한 펫시터는 면접하는 동안 여러분과 함께 걸으면서 개를 같이 걷게 하고, 그런 모습을 보면서 그 사람의 일하는 방식을 볼 수도 있으며, 개의 반응은 어떤지 확인할 기회를 줄 것이다.

선택이 끝나고 나면 짧은 오리엔테이션 과정을 거치는데, 집에서 하는 것이 좋다. 펫시터가 여러분의 집에서 생활할 수 있다면 얼마나 많은 시간을 여러분의 집에 있는지 체크하고, 개가 감독 없이 어떤 교류도 하지 않고 따로 혼자 있는 시간이 어느 정도인지, 또 아침과 저녁 일상은 어떻게 되는지도 확인한다. 집안에서의 규칙에 대해 명확하게 알려주고 가구의 접근 금지, 취침 스케줄과 장난감 규칙, 출입 규정과 안전 규정, 금지 사항(지갑이나 가방을 놔둬도 되는지, 싱크대의 음식)을 포함하여 그 외에 알아야 할 정보들을 확실하게 말해준다. 또한 개가 매일 복용해야 할 약이 있다면 펫시터에게 보여주고 복용량을 설명하여 복용을 놓치지 않도록 한다. 개의 기술을 유지할 수 있는 일상 트레이닝, 활동과 게임들을 함께 결정하고 펫시터가 개에게 손 급여를 통해 음식을 먹이고 함

께 작업할 수 있게 한다. 보호자는 초조해하거나 개를 과잉보호하지 않는 것이 좋은데, 능숙한 펫시터라면 여러분이 세심하게 주의를 기울여주면 오히려 감사해할 수도 있다.

여행에서 돌아온 후 펫시터와 함께 개와의 경험을 평가하는데, 어떤 이들은 서비스의 하나로 평가서에 자기 의견을 써주기도 한다. 여러분의 개가 펫시터와 있을 때 다르게 행동하는 일이 있다면 무엇인지 찾아내도록 하고 문제점들이 보이면 그 부분에 대해 의견을 나눈다.

유치원

펫시터에게 한 질문들을 유치원 관리자들에게도 똑같이 해야 하는데 비용, 서비스 선택, 프로그램, 직원들, 경력, 사업 경험과 보험 등이다. 시설 중에 어떤 곳은 상업지역에 또 어떤 곳은 집에서 개인들이 운영하기도 하는데, 청결 상태 또는 전문적으로 운영되고 쾌적한 온도인지 어떤 방식의 주의나 교육, 사회화 기회들이 제공되는지 살펴보아야 한다. 또한 따로 개들을 위한 공간이나 크레이트 공간이 확보되어 있는지, 강아지와 노령견을 위한 분리된 장소 여부, 운영자의 업체 운영 경력과 서비스에 만족해하는 기존 고객에 대한 정보를 제공해줄 의향이 있는지, 또는 공공장소에

서 개가 배변했을 때 바로 치우는지 등을 점검한다. 또한 어떤 시설은 실내와 실외로 분리되어 있어 산책도 가능한데, 외부시설에는 튼튼한 울타리가 설치되어야 하고 그늘진 곳이나 쉴 수 있는 특수한 바닥도 설치되어 있어야 한다. 등원과 하원 서비스를 직접 해주는 곳도 있고, 수시로 개를 점검할 수 있도록 웹캠을 제공하기도 한다. 관리자들에게는 체크항목들을 준비하게 하는데 대부분의 시설은 자체적으로 원생 표준 양식을 제공하기도 한다.

위탁관리 또는 호텔링

개를 집에 놔두고 출장 또는 여행을 가야 한다면 위탁시설에 관리를 맡기는 것도 고려해볼 수 있다. 병원에 입원하는 것처럼 많은 유치원이 호텔식 위탁관리 서비스를 제공하는데, 어떤 운영자들은 자신들의 집에 손님 개들을 데려가 가족적인 분위기에서 개들을 돌봐주기도 한다. 도그워커나 펫시터 또는 유치원 운영자들에 대한 사전면접과 마찬가지로 위탁운영자의 사전면접을 위한 체크 항목을 준비해야 한다. 추가로 그들의 위탁 규정들을 평가하고 의논해보는데, 예를 들면 많은 위탁시설이 개들에게 음식을 제공함에도 그들의 상황에 맞춰 급여할 수 있으므로 직접 준비할 것을 추천한다. 나의 위탁관리 시스템은 개의 기분을 편안하게 해주고 흥미롭게 해주는 것 외에 개가 시설물을 부수는 것을 방지하기 위해 침구와 장난감을 공급해주기도 한다.

위탁시설에 가게 되면 꼼꼼히 둘러보고 나의 개가 사용할 크레이트의 위치를 물어본다. 그러면서 전체 시설이 청결한지 확인하고, 개들이 건강하거나 행복해 보이는지, 미용상 불결하지는 않는지 체크한다. 만약 가정 위탁관리를 맡긴다면 집안 곳곳이 개에게 안전한지, 싱크대 위에 개가 좋아할 만한 것이나 어지럽힐 것은 없는지도 확인하고, 얼마나 자주 직접적인 관리를 받게 되고 배변과 놀이를 위해 밖으로 나갈 수 있는지도 물어본다.

위탁 교육

일부 위탁시설의 트레이너들은 교육 프로그램을 제공하기도 한다. 나 또한 20년 동안 위탁 교육 프로그램을 제공해왔는데, 내가 하는 일에 매우 자부심을 가지므로 여러분에게 위탁 교육 평가를 위한 내 경험을 공유하고 싶다. 처음에 내가 이 프로그램을 시작한 것은 강아지들이 잘못되거나 적절하지 않은 사회화 교육을 받을지도 모르는 업소에서 강아지들을 지키기 위해서였다. 나의 프로그램에서는 2주령에서 6개월령 강아지들이 집에서 우리 개들과 동등하게 관리되었는데, 개별적인 프로그램으로 교육한다. 집 곳곳에 개 이동장과 울타리가 있고, 어떤 개들은 동작이나 사회화 기술과 학습성을 평가하는 동안 나에게 묶여 있거나 크레이트에 들어가 있기도 한다. 나는 개들을 바깥에 놔두지 않는다. 고객이 맡긴 개들은 다른 개를 접할 준비가 될 때까지 만날 수 없다가 준비되면 한 번에 한 마리의 개만 만나는데, 첫 번째로 나의 이비전하운드종인 브리오가 도우미를 해준다. 또한 개가 보호자의 집과 우리 집을 왔다 갔다 하는 프로그램을 제공하면서 나는 교육하고 보호자는 과제를 이행한다. 그렇게 하여 충분하게 사회화가 되거나 여행하는 데 문제가 없게 되면 그룹 교육 수업에 참여시키기도 한다.

또 한 가지는 위탁 교육 프로그램의 우수성과 별도로 보호자가 개의 교육을 지속해야 하는데, 만약 하지 않으면 학습효과가 떨어지므로 나는 이행을 잘할 것으로 확신되는 보호자들의 개들만 받아들인다. 어떤 지도사가 자기가 가르치면 개가 영구적으로 교육되고 문제가 해결될 것이라고 말한다면, 나는 그것이 적절하지 않고 현실과 동떨어진 생각이라고 말해주고 싶다. 고객에게 무작정 믿음을 주려는 태도는 비윤리적일 뿐만 아니라 그런 사람한테는 개를 맡기지 말아야 한다고 생각한다.

체크리스트: 펫시터

우리의 소중하고 에너지 넘치는 최고의 친구를 맡기기 위해 주의 깊게 적임자를 선정한 후 연락처와 개의 습관들, 그리고 요구사항에 관한 기본 정보들을 알려준다.

　　또한 요구에 맞춰서 펫시터에게 전달할 다음 사항들을 점검해보자.

☐ 수의사 연락처

☐ 응급 수의사/동물병원 연락처

☐ 백신 기록과 다른 건강 정보

☐ 복용 지시

☐ 보호자 연락처 정보와 스케줄

☐ 제3자 연락처(친구, 이웃, 가족 구성원)

☐ 물품 위치: 약, 구급약품, 음식, 트릿, 리드줄, 장난감, 교육 용품, 미용 및 목욕 용품 등

☐ 식사(식사 시간, 함유물, 그릇 씻는 방법)

☐ 트릿 사용법(트릿 시간, 일일 급여량, '콩' 장난감 사용)

☐ 리드줄 사용(하네스; 산책 시 더 단단히 하고, 끝나면 느슨하게 해주기)

☐ 산책할 때 유의사항(어느 쪽에 걷게 할 것인지, 걷는 동안 개가 할 수 있는 동작 신호, 이동 경로, 발생 가능 문제점에 대한 주의사항 등)

☐ 사회화(도그파크 방문 가능 여부, 가능 시 규칙사항 등)

☐ 행동 문제, 특이한 점, 습관 등

☐ 크레이트 또는 침대

☐ 언어신호와 수신호 등 개가 아는 신호들의 목록

☐ 트릭 목록: 언어신호와 수신호

☐ 좋아하는 게임과 활동 목록

☐ 동작 사용 신호와 개가 현재 배우고 있는 트릭들

☐ 주로 사용하는 장난감 또는 교육용 장난감

☐ 브러시 및 빗질 규정과 장소

☐ 목욕과 미용 규칙

개를 돌봐줄 사람에게 요구사항과 일상생활 및 습관에 대한 설명을 꼭 해주어야 한다.

트레이너 선택

이 책을 시작하면서 그동안 많은 것을 함께했는데, 혹시라도 통제 범위를 넘어선 행동 문제들 때문에 전문 트레이너를 기용하기로 결심했다면 그러한 결정에 칭찬과 응원을 보낸다. 그뿐만 아니라 좋은 교육과 더불어 평가가 이뤄지고 수업을 진행하는 것은 또 다른 형태의 가치 있는 사회화 경험을 하게 해준다. 트레이너를 선택할 때는 수의사 또는 교육이 잘된 개들의 보호자들로부터 추천받을 것을 권장한다.

혐오처벌 방식보다는 긍정강화로 교육하는 트레이너를 강력히 추천하는데, 안타깝게도 가끔 일부 트레이너들이 긍정강화 방식으로 지도한다고 말해놓고 실제로는 그렇지 않은 경우도 있으니 잘 알아보고 판단한다.

결론적으로 최고의 방법은 교육 프로그램에 등록하기 전에 수업을 미리 들어보고 결정하는 것이 좋은데, 능숙한 트레이너는 보호자들이 쉽게 알아들을 수 있도록 수업 과정에 대해 설명해주고 개들과 마찬가지로 사람들과도 잘 소통할 것이라고 믿는다. 학습 중인 개들은 행복해 보이지만, 수업이 끝난 후에 개들의 반응이 어떤지도 살펴본다.

트레이너와 상담하는 것을 어렵게 생각하지 말고, 다시 말하지만 좋은 트레이너는 개에 대해 상담을 요청하는 보호자에게 오히려 감사하게 생각한다. 그의 경력과 경험에 대해 물어보고 긍정강화 방식을 활용하는지, 그러기 위해 교육에 어떤 방침을 적용하는지도 물어본다. 예를 들면 초크칼라 사용과 교육 방침에 대한 의견을 들어보고, 트레이너가 창의적인 수신호 사용에 유연한 사고를 가졌는지도 물어본다. 참고로 그런 사고를 가진 지도자라면 개의 학습 속도와 감각에 맞춰서 비교적 여러분이 쉽게 적응할 수 있도록 배려해줄 것으로 판단해도 된다. 간단히 말해 개의 특별한 필요 그리고 여러분에게도 맞는 올바른 트레이너를 찾을 때까지 계속 물어보고 알아봐야 한다.

2009년 10월 9일 금요일에 오바마 전 미국 대통령의 반려견 '보'의 첫 번째 생일을 맞이하여 생일파티를 열었는데, 케네디가의 포르투갈 워터도그종인 '스플래시'와 '써니', '보'의 형제인 '케피'도 참석했다. 백악관에서는 케피가 식탁에 앞발을 올린 채 자기 형의 생일 케이크를 훔쳐 먹는 사진을 공개했다. 2009년 10월 9일은 펑상

히 의미 있는 날이었는데, 오바마 대통령이 노벨 평화상 수상자로 지명되었기 때문이다. 그날 백악관에서 기념사를 했는데, 아침에 큰딸 마리아가 "아빠, 노벨 평화상 수상을 축하드려요. 그리고 오늘은 보의 생일이에요"라고 하자 둘째 딸 사샤가 "그리고 3일 동안 휴가도 얻었네요"라고 했다고 한다. 대통령은 예상치 못한 노벨상 발표에 매우 겸손해했고, 그날 뉴스에서 딸들의 표현에 매우 흡족해했다고 발표하는 것을 듣고 속으로 생각했다. '네, 맞아요. 아이들의 시각에서 나오는 표현들은 우리를 항상 즐겁게 해주는데, 개들도 즐거웠을 거예요.'

부록

부록 1. 좋은 시민견(CGC) 인증시험을 위한 예비 과정

좋은 시민견(CGC) 인증은 미국켄넬클럽에서 주관하는 것으로 개의 사회화 능력을 평가하기 위한 아주 좋은 프로그램이다. 이 인증시험은 AKC에 공식적으로 등록되어 있는 평가사에 의해 인증되고, 시험을 위한 예비과정을 개설해서 운영하고 있다. CGC 인증견이 된다는 것은 많은 이점이 있는데, 치료견으로서의 인증과 함께 직장에서나 다른 곳으로 이주할 때 등에 환영받는 요소가 되기도 한다.

그러나 좋은 시민견이 되기 위한 인증시험은 그리 쉽지만은 않다. 10개의 테스트 항목 중 4단계까지는 다 할 수 있어야 하는데, 방해 요소가 있건 없건 언제 어디에서나 할 수 있도록 일반화되어 있어야 하고, 이를 위한 교육법은 이 책에서도 소개하고 있으니 참조하기 바란다. 시험 기간 동안 칭찬과 격려는 해줄 수 있지만, 음식물이나 장난감으로 루어링을 하거나 보상과 동기부여는 금지한다. 만약 개가 으르렁거리거나 달려든다든지, 물거나 공격하거나 다른 개 또는 사람에게 공격을 시도한다거나 중간에 배변을 하면 자동으로 **탈락**한다.

부록 1은 여러분이 CGC 인증평가에 도전하는 것을 전혀 고려하지 않는다 하더라도 여러분의 개에게 복종의 CGC 단계를 이수하게 하기 위해 소개한다. 또한 그동안 기본 교육 프로그램을 열심히 해왔다면 복종 능력을 평가할 때나 해마다 재평가할 때도 확실히 도움이 될 것임을 믿어 의심치 않는다. 설사 여러분과 개에게 아직은 좋은 결과가 나오지 않았다 하더라도 여러분은 여전히 착한 개의 보호자이고, 지속적으로 교육과 트레이닝을 할 것이며, 개가 더욱 성숙해질 때까지 기다리는 등 꾸준히 노력한다면 언젠가는 꼭 좋은 결과를 얻을 것이다.

평가 항목 1: 낯선 사람에게 우호적으로 대한다

공공장소에서 여러분이 다른 사람들과 인사하는 동안 개가 두려워한다거나 산만해져 요동을 치거나 낑낑대거나 짖지 않는다면 시험에 통과할 것이다. 개가 여러분 옆에 계속 앉아 있을 수 있는가? 그리고 여러분이 대화를 나누는 동안 신호를 줄 때까지 기다릴 수 있는가? 여러분이 또 다른 사람과 대화하는 동안 자기가 관심의 대상이 되지 않는 것을 개의치 않는지, 아니면 낯선 사람이 있어도 편안해 보이고, 두려워하거나 또는 걱정스러워 보인다거나, 소극적이 된다거나 아니면 공격적이지는 않는가?

일단 여러분은 리드줄의 절반을 손에 감싼 뒤 엉덩이에 손을 딱 붙인 채 서 있고 보조자가 트릿을 잡고 개와 여러분에게 다가오는 것을 연습한다. "쿠키다. 앉아-기다려"에서 했던 것처럼 나무처럼 서 있도록 한다. 개가 흥분하여 돌진하려고 하면 보조자는 한 발자국 뒤로 물러나서 그대로 가만히 정지한 채 서 있고, 개가 다시 여러분에게 집중하면 클리커를 사용하거나 음성으로 "옳지" 하고 표시한 뒤 "이리 와" 음성신호와 수신호를 같이 사용하여 오게 한 다음 "앉아"를 시킨다. 그러고 나서 보조자에게 다시 여러분에게 다가오라고 한다. 그리고 또다시 개가 돌진하면 위의 단계를 반복한다. 보조자가 트릿을 줄 수 있을 정도로 가까이 다가왔을 때 개가 다시 일어선다면 트릿을 주지 말고 한 발자국 뒤로 물러난 뒤에 음성신호 없이 조용히 수신호로만 "앉아"를 명령한다. 수신호를 더 잘 가르치고 타이밍을 잘 맞추기 위해서는 보조자와 사전에 충분히 연습해야 한다. 여러분의 개가 보조자로부터 보상으로

트릿을 처음 받을 때 그 순간을 표시해주고 칭찬과 잭팟으로 보상해준다.

이 동작을 원활하게 하기 위해서는 조용하게 앉아 있는 것에 대한 칭찬과 보상을 주기 전에 앉아 있는 시간을 점차적으로 늘리는 것이다. 그다음 단계는 개가 계속 앉아 있는 상태에서 여러분과 보조자가 즐거운 대화를 지속한다. 대화하는 동안 개를 칭찬하면서 먼저 약 10초 동안 시작하고 그러고 나서 몇 초를 더하고, 잘하면 또 칭찬을 해주는 식으로 시간을 점점 늘려간다.

이 동작의 목표는 개가 신호에 맞춰서 완전하게 자동으로 하는 것이기 때문에 다양한 장소에서 다양한 보조자와 같이해 보도록 하는 것이 좋다. 1분 정도 대화한 후에 같이 걷기 시작하고, 멈추었다가 또 걷고, 친구가 집에 오면 문 앞에서 또 이렇게 하도록 한다. 아니면 개를 친구 집에 데리고 가는 것도 좋고, 그렇게 하다가 조금씩 트릿을 없앤다. 개가 대부분의 친화적인 사람들에게 지속적으로 다가가는 것을 익숙하게 받아들이고, 여러분이 다른 사람과 대화하는 동안 트릿 없이 얌전히 앉아있게 된다면 테스트에 통과할 수 있다.

평가 항목 2: 만질 때 얌전히 앉아 있기

이 테스트는 친절한 낯선 사람이 다가와서 만지는 동안에도 두려워하지 않고 조용히 앉아 있는 것을 요구한다. 누군가 자기를 만지는 동안 그대로 앉아 있는 개는 자신감이 있고 일반적으로 사람들과 상호작용을 잘하는 개라고 할 수 있지만, 일부 개는 만지면 무서워하여 결국 공격성이나 소심함으로 나타난다. 이른바 행동학자들이 말하는 투쟁-도피-경직이라는 각각의 다른 반응은 모두 두려움에서 나오는 충동적 반응이라고 할 수 있다.

여러분의 개는 세상이 아름답고 친절하다는 것을 알기 때문에 아마도 이 테스트를 잘 통과하겠지만, 어떤 개들은 강아지 시절에 혹독한 경험을 했을 수도 있고 또 어떤 개는 그 아무리 친절한 사람이 다가온다 한들 선천적으로 두려움을 가지고 있을 수도 있다. 혹시라도 여러분의 개에게 두려움의 문제가 있다면 11장에서 다룬 행동 문제를 참조하고 전문가의 조언을 들어보는 것 또한 추천한다.

개가 심각한 두려움의 문제가 없다면 이제 배울 준비가 되었는데, 활기가 넘치거나 입을 부지런히 움직이는 개라면 누군가 만지는 동안 가만히 앉아 있는 것이 결코 쉽지 않을 수도 있다. 만지는 동안 얌전히 앉아 있도록 가르치는 방식은 평가 항목 1의 방식과 비슷하다. 개가 조용히 있

을 때 보조자가 개에게 다가간다. 그러다가 개가 일어나거나 입이나 손을 활용하기 시작하면 보조자는 다른 곳으로 가버린다.

주변 인물들을 활용하여 3장에 나온 부드럽게 다루기와 살살 물기부터 연습한다. 일단 개가 아는 사람들이 만지는 것에 익숙해지도록 하고, 그들 하나하나가 손 급여를 할 수 있도록 시도해본다.

사람들이 만지는 동안 부드러운 칭찬과 함께 보상을 충분히 해주고 몇 주 동안 그렇게 하다가 나중에는 칭찬은 계속해주되 음식에 대한 보상을 조금씩 줄이면서 아예 없애도록 한다. 이 세션을 하는 동안에는 개를 항상 지켜봐야 하는데, 혹시 여러분이 직접 이끌어서 만지게 한다면 개는 여러분이 자기 옆에 있으므로 모든 것이 안전하고 즐거운 상황이라는 것을 알 수 있기 때문에 도움이 될 것이다.

물론, 실제 생활에서 안전이 의미하는 바는 다른 사람들, 특히 아이들이 여러분의 개를 만지는 것에 대해 주의를 기울여야 하고 상식적인 차원에서 개를 다루는 것을 의미할 것이다. 아이들은 쉽게 흥분하고 부적절하게 개를 만질 뿐만 아니라 개에게 바로 달려들거나 놀고 싶어 하기 때문이다. 먼저 아이의 보호자에게 개를 만지는 것을 허락받고, 개의 상태를 충분히 파악하여 상황이 괜찮다는 전제하에 아이와 보호자가 차분해진 개를 머리 쪽이

아닌 옆에서 만짐으로써 개가 놀라지 않도록 주의한다.

평가 항목 3: 외모와 미용

미용하는 동안 얌전히 앉거나 서 있는가? 또는 수의사가 몸 전체를 다 살펴보는 것이 가능한가? 누군가 개의 발과 귀, 코와 목 주변을 만지거나 입안을 들여다볼 때 어떤 반응을 보이는지, 개가 건강해 보이고 미용이 잘되어 있으면서 털과 귀가 깨끗하고 인지능력이나 체중은 알맞은지 등을 평가한다.

첫 단추로 여러분이 먼저 개의 털을 빗어주고 살펴볼 수 있어야 다른 사람도 할 수 있다. 3장에 나온 관리하기와 살살하기 연습은 이 평가를 준비할 수 있도록 도와줄 것이다. 개에게 폭풍칭찬과 용기, 맛있는 보상을 주는 동안 여러 보조자가 부드럽게 빗질을 해준다. 그리고 여기저기 샅샅이 몸 전체를 살펴보게 하는데, 예를 들면 귀, 눈, 코, 목, 발, 어깨, 엉덩이, 꼬리, 복부 등을 만져보고 체크하는 것이다. 또는 여러 가지 평가를 위해 엎드리게 하거나 앉거나 서게 하고, 만지면 더 예민해지는 자세는 없는지도 관찰한다.

평가 항목 4: 리드줄 느슨하게 걷기

이 책의 기본 트레이닝 과정을 하면서 느슨한 리드줄로 걸을 수 있는지 또는 회전하거나 멈추거나 빨리 걷거나 하는 동안 여러분에게 주의를 기울이고 함께 있는지를 관찰한다.

이 항목은 오비디언스 대회처럼 옆에 바싹 붙어서 걷는 것을 심사하는 것이 아니라 표지판을 따라 직진, 좌회전, 우회전, 유턴, 멈춤, 다시 걷기 등을 할 때 여러분 옆에 머무르면서 같이 걷는 것을 평가한다.

기본 프로그램에 나온 걷기 연습을 할 때 여러분에게 지속적으로 집중하게 하기 위해 이따금씩 체크하고 회전과 멈춤, 시작과 걷기의 속도를 다양하게 변화시키고 섞어서 해본다. 루어는 사용하지 않고 칭찬할 순간을 반드시 포착하면서 개에게 느슨한 리드줄 걷기를 잘한다고 표시해야 한다.

평가 항목 5: 군중 속 지나가기

여러분의 개는 다른 사람들 옆을 지나갈 때 계속 여러분에게 집중하는가? 아니면 흥분하거나 리드줄을 당기지는 않는가? 또는 투쟁-도피-경직의 두려움이나 긴장 징후를 보이지 않고 군중을 헤치고 나아갈 수 있는가?

처음에 시작할 때는 개에게 익숙한

사람들과 함께 익숙한 장소를 걷는다. 그리고 그들이 흩어지면서 그 자리에 서 있으면 여러분과 개가 그들의 '무리'를 통과하면서 지나간다. 그런 다음 그들에게 다함께 조금 더 가까이 뭉치게 하고, 그러고 나서 약간씩 움직이게 한다. 조금씩 방해 요소들에 대한 개의 인내심에 도전하는데, 만약 트릿을 사용하여 집중을 유지한다면 교육하는 동안 점점 줄여 나중에는 없애도록 한다. 그리고 동시에 여러분에게 집중할 수 있도록 음성을 사용한다.

만약 이 평가를 위해 난이도 있게 연습하고 싶다면 개가 집중을 유지하는 동안 무리의 사이사이를 지나가는데, 그렇게 하면 나중에 무리를 일직선으로 통과하여 지나가는 것이 더 쉽게 느껴질 것이다.

평가 항목 6: 6m 거리에서 "앉아", "엎드려" 그리고 기다리기

여러분이 다른 곳에 있을 때 개가 같은 장소에 계속 앉아서 기다릴 수 있을 만큼 충동 자제가 가능한가? 여러분이 6m 정도 떨어져 있을 때 음성을 듣고 기본적인 신호들을 이행할 수 있는가?

평가하는 동안 목줄이나 하네스에 6m 길이의 리드줄을 부착할 것이다. 그러므로 연습할 때는 부착된 목줄에 편안함을 느끼는지 확인하고, 개의 목줄 위로 긴 줄이나 낯선 리드줄을 묶어본다. 혹시라도 공원에서 이 신호를 연습한다면 긴 줄이 잘 묶여 있는지 꼭 확인해야 한다.

기본 교육 프로그램은 이러한 기술을 6m 거리에서 이행하지는 않았지만 면밀하게 다루었다. 더 긴 거리에서 강아지 푸시업을 연습하고, 6m 거리에서 반응할 수 있다면 이 항목은 수월하게 통과할 수 있을 것이다.

"앉아" 또는 "엎드려"를 하게 하면서 충동을 자제시키고 난 뒤에 개에게서 돌아서 다른 곳으로 가는데, 만약 필요하다면 칭찬해주기 위해 개에게로 몸을 돌리는 시점보다 한 걸음 전에 멈추는 것이 필요할 수도 있다. 멈춘 뒤 개에게 다시 돌아가 칭찬과 보상을 더 해준다.

다음번에는 한 걸음 더 갔다가 개에게 다시 돌아온다. 즉 6m까지 할 수 있는지 도전해보고, 점점 트릿을 줄이다가 나중에는 없애도록 한다.

여러분이 개에게 돌아오는 동안 개는 제자리에 있어야 한다. 만약 개가 여러분이 돌아올 때 움직이려고 한다면 멈추어서 이 항목의 부분 연습을 다시 하도록 한다. 평가하는 동안 개에게 갈 때 움직이지 말도록 계속 상기시켜야 한다. 나중에 하나의 신호로 처음부터 끝까지 동작을 연습할 때는 점차 거리와 시간을 늘릴 것을 제안한다. 강아지 푸시업을 하는 것과 칭찬하는 것, 그리고 잠깐씩 자주 멈추는 것은 개에게 지속적인 집중을 유지할 수 있게 해줄 것이다.

평가 항목 7: "이리 와"(부를 때 오기)

3m 거리에서 "이리 와"를 할 때 주변에 약간의 방해 요소가 있어도 개가 바로 올 수 있는가? 평가하는 동안 평가사는 약간의 방해 요소들, 즉 여러분이 부를 때 개를 쓰다듬는다든지 등의 사소한 방해를 할 것이므로 사전에 적응하는 연습을 해야 한다. 예를 들면 아는 사람의 개와 놀고 있는 중이거나 다른 사람이 쓰다듬는 중에 여러분이 "이리 와"를 하는데, 무엇보다 부를 때 여러분에게 오는 것이 최고의 우선순위라는 것을 이해하도록 해야 하기 때문이다. 이 연습을 할 때는 최고로 가치 있는 강화물이나 개가 돌아왔을 때 여러분의 감독하에 놀이로 다시 돌려보내는 등 높은 가치의 보상물로 해야 하고, 그러면서 개는 항상 자기를 불렀을 때 여러분에게 오면 보상물이 있다는 것을 배우게 될 것이다. 8장에 나와 있는 알기 쉬운 지침에서 "이리 와" 부분을 복습해본다.

평가 항목 8: 다른 개에 대한 반응

길을 가다가 산책하는 사람을 만났을 때 개가 여러분에게 계속 집중할 수 있는가? 다른 개에게 달려가고 싶은 충동 억제가 가능한가? 아니면 다른 사람과 짧은 대화를 하는 동안 여러분 옆에 계속 있을 수 있는가? 다른 개에게 공격적이거나 겁을 먹지는 않는가? 또는 약간의 관심을 보이는가? 등에 대해 평가할 것이다.

평가하는 동안 여러분과 개는 다른 개와 그 개의 핸들러에게 다가갈 것이고, 여러분이 그 핸들러와 악수할 수 있을 정도로 가까이 있을 때 짧은 대화를 하게 될 것이다. 그런 상호교환을 하는 동안 개는 여전히 여러분 옆에 머물러 있어야 하며 다른 개에게 약간의 관심은 보여주되 계속 걷다가 "멈춰"-"기다려"-"가자" 신호에 집중을 유지할 수 있어야 한다. 이것을 연습하기 위해서는 보조자와 그의 개 그리고 여러분과 개가 신호에 맞춰 서로를 향해 걸어가야 한다. 개들이 이미 얼마나 사회화가 잘되어 있는지가 중요한데, 그에 따라 서로에게 얼마나 다가올 수 있는지를 결정하게 될 것이다. 목표는 악수하기에 충분히 가까워지는 것인데, 아마도 과정 중에 많은 시도와 실패를 겪게 될 것이다. 가능하면 많은 개들과 연습하는 것이 중요한 이유는 아마도 모든 개보다 일부 개와 더 잘 지낼 것이기 때문이다.

평가 항목 9: 방해 요소에 대한 반응

깜짝 놀랄 수 있는 방해 요소들이 발생했을 때 개는 어떻게 반응할 것인가? 공포에 떨며 도망을 갈 것인가, 또는 공격적이 되어 짖거나 달려들 것인가, 아니면 잠시 깜짝 놀라기는 해도 사소한 호기심을 표현할 것인가? 또 갑작스럽고 큰 소음에 반응하거나 시각적 방해 요소들에는 어떻게 반응하는가?

CGC로 사회화된 개는 2m 안에서 벌어지는 모든 종류의 방해 요소들에 잘 대처하고 행동한다. 평가사는 갑작스러운 소음에 대한 개의 반응을 평가하는데, 예를 들면 문을 쾅 닫는 소리나 딱딱한 바닥에 떨어지는 접힌 금속 의자 소리 등이다. 개는 이러한 소란이 벌어질 때도 자연스러운 호기심 외에 별다른 반응을 보이지 않아야 한다.

개가 두려워하지 않는다는 가정하에 최대한 많은 방해 요소를 경험하게 하는 것이 좋다. 소음이 발생했을 때 여전히 즐거워야 하고, 만일의 경우 진행이 원활하지 않을 것에 대비하여 다른 방해 요소로 전환할 준비도 되어 있어야 한다. 처음에는 트레이닝을 짧게 하고 시간을 점차 늘리면서 낯선 소음들과 이상한 시각적인 방해 요소들에 개를 둔감화시킨다. 그러고 나서 게임이나 반복적 동작 연습을 한 뒤에 다시 방해 요소 둔감화 교육으로 돌아

오는 것이 개에게 더 도움이 된다. 만약 진행하는 중에 개가 두려워하면 무언가 다른 것을 진행하거나 아니면 마지막에 성공했던 지점부터 다시 시작하도록 한다. 너무 빨리 진행하는 것은 개에게 공황 상태를 안겨줄 수 있고 배변 실수를 하거나(CGC 테스트 도중에 배변하면 자동 실격처리 된다) 이전에는 두려워하지 않았던 것인데도 두려움을 느낄 수 있으므로 항상 개가 적응할 수 있도록 시간을 두고 배려하자. 즉 장기적인 안락감이 우선순위가 되어야 하고, 준비되지 않은 상태에서 억지로 CGC 타이틀을 받는 것은 권장할 만한 것이 아니다.

만약 시끄러운 방해 요소들이 있다면 일단 거리를 두고 시작하고, 그것들의 움직임을 알아채도록 볼 수 있게 하는 것이 중요하다. 처음에는 땅에서 몇 센티미터 위에서 물건을 떨어뜨리다가 점점 거리를 늘이는데, 반복하면서 점점 어깨 범위 정도가 될 때까지 한다.

유모차, 움직이는 스프링클러, 바람에 나부끼는 식물 등 시각적 방해 요소들에 대한 둔감화를 하기 위해 바닥에 있는 물건부터 시작하는데, 일단 개에게 냄새를 맡도록 허락한다. 개의 자신감과 안정적인 정도에 맞추어서 진행해야 하고, 물건 가까이에서 시작하지만 아직 그 물건에 대해 직접적으로 소개하지는 않는다. 그 대

신에 물건 옆에서 같이 놀아주면서 개가 이미 알고 있는 동작들을 복습하다가 만약 물건에 대해 개가 스스로 호기심을 보이면 칭찬과 보상을 해준다. 앞에서 101상자 또는 크레이트에서 했듯이 같은 방식으로 접근하는데, 먼저 소개하면서 트릿들을 주변 또는 물건 위에 뿌려놓고 개의 상태에 따라 받아들일 수 있도록 준비하고 인내심을 가지고 지켜본다. 물건을 소개할 때는 항상 밝은 분위기와 즐거운 목소리로 하되 개의 속도보다 더 빨리 진행하지 않는 것이 중요하며, 혹시라도 그런 경우가 발생한다면 11장에서 언급한 플러딩이 될 수 있으므로 주의한다. 그러므로 플러딩이 아닌 개가 편안해하는 속도에 맞추어 물건에 대한 둔감화를 시도하는 것은 매우 중요하고, 그러고 나서 다음 단계에 해야 할 것은 개에게 움직임의 일부를 보여주는 것이다. 개의 높이에 맞추어 엎드리거나 앉는데, 즐겁게 행동하면서 물건을 만진다. 예를 들어 자신감 있게 유모차를 끌어본다든지, 즐겁게 웃으면서 잔디의 스프링클러를 만지기도 하고 식물을 살짝 흔들어본다. 이런 식으로 조금씩 그리고 천천히 물체에 노출시킨다.

평가 항목 10: 감독하의 분리

여러분의 개를 몇 분 동안 누군가와 함께 있게 한다면 무슨 일이 벌어질 것인가? 여전히 좋은 매너를 유지할 것인가, 아니면 두려워하거나 불안해할 것인가? 사회화가 잘된 개는 자신감이 충만하고 여러분이 없어도 짖거나 울지 않으며 안정감이 있다.

점차 시간을 늘려서 "앉아-기다려"를 가르쳤을 때와 마찬가지로 여러분이 방에 없을 때도 할 수 있는 사회화 연습을 해보자. 처음에는 개가 이미 알고 있거나 좋아하는 보조자를 참여시키고, 여러분이 개에게서 점점 멀어지는 동안 보조자가 개와 함께 놀고 관리하고 빗질도 해주고 연습을 해도 좋다. 그러다가 다시 개에게 돌아와서 칭찬과 보상을 지속해주고, 점점 더 멀리 또는 점점 더 길게 놔두도록 한다.

잠시 방을 나가 있어도 개가 두려워하지 않고 안심할 수 있는 적정선을 설정해놓고 조금씩 그리고 점점 시간을 길게 끌면서 최종적으로 3분 이상 개가 안심 단계를 유지할 수 있는 것을 목표로 한다. 그리고 여러분이 돌아왔을 때는 칭찬과 보상을 해주되 너무 과장스럽게 하지는 않는다. 일반적으로 많은 개들이 보호자가 방을 나갈 때 보상과 칭찬을 해주면 잘하지만, 그렇다 하더라도 과장하는 것은 권장하지 않는다. 단지 평상시와 같이 나갈 때나 돌아올 때 평온하게 하면 된다.

부록 2. 특수 트레이닝

나는 20대 초반에 '도그쇼 벌레'라는 것에 상당히 세게 물린 적이 있었다. 무슨 말인가 하면 첫 번째로 참여했던 도그쇼 전람회가 너무 강렬하여 그때부터 아주 오랫동안 도그쇼에 몸담게 되었다. 가장 잊을 수 없는 것은 버지니아주의 페어팩스에서 참가했던 쇼인데, 다양한 견종에 대한 사람들의 해박한 지식, 그런 사람들 속에 섞여 있던 내 모습, 그리고 출전했던 개들과 핸들러들의 재능이 너무나도 인상 깊었고 그러한 모습들을 사랑했다. 도대체 사람들이 어디에서 온 건지, 무엇이 그들을 그렇게 헌신적으로 만들었는지, 그리고 어떻게 그런 지식들을 쌓았는지 너무 궁금했고, 챔피언 개에게는 단지 좋은 유전자만이 아닌 그 이상의 것이 있음도 알게 되었다.

아이들이 태어난 뒤에는 같이 데리고 갔는데, 세 아이와 포르투갈 워터도그 에보니와 함께 워싱턴 DC 주변에서 진행되는 도그쇼에 주말마다 가서 관전했던 기억이 아직도 생생하다. 이들을 모두 데리고 이동하는 것이 그리 쉬운 일은 아니었는데, 행사장에 도착하면 딸은 꼭 화장실에 가야 한다며 투정을 부렸다. 그새 우리

가 할 수 있었던 유일한 선택은 야외에 있는 이동 화장실을 사용하는 것이었는데, 주차를 하고 나서 유모차를 내리고, 보는 사람이 없는 것 같아서 작은 이동화장실에 나와 세 아이, 에보니까지 다 같이 비집고 들어간 적도 있었다. 화장실 내부는 적어도 깨끗해 보였고, 위의 아이 둘을 변기 구멍에 빠뜨리지 않고 용변을 보게 하는 동시에 막내인 페이지의 기저귀를 갈았으며, 그러는 내내 에보니의 목줄을 잡고 있었다. 볼일을 다 보고 나서 문을 열었는데, 많은 사람이 문 앞에서 "포르투갈 개와 다 함께 파티를!" 이렇게 외치는 거였다. 우리의 이런 깜찍한 행각이 당시 현장에서는 하나의 색채감 있는 화제를 몰고 오기도 했다.

어떨 때는 아이들과 함께 우리가 좋아하는 견종 중 하나인 브리아드종 '니나'의 쇼를 보러 가기도 했는데, 니나는 내가 교육하고 관리한 아름다운 개로, 여배우 산드라 블록의 어머니면서 뮤지컬 가수인 헬가 메이어 블록의 개였다. 아이들은 니나에게 손 급여를 했고, 풍성한 털을 빗어주는 것을 매우 좋아했으며, 가끔 헝클어

297

뜨리는 것도 좋아했다. 한번은 헬가가 집에 왔을 때 니나의 털이 내 딸들의 색색가지 머리핀으로 고정되어 있는 것을 보았는데, 니나는 그런 독특한 스타일로 쇼장에서 하는 것처럼 마치 '나를 봐주세요'라는 듯한 자세로 집안 곳곳을 뽐내면서 걸어 그 모습을 본 우리 모두 즐겁게 웃은 적도 있었다. 한편 실제 쇼장에서 나의 아이들이 기다리던 니나가 들어오자 너무 심하게 환호성을 질러대어 니나가 쇼에 충실하지 못해 실격된 적도 한 번 있었다. "니나야, 미안해."

여러분이 도그쇼 참가에 관심이 없더라도 그 외의 많은 활동이나 특별한 경험에 관심을 가져보자. 이런 활동들은 하나하나 특수 트레이닝을 필요로 하는데, 부록 2에서는 여러분이 참가할 수 있는 경험과 활동들에 대한 정보를 줄 것이다. 어떤 클럽은 혼종들을 포함하여 모든 견종이 참여할 수 있고, 또 어떤 클럽은 특별한 견종들이 참여하기도 한다.

치료견(Therapy Dogs)

1960년대에 아동 심리학자 보리스 래빈슨은 우연히 환자가 '징글스'라는 자신의 개와 교류하면서 눈에 띄게 호전되는 것을 보고 '반려동물 치료'라는 용어를 처음 사용하기 시작했다. 지금은 치료견들과 그들의 보호자가 자진하여 병원, 재활센터, 글자 읽기 프로그램, 호스피스, 재난극복, 트라우마와 치료 환경 등에서 활동하고 있다.

개인적으로는 예전부터 사람들을 돕기 위해 개들을 활용하는 것에 대한 믿음을 가져왔지만, 실제로 나 스스로 치료견의 도움을 받기 전까지는 얼마나 효력을 가지는지 확신할 수 없었다. 그러던 중 나는 2006년 4월 대형 교통사고로 병원 신세를 져야 했다. 평화롭고 그림 같은 북쪽 버지니아 시골길을 조용히 운전하고 가다가 사슴 무리를 만나면서 방향을 확 틀었는데, 내가 몰던 SUV 차량이 뒤집히면서 미끄러져 도랑에 처박혔다. 그런 상황이 펼쳐진 것을 기억하는 게 아니라 다른 사람에게서 들은 것이었으니 내 상태가 어느 정도였는지 대충 짐작할 수 있을 것이다. 내가 유일하게 기억하는 것은 나의 자이언트 슈나우저 '색슨'이 열린 안전 이동장 밖으로 나와서 내 가슴 위에 엎드려 있었다는 것이다. 나중에 들은 이야기로는 색슨이 내 목에 입을 비비면서 누구라도 나에게 오는 것을 막기 위해 으르렁거리고 있었다고 한다. 그때 나의 이웃이 나타난 것은 정말로 기적이었는데, 어렴풋이 기억나기를 그녀가 색슨을 매우 부드럽게 달래면서 "색슨은 좋은 개이며 경찰과 응급차, 구조대, 헬리콥터들이 네 주인을 도와주기 위해 왔다는 것"을 확신시켰다. 그러자

단지 개를 만지는 것만으로도
행복해질 수 있다.

진단 과정을 수도 없이 겪으면서 죽음에 대한 공포가 점점 밀려들었다. 그 당시 내가 생각했던 것은 치료는 실패했고, 이제 죽음이 다가오고 있다는 확신을 매일 하면서 병원에서 더 이상 나를 위해 해줄 수 있는 게 없을 것 같아서 너무 두려웠으며 살 수 있다는 의지도 사라지고 있는 중이었다. 그러던 어느 날 그런 절망의 시간에 작은 개의 순수한 몸짓이 내 인생을 바꾸는 일이 벌어졌는데, 낯선 사람이 내 병실에 작은 테리어를 데리고 들어와서 내 배 위에 올려놓는 것이었다. 나는 거의 움직이지 못했지만, 한 손으로는 그 개를 쓰다듬을 수 있었다. 짧은 기간 동안 작은 개의 몸뚱아리에 팔을 얹었을 뿐인데, 그 움직임으로 그동안 내가 마주했던 공포와 고통으로부터 멀어지고 삶의 순간으로 다시 돌아옴을 느끼게 되었다.

색슨은 그녀를 따라가면서 사람들이 나를 도와주게 했는데, 정말로 그 이웃에게 고마움을 표하고 지금까지 그녀가 나의 수호천사라는 믿음을 가지고 있다.

그러고 나서 훌륭한 의사들의 도움으로 간신히 생명을 구하게 되었지만, 6주 후 상태는 더 악화되었고 부러진 쇄골이 동맥을 관통하면서 언제라도 혈관이 막힐 수 있는 상황이 되자 헬리콥터를 이용하여 다른 큰 병원으로 이송되고 나서 본격적인 회복을 시작할 수 있었다.

병원에서 지낸 시간은 믿기 힘들 정도로 나에게 도전을 요구했는데, 신체적인 어려움 외에도 심리적으로 너무나 고통스러웠다. 침대에 누워있는 동안 말로 표현할 수 없는 통증들과 싸우고 절대로 끝날 것 같지 않았던 응급 상황들과 여러

그 이후 건강을 되찾고 나서는 치료견들을 양성하는 데 힘을 쏟게 되었고 어느덧 그것이 내 사업의 하나가 되었는데, 치료견의 보호자들을 지도하면서 개들이 아주 잘 사회화되도록 하고 어떤 환경에서도 평온할 수 있도록 교육하고 있다. 예를 들어 잠재적인 방해 요소들, 즉 시각적·음성적 움직임과 냄새들에 주기적으로 노출시키고 다양한 사람들과 개들을 최대한 많이 만날 기회를 갖도록 해준다.

그뿐만 아니라 보호자들이 병원에서 개들을 다루는 동안 치료 환경에서 마주치게 될 감정적인 도전들에 대처할 수 있게 하려고 최선을 다해 그들을 교육한다.

'리플리'라는 어린 저먼 셰퍼드종은 원래 나의 학생이었는데, 나는 그 개에게 월터리드 국립군인의료센터의 치료견 교육을 진행했다. 그곳에서 리플리는 윌리엄 웨이본이라는 핸들러의 관리를 받게 되었는데, 윌리엄의 개이면서 같은 저먼 셰퍼드종인 행크스 역시 치료견으로 그곳에서 근무해왔다. 어느 날 윌리엄은 나에게 "건강하고 행복한 개를 교육하는 유일하고 효과적인 방법은 오직 긍정강화뿐이라고 생각한다"고 언급한 적이 있었다.

근무 중에 받는 관심에도 불구하고 치료견이나 보호자의 일상이 항상 용이한 것만은 아니다. 치료견은 근무 시작 24시간 안에 목욕해야 하는데, 윌리엄의 경우 병원에 도착하기 전에 개의 목욕과 건조를 끝내야 해서 새벽 4시에 일어나야 한다. 그리고 일단 근무가 시작되면 치료견에게 많은 이목과 관심이 쏠리게 되고, 시끄러운 장비 소리를 들으면서 번잡한 복도를 이리저리 움직이거나 이동함과 동시에 소독약같이 익숙하지 않은 냄새를 맡아야 하는 등 모든 것을 감내하면서 근무한다. 그래서 윌리엄은 근무를 마친 후에는 행크스가 온종일 자거나 쉴 수 있도록 항상 배려해준다.

윌리엄이 자기의 치료견이 엄청난 봉사 기회를 경험한다고 생각하는 데 비해 그에게 지불되는 금액은 그리 크지 않다. 윌리엄은 "가장 어려운 상황들에서 내가 만나는 사람들의 삶의 질은 혹독하다. 모든 환자는 집에 가고 싶어 하고 병원에 있는 것을 좋아하지 않는다. 치료견은 환자들이 마주하고 있는 그런 어려운 상황에서 잠시나마 휴식할 수 있도록 도와준다"고 말하는데, 내가 환자였을 때를 생각해봤을 때 나 역시 그 부분에 전적으로 동감하는 바다.

여러분이 개와 함께 치료견 팀에 동참해도 좋을 것 같다는 판단이 들면 지역 치료견 단체에 합류하여 봉사하는 것을 추천하고, 치료견 교육 프로그램과 자격증 과정 또한 알아보고 진행하는 것 역시 강력히 추천한다.

복종 훈련(Obedience Training)

개와 함께하는 5주 기본 교육 프로그램 외에 교감을 나누고 소통할 수 있는 많은 훈련 중에서 '오비디언스(obedience)' 대회는 정교한 훈련을 더 지속시켜줄 뿐만 아니라 새로운 신호들을 훈련하는 매우 좋은 방법이면서 나와 비슷한 성향을 가진 보호자들을 만날 좋은 기회가 될 수 있다.

랠리 오비디언스(Rally Obedience)

랠리 오비디언스(랠리 또는 랠리 오)는 일련의 특정한 오비디언스 과정들을 실행하면서 장애물 코스를 통과하는 과정의 스포츠다. 코스는 10~20개의 신호로 구성되며 팀에 무엇을 할 것인지를 지시한다. 특히 이 훈련은 많은 보호자들에게 개들을 위해 재미있게 참여하고 싶은 마음이 들도록 해주며, 훈련이 잘된 다른 개들과 사회화 연습을 할 수 있는 아주 훌륭한 기회가 될 수도 있다.

미국에서 거행되는 가장 대중적이면서 공신력 있는 2개의 랠리 대회는 AKC와 APDT에서 주최한다. 두 대회는 3개의 등급으로 구분되는데, AKC에서 하는 대회는 초심자, 상위자, 전문가 레벨로 나누어지고 APDT 대회는 1단계와 2단계 그리고 3단계 레벨로 나누어진다. AKC와 APDT의 랠리 대회에서는 개들이 받을 수 있는 여러 개의 타이틀과 상이 수여되며, 강아지들을 위한 대회도 열린다.

AKC 랠리의 초심자 타이틀을 얻기 위해서는 이 책에 나와 있는 기본 트레이닝 프로그램들의 동작을 모두 성공적으로 할 수 있어야 하는데, 예를 들면 "앉아-기다려", "엎드려-기다려", "이리 와"와 핸들러에게 집중하는 것 등을 말한다. 또한 심사위원 앞에서부터 목표지점까지 개가 옆에 붙어서 걷는 '힐 위크'와 방향 전환, 속도 전환, 급속한 출발, 멈춤, 뒤로 가기, 위브, 그리고 나선형으로 걸어가기 등을 할 수 있어야 한다. 경기 진행 중에는 수신호 사용이 가능하며, 음성으로 개를 독려할 수 있고, 핸들러의 다리를 치면서 가거나 박수를 치는 것은 가능하지만 루어링과 트릿 사용은 금지된다. APDT의 1단계 랠리는 AKC의 초심자 레벨과 유사한데, 주요한 차이로 APDT 1단계에서는 리드줄 사용이 가능하다.

더 높은 등급의 랠리 자격증을 취득하기 위해서는 더욱 정교한 터닝과 핸들러 옆에 밀착하여 진행하는 다양한 패턴과 피봇, 대각선의 방향 전환 그리고 핸들러와 반대 방향으로 돌기, 주저 없이 점프하기, 동작 중 신호에 따라 행동하기, 그리고 먼 거리 신호에 맞춰 행동하기 등이다. 가장 높은 등급에서는 각 지점에서 수신호만 줄 수 있고 음성 독려만 가능하다.

AKC 오비디언스 대회(AKC Obedience Trials)

개와 여러분이 복종 훈련에 관심이 있다면 오비디언스 대회의 멋진 세계에 초대하고 싶다. AKC 오비디언스 대회의 어느 레벨에까지 도달할 것인가? 내셔널 오비디언스 챔피언을 뽑는 국가전에 출전하기 위해서는 오비디언스 대회의 초심자, 오픈, 유틸리티의 세 등급을 다 획득해야 가능한데, 초심자 레벨은 AKC CGC와 유사하고 유일하게 추가된 부분은 때와 장소를 가리지 않고 "이리 와"가 원활히 이루어지며 목줄 없이 '힐링', 즉 핸들러 옆에서 걷는 것을 유지해야 한다. 오픈조에서는 핸들러 옆 걷기에서 다양하고 많은 회전으로 속도 변화, 점프와 장애물 넘기, "이리 와" 동작 중 "엎드려"를 즉시 이행할 수 있어야 한다. 또 유틸리티조는 많은 보호자들에게 농담 삼아 '퓨틸리티', 즉 무용지물이라고도 불리는데, 대회에서 요구하는 동작들이 너무나 어려워 개가 이행하기 쉽지 않고 자격증을 따는 것조차 무척 어렵기 때문이다. 예를 들면 유틸리티 개들은 물체 더미 안으로 들어가서 핸들러가 미리 냄새를 묻힌 물건을 찾아온다든지 방향 지시에 따라 특정 장갑을 가져오거나 핸들러가 신호를 주면 핸들러로부터 떨어져서 "이리 와" 신호에 맞춰 특정 장애물들을 점프해서 오는 것 등이다. 이 모든 것을 통과하면 NOC, 즉 국가 오비디언스 챔피언전에 출전할 수 있는 점수를 충분히 획득하여 초청받을 수 있게 된다.

도그댄스(Canine Freestyle Dancing)

복종 훈련을 하는 다른 방식으로 프리스타일 도그댄스가 있다. 개와 함께 댄스 루틴의 안무를 짜는데, 여러분은 안무가가 되고 개는 여러분의 댄스 파트너가 된다. 이 트레이닝에서 매우 중요한 역할을 하는 개는 일련의 동작을 연달아 음악에 맞춰서 순서대로 진행하는데, 그것이 우아한 댄스 안무가 된다. 도그댄스의 경우 타기팅 장비들을 사용하여 클리커 트레이닝을 하다가 수신호 또는 언어신호로 교체하면서 춤을 가르치는 것이 가장 쉬울 수 있다.

인간의 댄스 대회와 유사하게 K9 프리스타일, 즉 도그댄스는 음악에 맞춰서 하고 초심자들은 주로 30초 안무 순서에 맞춰 시작하면서 90초 순서로 연장한다. 더 위 단계의 공연자는 곡 하나를 완성하는데, 최근에는 공연자와 개가 같은 의상을 입고 춤추기도 한다. 이러한 커플댄싱 외에도 일부 도그댄스 클럽 또는 트레이닝 프로그램으로 그룹 댄스 안무를 만들어 그 그룹을 대표하는 댄스를 보여주기도 한다.

개가 안정감 있게 하는 동작이라면 모두 도그댄스의 루틴에 포함할 수 있는데, 이 책에 나온 기본 트레이닝 프로그램 동작들도 도그댄스의 한 부분이 될 수 있다. 도그댄스는 기술들을 연마할 수 있는 재미있는 방법이고, 새로운 기술들을 가르치고 움직임들을 발견하면서 그런 것들을 하나의 루틴으로 다 같이 엮을 수 있는 종목이다. 여기에는 퍼포먼스 공연을 하는 여러 단체나 웹사이트 또는 지역 퍼포먼스 그룹 등이 있다. 또한 초심자들에게 도움이 되는 도서나 영상 자료들이 교육용으로 출시되어 있기도 하며, 도그댄스를 더 심도 있게 배우고 싶은 이들은 캐럴린 스콧(Carolyn Scott)과 그의 골든리트리버 종인 루키의 댄스를 배워볼 것을 강력히 추천한다. 루키와 캐럴린은 정말로 특별한 교감을 나누며 서로에게 깊이 몰입하는데, 그들의 영상을 보면 무슨 의미인지 쉽게 알게 된다. 그들은 함께 전 세계의 수많은 사람에게 도그댄스를 소개했을 뿐만 아니라 TV 또는 컨테스트 등에서 공연하거나 요양원, 학교, 교회 등을 찾아다니면서 춤을 추었다. 루키는 강아지 때부터가 아니라 성견이 되고 나서 춤을 시작했기 때문에 나이가 있는 개들도 새로운 동작들을 배우고 춤을 시작할 수 있다는 것을 보여준다.

안타깝게도 루키는 2008년 무지개다리를 건넜지만, 여전히 나는 루키가 그곳에서 천사들과 즐겁게 춤추는 모습을 상상할 수 있다.

많은 에너지를 요구하는 도그스포츠 (High-Energy Canine Sports)

적지 않은 개들에게 에너지가 많이 소모되는 활동이 요구되는데, 그중에서 고에너지를 소모하는 도그스포츠는 아주 좋은 선택이다.

어질리티 코스(Agility Course)

어질리티 장애물 코스는 관람하기에도 아주 재미있는 대회다. 개와 사람이 한 팀을 이루어 점프하기, 장대 가로지르기, 다리 건너기, 터널을 지나는 경주를 한다. 감점 요소들은 시계 반대 방향으로 가는 경우, 장애물을 놓친다거나 이전 장애물로 다시 돌아간다든지 허들 바를 쓰러뜨렸을 때, 또는 A 프레임이나

인간 파트너와 마찬가지로 스포츠견들도 좋은 성적을 내기 위해서는 고된 트레이닝을 거쳐야 한다.

터널을 통과하는 중 주저하는 것과 시소 또는 브리지를 다 뛴 다음에 너무 빨리 점핑할 때 등의 경우다. 가끔 핸들러의 잘못으로 실수가 일어나기도 하는데, 예를 들면 개를 따라가지 못하는 것, 또는 신체 위치가 부정확하여 개가 엉뚱한 방향으로 가버린 신호를 준 것 등이다. 어질리티 트레이닝은 많은 연습을 요구하므로 에너지가 많은 개에게 아주 좋은 운동이기도 하다.

또한 어질리티는 현재 매우 인기가 높아서 연례행사인 AKC 국가전같이 초대를 받아야 출전이 가능한 경기에서는 상업적 스폰서들의 협찬과 수상금이 주어진다. 또한 어질리티 협회들도 있는데 'United States Dog Agility'라는 단체도 그중 하나이며, 이러한 단체들은 지역대회와 국가대회 그리고 국제대회를 개최하기도 한다.

플라이볼 경주(Flyball Relay Races)

에너지가 매우 높은 개들을 위한 또 다른 선택은 플라이볼 릴레이 경주다. 이 대회에서는 4마리의 개가 한 팀을 이루어 릴레이식으로 경기하는데, 첫 번째 개가 4개의 허들을 넘어 15m 이상의 코스를 달리는 것부터 시작해서 기계 박스를 발로 찬 뒤에 테니스공이 나오면 입에 물고 점프하여 여러 개의 허들을 넘은 다음에 돌아오는 것이다. 첫 번째 개가 출발선과 마무리선을 잘 통과하고 나면 다음 개가 기다리고 있다가 똑같은 방식으로 출발점에서 이어 달리기를 하고 그다음 개가 또 달리는데, 두 팀이 양옆에 서서 진행하고 그중 먼저 들어오는 팀이 승자가 된다. 개들과 핸들러들은 달리기가 뛰어난 인간 주자들이 하는 것과 똑같이 높은 역량의 정밀함을 갖추어 트레이닝도 하고 승부를 겨룬다.

과거에는 250개 팀이 북미플라이볼협회(National American Flyball Association)에 속했고, 전자 시간으로 측정했을 때 단 20초 미만에 4마리가 전 경주를 완료했다니 놀라지 않을 수 없다. NAFA의 웹사이트인 flyball.org에 들어가 보면 상당히 많은 통계를 보여주는데, 예를 들면 어떤 개가 가장 빠른지 견종 분석에 대한 것도 표시되어 있다. 누구나 예상하듯이 보더콜리, 잭 또는 파슨 러셀 테리어종이 거의 휩쓸고 있다. 플라이볼이 빠르고 정확한 도그스포츠로 자리 잡으면서 NAFA의 규정집을 읽는 시간이 대부분 팀이 경주를 마칠 때까지 걸리는 시간보다 더 소요된다. 가장 최근의 경주들과 클럽들의 목록들을 확인하기 위해서는 NAFA의 웹사이트를 참조하면 되는데, 재미난 것은 클럽들의 이름이다. 예를 들면 '용수철 장착', '즉시 재생', '로켓 릴레이' 등의 이름도 있다. NAFA 대회에 가보면 지역에서 플라이볼 트레이닝을 해줄 곳을 알아볼 수 있으며, 만약 주변에 없다면 NAFA 측에서 클럽을 시작하고자 하는 이들에게 도움이 되는 정보를 제공해준다.

디스크 도그(Disc Dog)

웸오(Wham-O) 장난감 제조회사가 1958년 프리스비 플라잉 디스크를 미국에 처음 소개한 뒤 얼마 되지 않아 사람들은 개들이 그것들을 쫓아다니는 것을 무척 좋아한다는 것을 알게 되었다. 그 후 디스크를 던지고 노는 기술이 더 발전하고 창의적이 되면서 개들 또한 그들의 혁신적인 놀이에 포함했다. 오늘날에는 디스크 도그 분야에서 다양한 경쟁을 하는데, 개들이 45m 이상 달려 허공에서 잡는 장거리 던지기 같은 것도 그중 하나다. 그 외에도 디스크 도그 마니아들은 '프리스타일'이라고 불리는 자유로운 방식

작은 개들도 뛰어난
공중곡예가 가능하다.

의 안무 루틴을 짜서 경쟁하는데, 점프의 운동성과 빠른 속도로 여러 개의 디스크를 던져서 실행하는 모습을 보여줘야 한다. 또 미국에서는 디스크 클럽이나 대회 그리고 디스크 교실이 많이 활성화되어 있고, 특별한 시범쇼와 공개쇼 등도 많이 보여주고 있다. 특히 이 스포츠에서는 에너지가 많고 점핑 실력이 뛰어난 개들이 날아다니는 디스크를 잡는 것으로 기량을 발휘할 수 있다.

특수화된 기술 트레이닝 (Specialized Skill Training)

원래 많은 견종이 특정한 임무를 수행하기 위해 만들어졌는데, 예를 들면 트래킹이나 헌팅, 회수해오기, 수중 임무와 가축 몰이 등이다. 오늘날에도 개들의 본능과 능력은 여전히 건재하기 때문에 소파를 찢거나 정원을 파는 등의 에너지 소모가 아닌 다른 방식으로 많은 에너지를 분출시키는 작업들이 지속적으로 요구된다. 나의 경우 다양한 개들과 함께 위의 요구에 부합하는 트레이닝들을 대부분 진행해왔고, 개들과 함께 숲이나 들판에서 추적 트레이닝을 하거나 물속에서의 트레이닝 또는 양 떼들에 둘러싸여 몰이 트레이닝을 하기도 한다.

트래킹(Tracking)

개의 후각 능력은 우리 인간의 감각을 훨씬 능가한다. 그렇기 때문에 그들은 잔해 더미에 갇힌 사람을 찾아내기도 하고, 밀수품이나 위험 요소들의 냄새를 맡고, 범행 장소에서 법의학적 핵심들을 찾아내거나 암을 감지한다든지, 간질 발작 징후를 미리 포착할 수도 있고, 아니면 아이들 가방을 뜯어서 일주일 묵은 도넛을 찾아 먹어치우기도 한다.

AKC 챔피언 트래커(CT)가 되기 위해서는 매우 어려운 두 가지 실험을 통과해야 한다. 첫 번째로는 TDX(Tracking Dog Excellent), 즉 '엑설런트 트래킹 도그'라는 타이틀을 획득해야 하는데, 이는 개가 출발하기 3시간 전에 묻혀있던 것을 약 1km 내에서 냄새를 추적하여 적어도 5개의 방향 변환과 더불어 사람들이 다니는 트랙에서 진행한다. 또한 'VST(Variable Surface Tracking)'라고 불리는 타이틀도 획득해야 하는데, 이는 눈 또는 비가 오는 실제 상황에서 트래킹하면서 구별하며 찾아내는 것인데, 자연 냄새가 물씬 나는 초목이나 강 또는 모래, 아니면 부드러운 콘크리트 등 다양한 표면에 묻혀있는 것들을 냄새로 찾는 것이다. 이와 같이 개가 TDX, VST 또는 CT를 획득하게 되면 모두의 축하를 받을 자격이 충분해진다. 마치 골프 코스에서 에이스 선수가 홀인원을

하면 열광하는 것과 비슷하다고 본다.

트래킹을 배우는 최고의 방식은 트래킹 대회에 출전하는 것으로, 토요일에는 봉사자들이 주로 코스를 준비하고 일요일에 평가한다. AKC 홈페이지에서는 트래킹 시합이나 지역에서 트래킹 트레이닝을 시작하는 데 도움이 되는 정보가 기술되어 있으니 참조하기 바란다.

헌팅 기술들: 루어코싱, 건도그, 어스도그

헌팅 기술을 포함하는 대회들로는 루어코싱(lure coursing)과 건도그헌팅(gundog hunting), 들판 회수(field retrieving)와 어스도그(earth dog) 등이 있다. 루어코싱은 동물이 도망가는 것처럼 갑작스럽게 회전하는 것을 재연하여 들판에서 먹잇감을 쫓는 것이다. 과거의 루어코싱에서는 냄새가 아닌 시각으로 사냥하는 사이트하운드 종만 출전하는 것으로 제한했지만, 현재는 모든 견종이 다 참여할 수 있도록 규정이 바뀌었다. 일반적으로 8천 m² 이상의 넓은 들판에서 루어코싱 시합 장소가 설정되는데, 루어 역할을 하는 비닐봉지가 아주 길고 강력하게 움직이는 낚싯대에 묶이고 도르래의 미로에는 고리가 달려있다. 그리고 몇 마리의 개가 그 루어를 잡기 위해 동시에 경주하는데, 이 스포츠는 관절에 심한 압박이 가해지기 때문에 한 살 미만의 개들에게는 추천되지 않는다. AKC와 미

국사이트하운드협회(asfa.org)에서는 루어코싱대회를 승인해주고 그 외의 다른 단체들은 이 스포츠를 그들만의 체계로 발전시켜왔는데, 예를 들면 어질리티 코스에서 보여주듯이 점프 타입을 약간 가미하면서 가파른 루어 쫓기 코스를 진행하기도 한다.

건도그헌팅 시합은 사냥꾼들이 자신들의 능력을 평가하기 위해 발전시켜온 것으로 AKC는 포인터 견종과 리트리버, 스파니엘, 하운드 등을 분리하여 사냥과 회수 대회를 승인하는데, 왜냐하면 이러한 견종들은 제각기 다르면서도 독특한 사냥 능력이 있기 때문이다. 유나이티드 켄넬 클럽(United Kennel Club)과 북미 리트리버사냥협회(North American Hunting Retriever Association) 등 사냥견 대회를 허가하는 유명한 단체들도 있다. 사냥 대회는 개가 앞서 걸어가는 핸들러의 신호에 따라 왔다 갔다 하면서 새를 찾는 '쿼터링', 먹이를 추적하는 '트레일링'과 조용히 앉아 있다가 신호를 받으면 허공에 있는 새를 쫓는 '싯투플러시' 등을 포함한다. 회수하기 시합에서 개는 총에 맞은 새를 찾아서 회수해오는데, 대개 총소리를 듣고 새가 어디에 떨어지게 될 것인지 추측하여 찾아낸다. 리트리버들은 새들을 빠르게 찾아 떨어뜨리지 않도록 입으로 명확하게 잡아내며, 핸들러에게 정확히 공수해줌과 더불어 '잘 다문 입'으로 손상되지 않게 물어

와서 평가받을 수 있게 하는 능력들이 있다고 정평이 나 있다. 숙련된 사냥견들은 타이틀을 얻게 되는데 주니어 헌터(JH)부터 시작해 시니어 헌터(SH)로 올라가서 마지막에는 마스터 헌터(MH)라는 자격으로 불리며, '내셔널 아마추어 필드 챔피언십(NAFC)'이라고 불리는 대회에 출전할 자격이 주어져 대회에 초대받게 된다.

한편 어스도그 대회는 테리어, 닥스훈트와 미니어처 슈나우저 등을 위해 만들어진 것이라고 보면 되는데, 대회를 통해 사냥 본능을 뿜낼 수 있다. 또 이 대회는 원래의 번식목적을 살려서 기술들을 발전시켜온 스포츠이기도 하다. 그들의 번식목적이란 농부들과 사냥꾼들이 달가워하지 않는 땅에 사는 동물들을 소탕하기 위한 것으로 어스도그들은 용감하게 굴속으로 들어가 새끼의 냄새를 찾아낸다. 어스도그 대회의 코스를 만드는 사람들은 개들이 사냥감을 찾을 수 있도록 굴의 구조를 직접 파서 설계한다. 어떤 트레이너들은 굴속으로 들어가게 하기 위해 먹이를 사용하여 개들을 트레이닝시키는데, 넓은 PVC 파이프의 한 부분을 사용하여 조금씩 다른 한 부분을 연장한 뒤 3~4가지 방식의 이음쇠 등으로 연결하여 개들에게 파이프 안에서 굴속 찾기 연습을 하게 한다. 일부 터널의 미로들은 대회용 또는 트레이닝 목적으로 클럽에서 지속적으로 사용하기 위해

영구적으로 구조화되어 있다. 나는 터널 작업자들이 기발한 어스도그 미로들을 만들어 개들이 여기저기 돌아다니는 것을 매우 즐거워할 것이라고 확신한다.

AKC와 미국워킹테리어협회(American Working Terrier Association)는 어스도그견이 사냥하는 것을 소개하기도 하고, 마스터 어스도그 타이틀까지 획득할 수 있도록 비경쟁 평가를 실행하기도 한다.

수중 스포츠와 다이빙

앞에서도 다루었듯이 모든 개는 수영할 줄 아는 것이 그들의 견생에 도움이 될 수 있는데, 심지어 일부 견종은 수영할 수 있는 조건으로 번식되기도 했다. 어떤 개들은 물속에 들어가면 하루 종일 그곳에서 놀아도 즐거워하고, 또 그런 개들을 위해 다이빙이나 물놀이 작업을 할 수 있다. 잘 관리된 물놀이 프로그램이라면 개가 물속에 한 발이라도 넣기 전에 항상 안전을 먼저 고려해야 하므로 구명조끼를 입히도록 권장 또는 의무화한다. 미국의 포르투갈 워터도그 클럽은 말 그대로 물놀이 프로그램이 아주 잘되어 있다.

개가 하는 수중작업이란 구명환을 잡고 있는 사람을 끌고 온다거나 보트 작업 또는 수중 회수를 포함한 여러 가지 회수와 인도작업, 물에서의 탐지와 구조하는 연습까지 포함한다.

개들의 다이빙은 다이빙대에서 뛰어 물속으로 다이빙하는 것, 또는 그대로 서 있는 상태에서 다이빙하는 것의 두 가지가 있는데 다이빙대로부터 가장 멀리 다이빙하는 개들이 승자가 된다. 워터도그의 경우 핸들러 또는 보호자가 주로 하는 트레이닝에서 개들이 다이빙대에서 멀리 포물선을 그리면서 떨어지게 하기 위해 개를 유인하여 장난감을 물속에 떨어뜨리는데, 그렇게 함으로써 개가 납작하게 떨어지지 않고 멀리 다이빙을 할 수 있기 때문에 그 기술을 주로 사용한다. 그리고 대회에서도 장난감 사용이 허용된다. 개들은 사이즈와 경험 그리고 연령에 근거하여 카테고리별로 대결을 펼치는데, 안전을 고려하여 다이빙대가 미끄러지지 않는 카펫으로 덮여 있어야 하고, 물은 최소 1.2m 깊이에 나뭇가지나 부스러기, 파편 등이 없이 깨끗해야 한다. 아이러니하게도 이들 개 중에는 목욕하기를 엄청 싫어하는 개들도 있을 것이다.

양몰이

예전에 어떤 보더콜리가 20마리의 양을 모는 것을 보고 나도 양몰이를 해보리라 결심한 적이 있었다. 3개월 동안 일주일에 두 번 양몰이 하는 것을 매우 좋아하기는 했지만, 내 입으로 실패작이라고 말할 수 있는 것은 나의 보더콜리 '잭'이 못해서가 아니라 나 자신에게 이른바 양몰이 핸들러들이 말하는 '몰이 감각'이 없었기 때문이다. 가축 떼의 중심에 우뚝 서 있는 것이 나를 매우 불편하게 만들었는데, 특히나 내가 '잭'을 찾을 수 없었기 때문이다. 혹시 여러분도 양몰이를 고려하는 중이라면 먼저 '몰이 감각'이 있는지 자문해보자. 양에게 개를 보여주기 전에 먼저 개의 도움 없이 직접 가축 몰이를 해보는 것이다. 그러고 나서 양을 모는 작업이 어떤 일이라는 것을 이해해야 하고, 그들의 움직임을 예상해보고 그렇게 함으로써 그 개가 몰이 감각이 있다는 가정하에 어떻게 가르쳐야 할지 알 수 있게 된다. 가장 우수한 현대의 양몰이 평가전 목록들을 얻고자 한다면 미국보더콜리핸들러협회(United States Border Collie Handlers' Association, USBCHA)의 웹사이트 usbcha.com에서 찾을 수 있다. 또한 AKC는 공식 허가된 양몰이 프로그램들을 개발해왔는데, 이러한 평가전에 가보면 아주 뛰어나고 특별한 개들의 활약을 직접 보면서 그들의 보호자들이나 우수한 트레이너들도 만날 수 있을 것이다.

AKC 전람회견의 기본요소들

사실, 도그쇼 전람회장에서 AKC의 표준에 맞는 정확한 외모와 신체적 구조에 일치하는 개들은 거의 없다. 원래 AKC 도그쇼의 취지는 견종들을 향상시키기 위해 그중 최고의 개들을 선별하고 상을 주는 것이기 때문이다. 우수한 유전자들을 만드는 것 외에도 챔피언 쇼견은 견종에 걸맞은 걸음걸이로 걸어야 하고, 심사위원이 신체 곳곳을 점검하는 동안 견종 특유의 자세로 꼿꼿이 잘 서 있어야 한다.

부견 또는 모견이 챔피언 쇼견이라 하더라도 그의 자견이 꼭 쇼견이 될 수 있는 것은 아니다. 왜냐하면 챔피언들은 특정한 신체 구조를 가져야 하고, "나를 봐주세요"라고 하는 듯한 특유의 카리스마로 쇼견장에서 펼쳐 보일 생생하고 튀는 성품을 가지고 있어야 하기 때문이다. 긍정강화로 교육된 쇼견들은 좀 더 나은 경쟁력을 갖출 수 있는데, 많은 경쟁견 사이에서 챔피언이 가지고 있는 자연스러운 당당함과 자신만의 성향을 많이 보여줄 수 있기 때문이다. 쇼견들은 여행을 싫어하면 안 되고 핸들러들은 주말마다 쇼장에서 시간을 보내거나 주중에는 도그쇼 준비를 위해 보내는 시간을 기꺼이 감수해야 한다. 그뿐만 아니라 도그쇼에서 좋은 결과를 얻기 위해서는 개뿐만 아니라 인간에게도 이것이 즐거운 삶의 방식으로 자리 잡혀야 할 것이다.

혹시 쇼견의 보호자가 되기를 희망한다면 먼저 관람객으로 몇몇 전람회에 참석해보고 브리더들이나 보호자들, 핸들러들, 미용사들, 전람회 관련자들 또는 거래자들과 이야기를 나누어볼 것을 권장한다. 그들이 바쁘지 않을 때 대화하거나 교류할 수 있는 시간이 충분히 주어지기도 한다. 몇 개의 쇼는 '벤치쇼'라고도 불리는데, 참석자들이 핸들러들이나 보호자와 함께 대화를 나누고 개를 가까이서 볼 수 있도록 초대되는 시간이 별도로 마련되어 있기도 하다. 그곳에서 개와 사람들은 오랜 시간 동안 친절해야 하고 침착함을 유지할 수 있어야 한다. 만약 여러분이 나와 비슷한 성향을 가졌고 쇼에 간다면, 이 아름다운 개들을 매우 만지고 싶겠지만 허락 없이 만지는 것은 삼가도록 한다. 쇼 프로그램 안내서를 구입해서 여러분의 스케줄에 맞게 참석하여 만나는 개들과 사람에 대한 기록도 해본다. 그러다 보면 나중에는 여러분이 좋아하는 개가 출전하는 쇼들을 쫓아다니면서 도그쇼 팬으로서의 첫걸음을 디디는 과정을 밟게 될 것이다. 도그쇼에서는 많이 걷거나 서 있어야 하기 때문에 편안한 신발을 권장하고, 여러분이 직접 개를 보여줄 수 있는 위치라면 매치쇼(match show)부터 시작하여 연습과 경험 그리고 비격식적인 분위기에서 할 수 있도록 한다.

오늘날 대부분의 챔피언들은 전문가에 의해 기량을 선보인다. 여기서 말하는 전문가란 특정 견종을 보여주는 전문 핸들러를 말한다. 놈 랜달(Norm Randall) 같은 핸들러는 드문 사례인데, 다양한 견종을 아주 훌륭하고 성공적으로 보여줄 수 있어 '만능 핸들러(all-rounder)'로 불리기도 한다. 놈 랜달은 은퇴하기 전에 나의 보스턴테리어종인 재스민을 포함하여 67종의 다른 견종들을 모두 소개했다. 보스턴테리어처럼 작은 견종을 보여주는 것과 자이언트 슈나우저를 보여주는 것은 매우 다른 것이고, 마찬가지로 플랫 코티드 리트리버와 이비전하운드를 보여주는 것 또한 아주 다르다. 만약 핸들러의 개가 이기면 보너스 상금을 받기도 하는데, 그들은 맡게 될 개 또는 그 보호자를 선별함에 있어서 매우 까다롭게 고르는 경향이 있기도 하다. 핸들러들이 개들을 소유하는 것은 아니며, 대부분 최고의 프로들은 고객의 개들을 보여주는 것으로 직업을 삼기도 한다. 현실에서 대부분의 핸들러는 주요 직업이 따로 있고, 그들의 스케줄에 맞춰서 도그쇼를 준비하거나 여행을 다닌다. 오직 개들과 쇼를 사랑하고 서로 돕는 것에 행복을 느끼기 때문에 도그쇼를 위해 기꺼이 주말을 바친다.

AKC에서 인정하는 일부 도그쇼는 특정 견종들을 제한한다는 것을 참고하자.

'스페셜티 쇼(specialty shows)'라고 불리는 쇼들은 아마추어와 전문 핸들러를 구분하여 경쟁시키고, 개들도 연령이나 성별 그리고 이전에 경쟁한 기록에 따라 분류되어 출전한다. AKC에서는 170종 이상의 견종을 승인하며, 견종별로 AKC 인증 클럽이 있거나 아펜핀셔(Affenpinscher)부터 요크셔테리어(Yorkshire Terrier)까지 알파벳 순서로 견종 클럽들이 있다.

각 견종 클럽은 도그쇼와 행사 등을 통해 견종 표준을 유지하는데, 책임감 있고 건강한 견종을 생산하는 것을 독려하며 교육 프로그램과 자료들을 준비하는 것과 더불어 견종 애호가들의 만남도 주선한다.

위의 쇼들 외에 그룹쇼(group shows)에 대해 설명하자면 총 7개의 그룹 중 한 그룹을 선택해서 진행하는 것인데, 7개의 그룹이란 스포팅 그룹, 하운드 그룹, 워킹 그룹, 테리어 그룹, 토이 그룹, 비스포팅 그룹 그리고 허딩 그룹이다.

스포팅 그룹에서는 미국에서 가장 인기 있는 견종인 래브라도 리트리버를 포함하고, 하운드 그룹에서는 1950년대『피너츠(Peanuts)』만화에 나온 '스누피'로 전 세계에 알려지면서 당시 미국에서 가장 인기 있던 비글을 포함하고 있다. 워킹 그룹은 어떠한가? 오바마 대통령이 보를 입양하면서 유명해진 포르투갈 워터도그가 있고, 테리어 그룹에서는 글자 그대로『오즈의 마법사』에서 토토 역할로 불멸의 이름을 새긴 케른 테리어를 포함한다. 토이 그룹에서는 작은 치와와가 있는데, 안타깝게도 현재 미국의 동물보호소에 가장 많이 수용되어 있는 견종 중의 하나이기도 하다. 비스포팅 그룹은 다양한 견종을 포함하며, 특히 달마시안도 그중의 하나인데,「101마리의 달마시안」이라는 영화가 방영될 때마다 보호소에 급증하는 견종들이기도 하다. 또한 비스포팅 그룹에서는 나의 사랑하는 보스턴테리어도 속해 있는데, 원래 불독과 현재 멸종된 화이트 잉글리시테리어 사이에 교배된 견종으로 1891년 AKC가 승인한 미국이 만든 첫 번째 견종이기도 하다. 허딩 그룹은 스코틀랜드의 러프 콜리가 있는데, 내가 자랄 때 나온 TV 드라마「래시(Lassie)」의 주인공으로 인기를 끈 견종이기도 하다.

미국 최고의 도그쇼 '웨스트 민스터(The Westminster)'

TV에서 도그쇼를 관람해본 적이 있다면 뉴욕의 웨스트민스터 켄넬클럽 도그쇼 같은 전 견종 대회를 봤을 수도 있다. 처음 개최된 해는 1877년으로 미국켄넬클럽이 설립되기 7년 전이었고, 그로부터 지금까지 '웨스트민스터'는 미국에서 가장 오래된 도그쇼 대회다. 다른 우수한 도그쇼에서 인정받은 2,500마리의 초대견 중에서 심사위원들이 쇼에 출전한 최고의 개, 즉 '베스트 인 쇼(Best In Show)'로 지목받는 한 마리의 최우수견을 선별한다. 그리고 그곳에서 승리견들은 역사의 한 페이지에 남는 영광을 얻는데, 그 외 별도의 상금이나 혜택이 주어지는 것은 아니다. 웨스트민스터 출전견들은 견종 기록에 가치가 더해지게 되고, 몇몇 챔피언은 단기간의 상업적인 노출을 접할 기회를 얻기도 한다. 대부분의 경쟁자들은 견종에 대한 애정과 더불어 웨스트민스터 대회에 참여하는 것을 무척 영광스럽게 생각하기도 한다.

웨스트민스터의 베스트 인 쇼를 가르는 본선을 위해 이틀 동안 2개의 예선전을 치르게 되는데, 견종 중 최고를 뽑는 베스트 오브 브리드(Best of Breed)와 그룹의 최고를 뽑는 베스트 오브 그룹(Best of Group)이 있다. 베스트 오브 브리드전에서는 심사위원이 같은 견종 사이에서 최고로 보이는 개(Best of Breed)를 한 마리 선택하고, 같은 심사위원이 역시 같은 종이지만 반대 성별의 개 중 최고의 모습을 가진 개(Best of Opposite Sex)를 지명한 뒤 1~5마리까지 선별하여 '공로상'을 수여하는데, 그다음 레벨인 그룹전에서는 오직 베스트 오브 브리드(Best of Breed)로 발탁된 개만 출전할 수 있다는 것을 참조한다. 나의 첫 번째 쇼도그는 '재스민'이라고 불린 보스턴테리어 암컷인데, 놈 랜달 핸

들러와 함께 웨스트민스터에 출전할 자격을 한 번 얻었고, 그가 소유한 보스턴테리어 수컷은 웨스트민스터에서 베스트 오브 브리드로서의 수상 기록을 가지고 있다.

웨스트민스터의 그룹전 심사에서는 170개 견종의 승자들이 1~7그룹으로 나뉘어 심사를 받게 되고, 그중에서 7마리의 그룹전 승자들(Best of Group)을 선별한다. 각각의 그룹에서는 전 견종 심사위원이 4마리 개를 선택하여 상을 주지만, 오직 그룹전의 승자만이 그 위 단계인 본선에 진출하게 되고 마지막으로 최종 승자인 베스트 인 쇼를 가리게 된다.

1934년부터 웨스트민스터 쇼에서는 개들의 체형이나 모습을 선별하는 것과는 별도로 어린 핸들러의 기술을 심사하는 주니어 쇼맨십(Junior Showmanship) 대회도 개최한다. 10~18세의 연령으로 이뤄지고, 지난 몇 년 동안 주니어 쇼맨십 대회에서 우승한 100명 이상의 핸들러들이 모여서 경쟁할 수 있도록 초청 대회를 진행하여 그중 최종적으로 8명이 그 대회의 베스트 주니어 핸들러(Best Junior Handler)가 되기 위해 결승에서 경쟁하게 된다. 이렇게 젊은 사람들의 기술과 열정은 우리에게 더 많은 영감을 불러일으킨다.

부록 3. 교육일지

다음 10페이지 분량의 내용은 개의 기본 교육 프로그램에서 5주 동안 주마다 행해지는 교육일지로 매주의 일지에는 그 주의 교육 항목들이 지시되어 있고, 자세한 기록을 작성할 수 있는 공간도 있다. 예를 들면 "마벨은 나에게 묶여 있을 때 나의 신체언어를 아주 잘 읽게 된다" 또는 "베일리는 크레이트(이동장 또는 켄넬)는 좋아하지만, 문을 닫는 것은 싫어한다." 보호자 입장에서 아직은 완벽하지 않은 교육의 순간순간을 별것 아닌 것으로 넘어가려고 할 수도 있겠지만, 이렇게 기록해둔다면 장담하건대 의외로 많은 것을 배울 수 있을 것이다. 게다가 일단 5주 프로그램을 완료하고 나면 이전 기록들을 다시 훑어보는 것이 재미있기도 하면서 교육적으로도 유용할 것임을 확신하게 될 것이다. 나중에는 여러분과 개가 어떤 식의 패턴으로 함께 배워가면서 익혔는지 알게 해줄 것이다.

1주차 차트를 활용해 개의 학습 발달상황을 체크하고, 복습을 위해 3장의 식사 급여, 배변 및 크레이트 교육, 4장의 첫째 주 기본 프로그램을 참조한다.	1일째	2일째
트릿을 루어로 사용 트릿으로 루어하는 것을 연습한다.		
루어로 "앉아" 가르치기 개의 코에 트릿을 대고 위쪽으로 루어를 하고 엉덩이를 내리면 표시해주고 칭찬하고 나서 목을 만지고 트릿을 준다.		
루어로 "이리 와" 가르치기 보호자가 두세 걸음 뒤로 물러나 루어를 해서 앞으로 오면 표시와 칭찬한 뒤 목을 만져주고 마지막에 트릿을 주도록 한다. 추가사항: 개가 미리 앉으면 트릿을 주기 전에 "앉아"를 하고 루어를 할 때 행복한 목소리로 이행한다.		
눈 맞추기 연습 개의 코에 트릿을 대고 나의 눈으로 가져온 다음 개가 눈을 맞추면 표시하고 보상을 준다.		
걷기: "나무 되기" 개가 리드줄을 잡아당기면 멈추고, 여러분의 몸에 힘을 주어 리드줄이 더 이상 풀리지 않게 한다. 개가 돌아보면 표시하고 루어를 해서 나에게 가까이 오면 걸어간다.		
리드줄 묶기 집에 있는 동안 여러분에게 묶어놓고 같이 돌아다닌다.		
손 급여 개의 밥그릇 옆에서 손으로 급여하도록 하고, 여러분이 밥을 급여해주는 사람이라는 것을 개가 보게 한다.		
배변 교육 식사 및 간식 급여 후 배변 기록하기. 갑작스런 배변도 기록한다.		
크레이트 교육 크레이트를 좋아하게 만들어주기 및 간식과 식사를 크레이트 안 또는 주변에서 하기		
물기 억제, 손 터치 및 순화 "아야" 연습. 가능한 한 많은 손 터치, 발과 모든 신체 만져주기		
놀이 및 사회화 활동들		

3일째	4일째	5일째	6일째	7일째	비고

2주차 복습을 위해 5장의 기본 프로그램을 참조한다.	1일째	2일째
묶어놓기 연습 여러분에게 묶인 채로 집 내부와 마당을 같이 다닌다. 개가 여러분을 쳐다보면 표시하며, 목을 만져주고 트릿을 준다.		
실생활 보상체계 크레이트에 들어가거나 나오기 전, 놀이를 할 때와 교육과 산책 전 또는 식사 전 등 모든 행동을 하기 전에 신호를 주어 "앉아"를 하도록 한다.		
"앉아": 수신호, 루어 사용에서 신호로 실패하지 않고 수신호(시각적 신호)를 사용하여 개의 즉각적인 반응 속도를 올린다.		
"이리 와": 루어하는 거리를 넓히고 음성신호 더하기 "이리 와" 후에 "앉아" 하기. 한 번에 한 발자국씩 거리 넓히기. 개의 이름을 부르면서 "이리 와"를 하는데, 수신호 또는 음성신호를 더해준다.		
"엎드려" "앉아"부터 시작하기. 개의 가슴 쪽으로 트릿을 밀어 넣은 뒤 직선으로 루어를 하여 내린다. 개가 엎드리기 시작하면 표시하고 칭찬 후 목을 만져준 뒤에 트릿을 준다.		
"자유": 시각적 신호 교육이 끝난 뒤에 리드줄을 내려놓고 "자유" 또는 "가서 놀아"라고 말해주기. 개를 쓰다듬어주고 놀이 장소를 지시해준다.		
손 급여와 크레이트 교육 크레이트 주변 또는 안에서 손으로 급여하기. 개가 자기 크레이트를 무척 좋아하게 만들기		
배변 교육 식사 및 간식 급여 후 배변 기록하기. 갑작스러운 배변도 기록한다.		
물기 억제, 손 터치 및 순화 "아야" 연습. 가능한 한 많은 손 터치, 발과 모든 신체 만져주기		
놀이 및 사회화 활동들		

3일째	4일째	5일째	6일째	7일째	비고

3주차 복습을 위해 6장의 기본 프로그램을 참조한다.	1일째	2일째
걷기 부담 없이 옆에 서서 걷기-멈추기-앉기-걷기-멈추기-앉기 연습을 한다. 줄을 당기면 '나무 되기'를 하고, 루어로 옆에 붙어서 따라가게 한다.		
"앉아" 음성신호 더하기 이 교육을 하는 동안에는 계속 수신호와 음성신호를 혼합하도록 한다. 확실한 수신호를 계속 주도록 한다.		
강아지 푸시업 "앉아-엎드려-앉아" 하기. 각각의 "앉아"와 "엎드려" 그리고 "앉아"를 하면 클리커 또는 "옳지"라고 표시해준다. 칭찬하고 목을 만져주고 각 사이클의 끝에 트릿을 준다. 신호에 대한 개의 반응을 올려주고 여러분에게 집중하게 한다.		
"쿠키다. 앉아-기다려" 리드줄을 엉덩이에 붙이고 개의 코에 트릿을 댄 뒤에 개의 앞으로 트릿을 던진다. "앉아" 신호를 하여 앉으면 "옳지"라고 표시한 다음 "가져와"를 시킨 뒤에 가져오면 표시하고 칭찬한다.		
"앉아-기다려"(대체 방법) 개가 앉으면 코에 트릿을 대준 뒤에 여러분의 눈 사이로 옮겨서 잡고 있다. 성공하면 여러분에게 집중하는 시간을 늘려준다.		
"놔" 그리고 "가져가": 1단계 6개의 트릿을 잡고 한 개씩 손가락에 올려서 개에게 "가져가"라고 말한다. 네 번째 트릿은 말하지 않고 기다리다가 개가 가져가려고 하면 짤막하게 "놔"라고 말하고 개가 쳐다보면 "가져가"라고 말한다.		
"이리 와" 그리고 "앉아"에서 "자유"까지 감독하에 놀이한 후 "이리 와" 그리고 "앉아"를 하여 표시하고 칭찬한 다음 목을 만져주고 보상한 뒤에 다시 "자유"라고 하고 놀게 해준다.		
내가 원하는 것을 하는 개의 행동 포착 개가 여러분의 신호 없이 스스로 행동하는 것을 얼마나 잘 알아채고 여러분이 포착할 수 있는지 스스로 평가		
배변 교육 식사 및 간식 급여 후 배변 기록하기. 갑작스러운 배변도 기록한다.		
기본 행동들 손 급여; 크레이트 교육, 물기 억제, 손 터치와 순화		
놀이 및 사회화 활동들		

3일째	4일째	5일째	6일째	7일째	비고

4주차

복습을 위해 7장의 기본 프로그램을 참조한다.

	1일째	2일째
"이리 와": 방해 요소 추가 및 거리 넓히기 야외에서 일반화하기. 교육 보조자의 도움으로 "달려가"와 "래시, 이리 와"를 연습한다.		
"이리 와" 신호를 받기 전까지 기다리기: 거리, 시간과 방해 요소 추가하기 점차 단계와 시간을 늘리고 새로운 장소에서 일반화한다. 개가 앉아서 기다리면 주변을 원을 그리며 돈다.		
"엎드려": 동작에 이름 붙이기 강아지 푸시업(앉아-엎드려-앉아)을 하고 수신호에 음성신호를 더해준다.		
서 있기 자세 개가 여러분 옆에 앉고 트릿을 따라가기 위해 개의 앞 방향으로 루어를 한다. 잘하기 시작하면 연속적으로 강아지 푸시업을 한 뒤에 음성신호로 "서"를 가르친다.		
"놔" 그리고 "가져가" 교환: 2단계 동등하거나 더 나은 가치의 물건으로 교환하는 것을 가르친다. 밥그릇에 있는 음식의 일부분을 위해 특별 간식으로 교환한다.		
계단 오르기 "앉아" 신호를 준다. 한 계단을 오른 뒤 여러분의 다리로 막는다. 그리고 계단을 올라갈 때마다 표시하고 칭찬한 뒤에 보상해준다. 마지막에는 "앉아"와 칭찬을 해준다.		
도어 교육 "앉아" 신호를 준다. 그러고 나서 문을 열기 전에 "멀어져"라고 신호를 주고 수신로로 이끌면서 문을 나가게 한다. 그런 다음 표시하고 칭찬과 보상을 한 뒤에 익숙해지면 "가자"라는 음성신호를 더한다.		
자리 잡기 "엎드려" 자세에서 트릿을 한 개씩 준다(자판기 기술). 개가 여유로워지면 "잘 있네"라고 말해준다. 그리고 자리 잡기 자세에서 손 급여도 해준다.		
내가 원하는 것을 하는 개의 행동 포착 실생활 보상체계 참조		
배변 교육 식사 및 간식 급여 후 배변 기록하기. 갑작스러운 배변도 기록한다.		
기본 행동들 손 급여; 크레이트 교육, 물기 억제, 손 터치와 순화		
놀이 및 사회화 활동들		

3일째	4일째	5일째	6일째	7일째	비고

5주차 복습을 위해 8장의 기본 프로그램을 참조한다.		1일째	2일째
"앉아"	**1.** 트릿 루어로 앉아		
	2. 트릿 없이 수신호		
	3. 공공장소에서 "앉아" 3회		
"이리 와" 그리고 "자유"	**1.** 루어로 "이리 와"		
	2. 음성신호로 "이리 와–자유"		
	3. 놀이하는 동안 "이리 와-앉아" 반복		
리드줄로 걷기	**1.** 묶어놓기 연습		
	2. 걷기 연습: 방향 전환		
	3. 걷기 연습: 자연스럽게 옆에서		
"엎드려"	**1.** 루어로 엎드리기		
	2. 강아지 푸시업		
	3. 음성신호로 먼 거리에서 "엎드려-앉아"		
"기다려"	**1.** "쿠키다. 앉아–가져가"		
	2. "쿠키다. 앉아–기다려"		
	3. "기다려" 신호로 30초 동안 "기다려"		
서 있기 자세	**1.** 앉은 상태에서 루어로 서기		
	2. 시각신호 없이 서 있게 하기		
	3. 강아지 푸시업: 음성신호로 서 있게 하기		
자리 잡기	**1.** 인간 자판기		
	2. 시각 및 음성신호로 자리 잡기		
	3. 실생활 중 자리 잡기 3회 하기		
"놔" 그리고 "가져가" 교환	**1.** "쿠키다. 앉아–기다려"		
	2. 1단계 교환		
	3. 2단계 교환(밥그릇)		
제한구역 교육	**1.** 실내에 있는 문		
	2. 방문객		
	3. 신호에 맞춰 한 계단씩 오르기		
놀이 및 사회화 활동들			

3일째	4일째	5일째	6일째	7일째	비고

글을 마치며

『최고의 반려견을 위한 트레이닝북』은 최고의 팀에 의해 만들어지고 다듬어 졌다. 래리와 나는 그들 모두에게 감사를 표하고 교육에서 혹시라도 이 책에 불완전함이 있다면 그것은 전적으로 나의 부족함일 뿐 집요한 테리어들처럼 뒤에서 함께해준 이들에 대한 고마움은 별도다.

오바마 전 대통령과 퍼스트레이디, 그들의 딸들인 마리아와 사샤에게는 '보'를 교육할 때 나를 신뢰해주었고 함께 많은 과제를 이행해준 것에 감사함 을 표한다. 아주 훌륭한 개로 거듭난 '보 오바마'의 발전은 대통령 가족이 기울 인 노력의 결과이기도 하다. 그들은 긍정강화로 이루어진 개의 교육이 가족에 게도 변화를 가져다준다는 것을 세상에 보여주었다.

케네디 상원의원과 비키에게는 그동안의 좋은 관계와 10년 이상 개를 맡 겨주어 감사하고 그들의 군단인 스플래시와 써니, 케피와 전 세계가 아는 케 피의 형제 보에게도 고마움을 전한다.

공인들의 스케줄 관리에 탁월한 직원들이 잘해준 덕분에 이렇게 좋은 개 들을 교육할 수 있게 되어 감사하고, 특히 다나 레이스와 캐서린 맥코믹 랠리 벨드 그리고 영부인을 모신 직원들과 케네디 일가와 함께 일했던 모든 사람 들, 특히 델미 콘트레라스와 모든 직원에게 감사드린다.

아미고 켄넬의 아트와 말타 스턴에게 우리가 그동안 함께할 수 있었음에 감사드리며, 나의 포르투갈 워터도그 에보니와 함께 지낸 많은 세월 동안 윤 리적이며 훌륭한 브리더로 서로 나누고 함께한 인연에 감사를 전한다.

이언 던버 박사님께 마음 깊이 감사드린다. 트레이너로서의 영감을 주고 이 책을 집필할 수 있는 용기를 주신 것에 감사드린다. 카렌 프라이어, 닥터 파 멜라 레이더와 베스트 프렌즈 애니멀 소사이어티 직원들인 앤 앨릭스, 존 가 르시아, 존 폴리스 그리고 개의 행동과 인간-동물의 유대관계에 대해 따뜻한 조언을 아끼지 않은 바버라 윌리엄스 등 모든 분께도 감사드린다. 이 책이 출 간되어 어떤 반응이 나올지는 모르겠지만, 위대한 많은 개를 위한 교육이 잘 이루어질 수 있도록 다양한 교육자들과 공감을 나누었으며, 이 책이 긍정강화를 위한 성장의 플랫폼을 이끌어낼 수 있는 선두주자가 되기를 바란다.

지난 20년 이상 재미있고 영혼을 이끌어주는 선물 같은 이 직업을 유지할 수 있게 해준 나의 모든 교육생, 그리고 두 발과 네 발을 가진 고객들과 인턴들에게도 감사드린다. 나의 교육 웹사이트 담당자인 천사 같은 켈리 리그, 이 책을 쓰는 동안 자료를 수집해준 나의 동료 지도사인 루드윅 스마트에게도 감사한다.

이 책을 집필하게 된 계기는 특별하다. 『최고의 반려견을 위한 트레이닝북』의 여정은 훌륭한 반려 교육 전문가로서 그리고 반려견들이 아이들과 가족들의 삶을 절대적으로 변화시킨다는 확고한 신념을 가진 나의 동료 집필자 래리 케이에게서 시작되었다. 이 책을 집필하면서 하나의 변화가 세상을 바꿔줄 것이라는 사명감과 그 이상의 모든 것을 느끼게 해주었음에 고마움을 전하고 싶다.

우리 에이전트 크리스틴 달과 ICM팀, 특히 콜리 그래함과 로라 닐리에게도 감사한다. 엘리스 레바인에게는 크리스틴을 우리에게 소개해주어서 감사하다고 말하고 싶다. 플릿 푸티드 사이트하운드(Fleet-Footed Sighthound)처럼 크리스틴은 제안하는 방법을 알아냈고, 이상적인 출판사를 나에게 찾아주었다.

추가로 최고의 출판업자 피터 워크맨에게 래리와 나는 워크맨 출판사의 '가족'이 된 것에 무한한 영광을 느낀다고 말하고 싶다. 이 엘리트 군단에 있는 모든 구성원은 받는 월급보다 훨씬 더 많은 역할을 해준다고 생각하며, 이 책의 구성을 도와준 모든 이들에게도 특별한 감사의 말을 전한다. 특히 편집자인 수전 볼로틴과 에브리 핀치 그리고 예술감독인 아리아나 아부드에게 진정한 감사의 마음을 전한다. 사진작가인 앤 컬만과 그녀의 팀은 워크맨의 스튜디오에서 좋은 분위기로 하울링하는 사진을 성공적으로 만들어주었다.

또 너무 감사한 분이 있는데, 블루리본 편집자 에이미 몰로이는 우리의 언어가 멋지게 '트릭'화할 수 있도록 알려주었고, 우리 두 사람이 원활한 속도로 편집의 '어질리티' 과정을 통과할 수 있도록 만들어주기도 했다. 워크맨 출판사의 모든 분께 일일이 감사드리지는 못하지만 진정한 파트너십을 위해 우리의 노력을 가치 있게 해준 것에 대한 고마움을 받아주기 바란다.

또 개인적으로 나의 가족과 친구들에게 항상 나를 지지해주고 응원해준 것에 대한 고마운 마음을 전한다. 윌리엄 웨이본과 리플리에게는 월터리드국립군인의료센터에서 부상 입은 영웅들을 위해 봉사할 기회를 제공해주고 함께 치료견의 활동을 경험하게 해준 것에 대한 감사함을 전한다.

또한 나의 개들은 내가 지도한 것보다 훨씬 더 많은 것을 나에게 가르쳐 주었고, 그것은 인내와 무조건적인 사랑, 우리가 원하는 것을 얻기 위해 최고의 친구에게 초크체인을 사용하지 않아도 된다는 것이었다.

무엇보다 가장 소중한 나의 코트렌트, 블레이드와 페이지에게. 너희들에 대한 사랑과 존경은 나의 인생에서 최고로 소중하며, 엄마로서의 역할과 트레이너의 일을 완수하는 것도 매우 중요한 일이지만 그 무엇보다 나에게 주어진 최고의 선물은 바로 내가 너희들의 엄마라는 것을 잊지 말기를.

래리 케이의 개인 감사글

수업에서 다운을 처음 만났을 때, 그녀가 얼마나 재능 있는 트레이너인지 또 그녀가 사람들과 개들을 아름다운 교감의 관계로 맺어주는 것을 얼마나 사랑하는지를 알 수 있었다. 다운의 업적 중 뛰어난 부분은 개에 대한 효율적 교육이 인간을 위한 진정한 교육으로 연결된다는 것이고, 더욱더 감사한 것은 우리의 융합을 위대한 모험으로 만들어주었다는 것이다. '금색의 노령 친구'인 나의 히긴스에게 그녀의 교육 시스템을 시험하면서 우리에게 사랑의 유대관계가 존재하는 한 노령견들에게도 새로운 트릭들을 충분히 가르칠 수 있다는 것을 알게 되었다.

모든 일을 개에게 집중하여 작업과 조언을 해준 나의 친애하는 동료들에게 특별한 감사를 남기고 싶다. 그들은 케이크 루어, 로렌 와이겐트 그리고 APDT의 모든 분들이다. 특히 독창적인 스타일과 영감, 용기와 함께 우리의 ARF에 대한 지지와 준비 그리고 재미까지 한껏 발산하여 함께 작업한 '긍정으로 화답하기' 동료들에게도 고맙다고 소리쳐 외치고 싶다.

나는 너무나 재능 있는 동료들과 진정한 친구들, 그리고 든든한 기반이 되어주는 가족이 함께해주어서 행운이라는 생각이 든다. 나의 글쟁이 종족들은 최고의 조언과 지지를 아끼지 않았는데 특히나 동물철학자인 게리 스타이너 박사와 작가인 얀 벌크, 스티븐 골드먼 그리고 데릴 티핀스 등에게 감사하고 싶다. 스티브 베질, 존 하웰과 ManKind Project 수상자인 Valley Oaks iGroup에게도 위트 있는 유머와 스스로의 그림자에 가려져서 보지 못한 나 자신을 일깨워준 것에 더없이 고맙기도 하다. 그리고 다운에게는 히긴스와 나를 헤스비 오크스(Hesby Oaks)에 거주하는 이웃들에게 소개해주어 그들의 개들과 함께 교육받도록 도와준 것에 감사하고, 나의 사랑하는 가족들에게는 그동안 용기를 북돋워주고 내가 최선을 다할 수 있도록 묵묵히 지켜봐준 것에 고맙다고 말하고 싶다.

다운 선생님의 고객이면서 작가인 넷 벤칠리의 할아버지 로버트 벤칠리는 이렇게 말했다. "개는 사람에게 충실함과 끈기가 무엇인지 가르쳐주고 세 번을 돌고 나서 엎드리는 것을 가르쳐준다."

나의 반려견 히긴스야. 정말로 너에게 감사하고, 너로 인해 인생의 많은 중요한 교훈을 배우게 되었다. 그리고 어느 날 나는 너희들의 "엎드려" 기술을 터득하게 될 거야.

히긴스(Higgins)
1996년 12월 25일~2012년 6월 23일

옮긴이의 말

지난날 나의 반려생활을 돌이켜보건대, 가장 큰 실수는 사전지식 없이 무작정 타인에게 의존해 입양을 결정한 것이다. 그 후 무수한 시행착오와 나름의 시련을 겪었고, 그러면서 나의 반려생활도 단단해졌다. 내가 이 일을 시작하게 된 것은 나와 다른 동물들과 함께함에 있어서 그들에 대해 많은 것들을 모르고 있었기 때문에 양육과 교육을 함에 있어서 답답함을 느꼈기 때문이다. 그리고 또 하나, 최선의 의무감을 잘 이룰 수 있기 위한 것도 포함된다.

이 책의 번역을 제안받았을 때 흔쾌히 수락한 것은 개와 인간은 너무 다르면서 한편으로는 닮아가는 모습이 있다는 것과 서로를 위한 공존의 삶을 만드는 데 도움이 되지 않을까 하는 생각 때문이었다. 그러한 노력이 현재와 미래의 반려인들을 안내하면서 그들의 반려동물이 덜 외로운 삶을 살게 되고 사회가 더 밝아질 수 있다면 좋겠다는 생각도 한몫했다. 이 책의 많은 부분이 내 마음에 공감을 불러일으켰는데, 그럴수록 머릿속에 가득 찬 생각들이 꽈리처럼 꼬였다. 단순히 번역한다기보다 독자에게 잘 전달될 수 있도록 문장마다 깊게 고민하고 장면을 그림처럼 그려보기도 했고 상상도 하다 보니 정말 오랜 시간이 걸린 것도 사실이다. 왜냐하면 트레이닝이라는 특수 분야를 설명하는 책이다 보니 글자보다 의미에 더 치중해 원저자가 전달하고자 하는 것들을 이해하기 쉽게 설명해야 한다고 생각했기 때문이다. 읽어보고 내용 전달이 어렵지 않게 받아들여지는지는 독자들이 판단할 몫이지만, 그럼에도 나의 바람은 개를 사랑하는 많은 사람들이 이 책을 읽고 나서 풍부하고 건강한 공동생활을 잘 발전시켜나가는 것이다. 그리고 개들을 더 깊이 이해하게 되면서 우리의 개들이 원치 않는 불공평한 대우를 받지 않기를 바랄 뿐이다.

현재 반려견들을 입양하거나 고려 중인 사람들이 많아지고 있고, 이 분야의 다양한 산업도 우후죽순처럼 생겨나고 있다. '반려동물 행동 지도사'라는 국가자격증도 있고, 노령견 또는 퍼피들을 위한 특화 프로그램이나 개들의 건강을 고려하는 도그 피트니스 프로그램 등 많은 분야에서 매우 활성화되고 있는 것으로 알고 있다. 그런데 비전문가들이 단순히 사업성만 보고 사업을 개시하다 보니 보호자들도 우왕좌왕하면서 고스란히 그 피해는 우리 개들에게 올 수 있다. 지금은 마치 반려견 산업의 춘추전국시대처럼 보이기도 한다. 하지만 전문가라면 한 분야에서 꾸준히 연마해 책임감을 가지고 해박한 지식과 더불어 성심을 다해 노력해 사업을 펼쳐야 하고, 그러면 모두에게 이익이 되는 성과를 얻을 수 있을 것이라고 믿는다. 그러기 위해 이 책이 도움이 될 것이라고 믿고, 현시대에 꼭 필요한 책이라는 것은 믿어 의심치 않는다.

이 책에서 다루는 내용을 살펴보면 가장 기본이라고 할 수 있는 개를 입양하기 전의 마음가짐과 준비, 입양 후의 대응, 반려견과 함께하는 방법과 놀이를 통한 교감 형성, 인간과의 공존을 위한 규칙 만들기, 올바른 전문가가 되기 위한 지침 등 반려인이라면 모두가 공감하고 필요한 내용을 자세하게 알려주고 있다. 비전문인이라도 반려견과 함께하는 트레이닝을 좀 더 쉽게 이해할 수 있도록 글을 풀어나가려고 했는데, 가끔은 전문용어가 나오겠지만 전체적인 맥락을 이해할 수만 있다면 비교적 잘 대처할 수 있을 것이라고 생각된다.

또 하나, 입양을 고려하는 사람들이라면 개를 맞이할 때의 바람직한 집안 환경과 반려견을 대하는 가족들의 올바른 자세, 불필요한 고충을 사전에 방지할 수 있는 조언 등도 상세하게 기술해주고 있다.

내 개인적인 바람은 부디 당부하건대 이 책을 여러 번 읽고 저자가 제시한 대로 실행해보면서 반려견을 더욱 이해하게 되고 능숙하게 다루는 법을 알게 되는 것이다. 그렇게 되면 지금보다 훨씬 더 알차고 행복한 반려생활을 할 수 있을 것이라고 확신한다.

2024년 8월
김주원

이미지 출처

주요 사진 촬영
이반 스클러(EVAN SKLAR)

추가 출처
표지 gephoto/shutterstock.
내지 p. 23 관련기사 발췌, p. 49 GK Hart/Vikki Hart/Getty Images, p. 49 오른쪽 Kadmy/Fotolia, p. 70 Steve Shott/Getty Images, p. 72 brozova/fotolia, p. 78 GK Hart/Vikki Hart/Getty Images, p. 268 상단 관련기사 발췌, p. 268 하단 Ton Koene/ age fotostock, p. 273 Tracy Morgan/Getty Images, p. 276 James Forte/Getty Images, p. 299 Courtesy of Canine Companions for Independence, p. 303 Gerard Brown/Getty Images, p. 305 GK Hart/Vikki Hart/Getty Images, p. 328 Lisa Bevis.

우리의 훌륭한 반려견 모델들인 골든리트리버 팻, 포르투갈 워터도그 샐리, 체서피크 베이 리트리버 루나, 믹스견인 샐리, 아메리칸 스태포드셔 테리어 윌마, 보스턴테리어 그리고 다운 애니멀 에이전시에 고마움을 표한다.

다운 실비아 스테이시위츠(Dawn Sylvia-Stasiewicz)

오바마 전 대통령 가족들의 반려견 지도사가 되기 전에 테드 케네디 상원의원의 모든 포르투갈 워터도그를 교육했다. 실비아 스테이시위츠는 워싱턴 DC와 버지니아 북쪽에서 20년 이상 전문 반려견 트레이너로 활동했으며, 메릿 퍼피 교육학교를 운영하면서 보호자들의 사랑을 받았고 워싱턴에서 엘리트들을 위한 위탁 교육과 호텔링을 하기도 했다. 그녀는 어머니로서의 접근법을 반려견 교육에도 적용했고, 긍정강화 이론에 기반을 두고 작업했다. 애석하게도 2011년 예상치 못하게 생을 마감하게 되었다.

래리 케이(Larry Kay)

로스앤젤레스에 기반을 둔 작가이자 '긍정으로 화답하기'의 대표이다. 어린이용 반려견 관리 및 안전 DVD를 제작해 애니멀 와우(Animal Wow)를 수상했으며, AOL에 웨스트민스터의 도그쇼를 소개한 『도그 팬시』 잡지의 최고편집자이기도 하다. 또한 PBS의 다큐멘터리와 교육 영상뿐만 아니라 디즈니와 머펫들(The muppets)의 쌍방향 에듀테인먼트 소프트웨어를 위한 글 작업도 했다. 래리는 반려견인 골든 리트리버 히긴스로부터 많은 영감을 얻었지만, 안타깝게도 히긴스는 2012년 6월 15세 중반의 나이로 무지개다리를 건넜다.

김주원

미국 CPCFT(Certified Professional Canine Fitness Trainer)
카렌 프라이어 아카데미(Karen Pryor Academy) 공식 트레이닝 파트너
미국 테네시 주립대학교 CCFT 아시아 인스트럭터
독일 VAHL 코리아 매니저
하나인 국제도그스포츠 대표
스위스 플렉시네스 코리아 대표